工业电气安全隐患排除手册

主　编　沈其中　张　巍　何　川
副主编　李博扬　甘　浩　王文兴

石油工業出版社

内 容 提 要

本书系统性地总结了工业电气安全中常见的危险有害因素，从电力安全管理、电气工程主接线、电气安全技术、防爆电气、矿山电气、其他特殊环境电气工程等方面对涉及的电气安全隐患，控制措施建议进行了归纳和汇总。

本书可供电气工程师及管理人员阅读，也可供高等院校相关专业师生参考。

图书在版编目(CIP)数据

工业电气安全隐患排除手册 / 沈其中，张巍，何川主编. —北京：石油工业出版社，2023. 1

ISBN 978-7-5183-5861-8

Ⅰ. ①工… Ⅱ. ①沈… ②张… ③何… Ⅲ. ①电气安全-手册 Ⅳ. ①TM08-62

中国国家版本馆 CIP 数据核字(2023)第 021602 号

出版发行：石油工业出版社
（北京安定门外安华里 2 区 1 号楼　100011）
网　址：www. petropub. com
编辑部：(010)64523825　图书营销中心：(010)64523633
经　　销：全国新华书店
印　　刷：北京中石油彩色印刷有限责任公司

2023 年 1 月第 1 版　2023 年 1 月第 1 次印刷
787×1092 毫米　开本：1/16　印张：15
字数：334 千字

定价：120. 00 元

《工业电气安全隐患排除手册》
编　写　组

主　　编：沈其中　张　巍　何　川

副 主 编：李博扬　甘　浩　王文兴

编写人员：孟征祥　王瑞昆　马　静　朱德英

尹婷婷　宋　彪　王　肖　陆　毅

金　鑫　金　牧　徐　北　耿　丽

赵元魁　胡心钰　郭锡凯　张　婷

张天天　窦婷婷　赵晓旭　潘　一

赵清宇　赵中富　栗田芳　王　博

李　想　杨语涵　叶春凤

审核专家：张玉福　吴建水　刘宝刚　孙金霞

和　浩　肖　鹏　孙　禄

前言

电的应用改变了人们的生产、生活方式，改变了世界。但是，如果人们不掌握电的规律，不分析电的潜在危险性，电将带来种种危害和灾难。不同形态的电能、不同应用电能的方式、不同电气设施，有着不同的危险因素，并可能带来不同的危害。

电气安全是与电能关联的安全。电气安全技术包括电能产生、电能转换、电能应用中的安全技术，也包括雷电、静电等非电能应用过程中的安全技术。

为了适应我国高速发展的工业化的需要，让企业相关技术人员了解我国电气设备现状，增强电气作业技能，防范和减少安全生产事故的发生，故编写本书。本书依据工业电气安全工程、系统安全工程，参照安全评价及风险管理方法，分别从电气安全管理、电气安全技术、电气工程主接线、电气防爆、矿山供电、其他特殊环境电气工程等方面，辨识与分析常见工业企业电气安全系统的危险有害因素，查找隐患，给出工业电气安全管理要点、控制措施及建议。

本书由中安广源检测评价技术服务股份有限公司组织编写。沈其中、张巍、何川担任主编，负责全书的组织和系统审定工作。李博扬、甘浩、王文兴担任副主编，负责全书的具体组织和审查工作。

本书共八章。第一章主要介绍电气事故类别及主要管控措施，由马静、张天天等编写。第二章主要介绍电气标准，由朱德英、尹婷婷等编写。第三章主要介绍电力安全管理，由宋彪、尹婷婷等编写。第四章主要介绍电气工程主接线，由王肖、陆毅等编写。第五章主要介绍电气安全技术，由金鑫、金牧等编写。第六章主要介绍防爆电气，由徐北、耿丽、赵元魁等编写。第七章主要介绍矿山电气，由胡心钰、郭锡凯、赵晓旭等编写。第八章主要介绍特殊环境用电要求，由张婷、窦婷婷、潘一等编写。

在本书的编写过程中，张玉福、吴建水、刘宝刚、孙金霞、和浩、肖鹏、孙禄等专家审阅了全书，提出了许多宝贵意见。在此向所有参与本书编写和审阅的专家表示真诚的谢意！

由于本书技术性强、涉及面广，加之编者水平有限，疏漏之处在所难免，恳请读者批评指正。

目录

第一章 概　述

随着科学技术的不断发展，工业生产的机械化、自动化程度不断提高，电能也得到了更加广泛的应用，但如果使用者不了解电气系统安全的基本原理而违规作业，也极易酿成重大事故。工业企业电气安全涉及的内容非常丰富且影响因素较多，要想更好地应用电能，降低电气事故的发生率，就应了解工业电气安全的基本原理以及常见的安全技术措施，遵照一定的原则，构建科学合理的工业电气安全隐患排查体系。

第一节 工业电气安全原理

工业电气安全本质上是在工业生产工程中以安全为最终目标的电气专业领域的应用科学。广义上，工业电气安全包括电气安全的工业实践(含研发实践)、电气安全教育和电气安全的科学研究。而狭义的工业电气安全一般指用电安全和电器安全。在国民经济发展中，电气安全不仅与电力工业密切衔接，还与各行各业紧密相关。电气安全工作具有专业技术性与综合管理性的特点，专业技术性表现为从事电气安全工作要掌握电工、自动化、电气化设备等的基本原理和操作要求，综合管理性表现为从事电气安全管理需要具备一定的安全管理知识和能力。

工业电气安全的基本原理是电磁学理论及系统安全工程理论，符合系统安全工程中海因里希事故因果连锁论及质量管理领域的质量管理理论(“人机料法环”❶)。

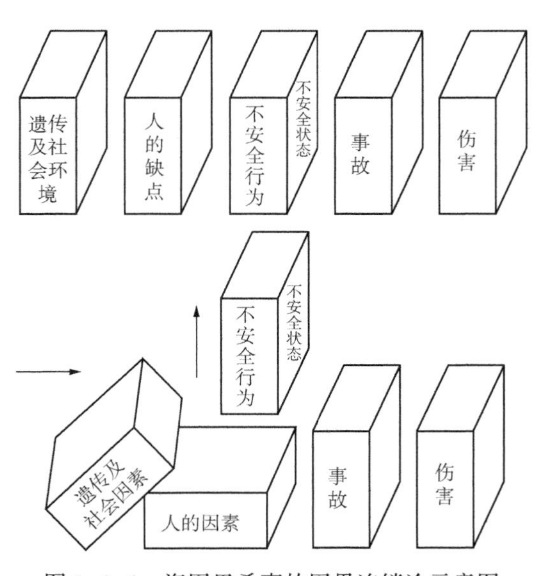

图 1-1-1　海因里希事故因果连锁论示意图

海因里希事故因果连锁论用以阐明导致伤亡事故的各种原因及与事故间的关系，如图 1-1-1 所示，海因里希把工业伤害事故的发生、发展过程描述为具有一定因果关系的事件的连锁发生过程。该理论认为，

❶ “人机料法环”是对全面质量管理理论中的五个影响产品质量主要因素的简称。人，指制造产品的人员；机，指制造产品所用的设备；料，指制造产品所使用的原材料；法，指制造产品所使用的方法；环，指产品制造过程中所处的环境。

伤亡事故的发生不是一个孤立的事件，尽管伤害可能在某瞬间突然发生，却是一系列事件相继发生的结果。

第二节　工业电气主要事故类型

工业电气事故是与电能相关联的事故，包括人身事故和设备事故。人身事故和设备事故都可能导致二次事故，而且二者很可能同时发生。电能失去控制将造成电气事故。按照电能的形态，工业电气事故分为触电事故、电气火灾爆炸事故、雷击事故、静电事故、电磁辐射事故和电路事故。

一、触电事故

触电事故是由电流形态的能量造成的事故，分为电击和电伤。电击是电流直接通过人体造成的伤害。电伤是电流转换成热能、机械能等其他形态的能量作用于人体造成的伤害。在触电伤亡事故中，尽管85%以上的死亡事故是电击造成的，但其中大约70%含有电伤的因素。常见的触电方式(图1-2-1)包括两相触电、中性点接地的单相触电和中性点不接地的单相触电。

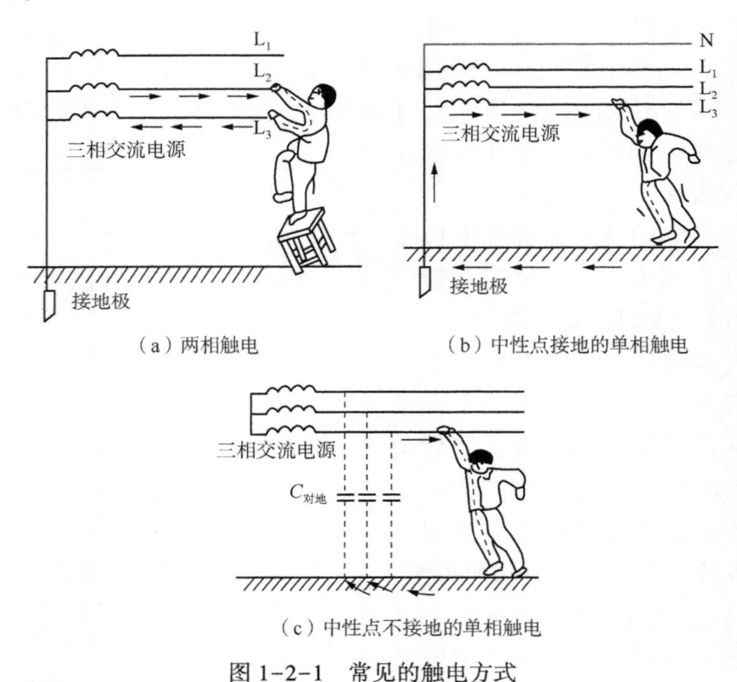

（a）两相触电　（b）中性点接地的单相触电

（c）中性点不接地的单相触电

图1-2-1　常见的触电方式

二、电气火灾爆炸事故

电气火灾爆炸事故是由电气引燃源(电火花和电弧；电气装置危险温度)的能量所引发的火灾爆炸事故。

据统计，2021 年全国消防扑救火灾 74.5 万起，从引发火灾的直接原因看，由电气引发的占 28.4%，而较大及以上火灾则有 1/3 系电气原因引起，且以电气线路故障居多，占电气火灾总数的近八成。

2019 年 3 月 20 日 5 时 32 分，鄂尔多斯市乌审旗嘎鲁图镇北物流园区附近的一家汽车修理厂发生火灾(图 1-2-2)，火灾由修理厂的电线短路所引发，因扑救及时未造成人员伤亡。

图 1-2-2　鄂尔多斯某汽车修理厂电气火灾事故现场

三、雷击事故

雷击事故是由自然界正、负电荷形态的能量在强烈放电时造成的事故。雷电是一种破坏力、危害性极大的自然现象，它通过直击雷、闪电感应、闪电电涌侵入等形式对人类造成危害。直击雷指闪击直接击于建(构)筑物、其他物体、大地或外部防雷装置上，产生电效应、热效应和机械力者。闪电感应指闪电放电时，在附近导体上产生的雷电静电感应和雷电电磁感应，它可能使金属部件之间产生火花放电。闪电电涌侵入指由于雷电对架空线路、电缆线路或金属管道的作用，雷电波(即闪电电涌)可能沿着这些管线侵入屋内，危及人身安全或损坏设备。

2017 年 7 月 21 日 17 时 30 分左右，广西梧州岑溪市区大面积停电，停电原因为岑城第二变电站二号主变起火(图 1-2-3)，初步认定起火为雷击引起，所幸并未造成人员伤亡。

图 1-2-3　岑城第二变电站二号主变雷击起火事故现场

四、静电事故

静电事故是工艺过程中或人们活动中产生的，相对静止的正电荷和负电荷形态的电能造成的事故。在生产过程中，当物体的静电积聚到一定程度，或其电位高于周围介质的击穿场强时，就会发生静电放电现象。这种静电放电现象是电场能量引起带电体周围空间的气体发生电离而产生的能量释放过程，即静电能量转变为热能、光能和声能的过程。根据静电放电的发光形态，静电放电可以分为电晕放电、刷形放电、火花放电以及沿带电体表面发光的表面放电。火花放电多发生在金属物体之间，放电时电极间的空气被击穿，形成了很集中的放电通道。此种放电能量释放快且集中，因此其引燃的危险性大。静电放电可导致生产故障，可使半导体元件遭受破坏，使这些元件的电子装置等发生误动作并出现故障；静电噪声可引起信息误差；可引起火灾和爆炸；对人体产生静电电击，引起皮炎或皮肤烧伤等伤害。由静电引起的最严重危害是火灾和爆炸。

随着社会经济的快速发展，城市交通日渐便利，加油站的落成使得城市交通更加顺畅，保障了民众的顺利出行。加油站火灾除具备一般火灾的共性外，还具有油品易燃烧和油气易爆炸的特性，特别是在运输、装卸、加注、量油、清罐过程中产生的易燃气体与空气形成的混合物，点火能量极低，即便是很小的静电火花也会引起火灾、爆炸事故。油品在运输、装卸、加注过程中，油分子之间、油料与输油管壁之间、油料与被输入体之间、油料与空气之间、油料与其他物体之间等都存在着相对摩擦，便产生了静电。由于汽油的高电阻率决定其产生的静电电荷难以流失而大量积聚在油品表面或各容器的开口部位，据测量，在装卸、加注等过程中所产生的油面电位往往能达到20~30kV，遇有放电条件，极易发生火花放电。图1-2-4为加油站常见的静电释放器(图1-2-4)，车主自助加油前，应先触摸静电释放器，消除身上可能存在的静电，尤其是在秋冬等干燥季节。

图1-2-4　静电释放器

在加油、卸油过程中，油料冲出容器时油滴与空气摩擦，可形成很高的静电电位，从而引发静电着火。据统计，60%~70%的加油站火灾事故发生在卸油作业中。油罐车到站后立即开盖量油，这时运输过程中产生的大量静电极易放电；如果油罐未安装量油孔或量油孔铝质(铜质)镶槽脱落，在进行量油操作时，量油尺与钢质管口摩擦产生火花，也会点燃罐内油蒸气。加油时，大量外泄的油蒸气在加油口附近形成一个爆炸危险区域，遇烟火、使用手机、铁钉鞋摩擦、金属碰撞、电气打火、发动机排气管喷火等都可能导致火灾。另外，直接向塑料桶加油，将导致产生的静电无法导出而大量积聚产生危险。在加油站进行油罐清洗作业时，由于没有彻底清除油蒸气和沉淀物，残余油气遇到静电、摩擦、电火花等都会导致火灾。另外，由于气候干燥或身着化纤衣物都会使人体带上静电，可能因人体携带静电发生放电，进而引起火灾和爆炸。图1-2-5为危险化学品罐车静电接地报警系统图。

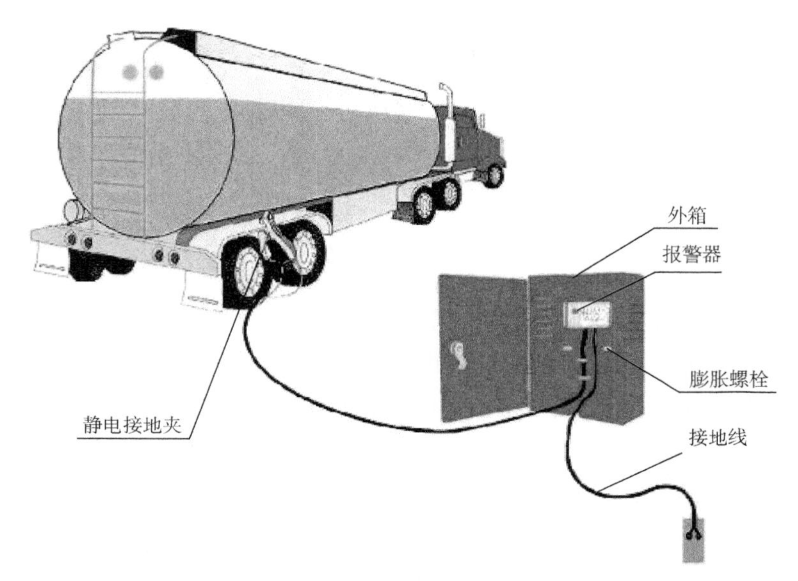

图 1-2-5 危险化学品罐车静电接地报警系统示意图

五、电磁辐射事故

电磁辐射事故是由电磁波形态的能量造成的事故。辐射电磁波指频率在 100kHz 以上的电磁波。除无线电设备外，高频金属加热设备(如高频淬火设备、高频焊接设备)和高频介质加热设备(如高频热合机、绝缘物料干燥设备)也都是有辐射危险的设备。

六、电路事故

电路事故是由电能传递、分配、转换失去控制或电气元件损坏等电路故障所造成的事故。断线、短路、接地、漏电、突然停电、误合闸送电、电气设备损坏等都属于电路故障。电路故障得不到控制即可发展成为事故。

第三节 工业电气常见安全技术措施

电气设备必须按国家标准制造，在规定使用期限内保证安全。电气设备采用的安全技术措施按直接安全技术措施、间接安全技术措施、提示性安全技术措施的顺序实施。

一、隔离带电体的防护措施

电气安全技术措施中隔离带电体的防护措施主要从绝缘、屏护、间距的控制出发。首先，从绝缘来看，主要是借助于一些绝缘材料，对于特定位置等进行封闭处理，实现带电体、电位的隔离等，使得电流的传输更为顺畅。电气设备、系统的绝缘性能能够影响电气安全，较好的绝缘性能在一定程度上可以减少电气安全事故。绝缘材料能够实现冷却散热、支撑固定机械设备、保护导体等多方面的作用。其次，屏护指通过设置屏障、遮栏等物件实现带电体与外界的隔离，该种方式的使用范围有限，一般在带电部位绝缘包裹不便等情况下使用。最后，间距控制主要保持人体与带电体、地面的安全距离，主要是为了避免人、车辆或其他物体近距离接触带电体所出现的各种短路、火灾等事故，这个安全间距通常被称为电气安全距离，该距离一般要根据电压高低、设备种类与安装方式等多方面因素确定。

常见的触电防护技术包括绝缘、屏护和间距、接地和接零、双重绝缘、安全电压和漏电保护等。绝缘是用绝缘物把带电体封闭起来。良好的绝缘是保证电气设备和线路正常运行的必要条件，也是防止触及带电体的安全保障。电气设备的绝缘应符合电压等级、环境条件和使用条件的要求。绝缘材料有电性能、热性能、力学性能、化学性能、吸潮性能、抗生物性能等多项性能指标。常见的绝缘用具如图 1-3-1 所示。

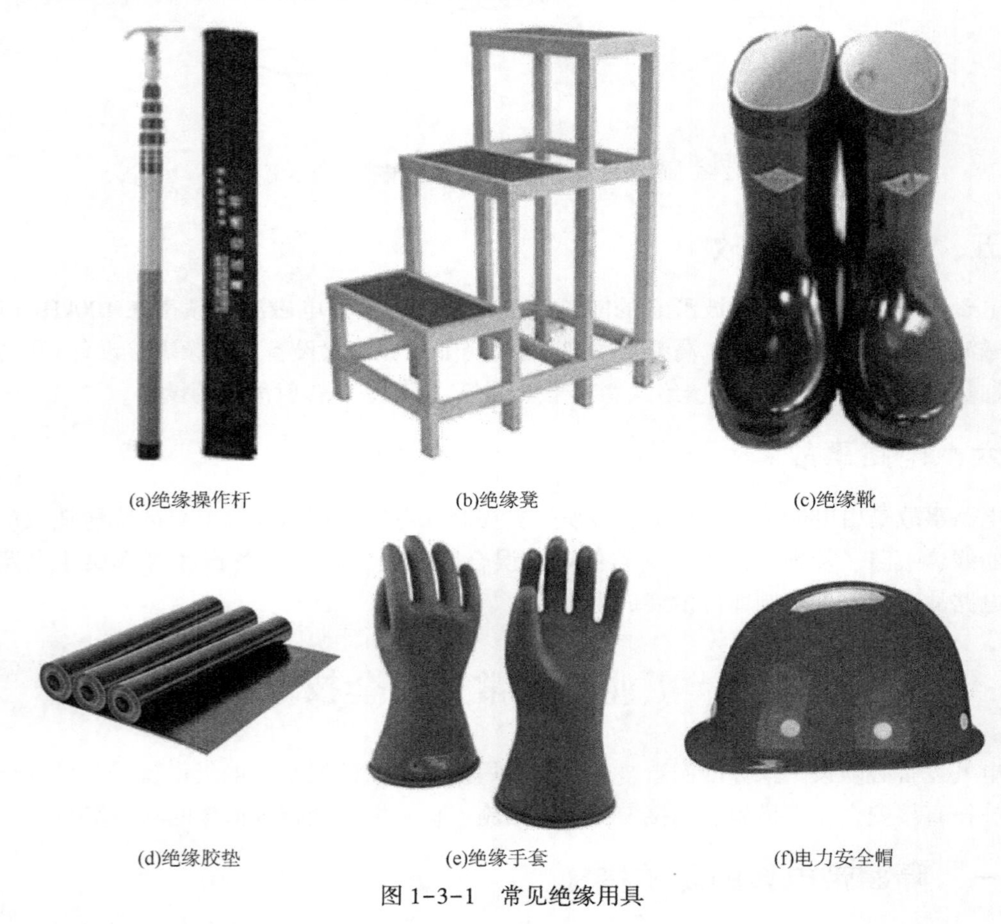

(a)绝缘操作杆　(b)绝缘凳　(c)绝缘靴

(d)绝缘胶垫　(e)绝缘手套　(f)电力安全帽

图 1-3-1　常见绝缘用具

二、安全电压

安全电压指为了防止触电事故而由特定电源供电所采用的电压系列。我国规定的安全电压额定值的等级为 42V、36V、24V、12V、6V，应根据作业场所、操作员条件、使用方式、供电方式、线路状况等因素选用。例如：在特别危险的环境中使用的手持电动工具应采用42V特低电压；在有电击危险的环境中使用的手持照明灯和局部照明灯应采用36V或24V特低电压；在金属容器内、特别潮湿处等特别危险的环境中使用的手持照明灯就采用12V特低电压；水下作业等场所应采用6V特低电压。典型安全电压对应的应用场所见表1-3-1。

表1-3-1 典型安全电压对应的应用场所

电压等级/V	应用场所
42	在有触电危险环境中使用的手持电动工具
36/24	在有电动机危险环境中使用的手持照明灯和局部照明灯
12	特别潮湿、金属容器等人体大面积接触带电体的场所
6	水下作业

三、保护接地

电气安全技术措施中的另一个重要方面是保护接地，主要是保持在正常状态下不带电，一旦出现绝缘材料的损坏或出现带电的金属结构，就必须通过导线与接地体的科学、可靠连接来起到重要的保护作用。接地装置一般包括接地体与接地线。接地体有人工与自然之分，而接地线可以实现接地体与电气设备相关部位金属导体的连接，也有自然与人工之分。在接地装置的安装上应注意对人行道或建筑物出口的避让等，而电气设备接地支线与接地干线要单独连接，避免串联，一般情况下，接地干线应有两个位置与接地体相连。

四、电气安全防范措施

（1）健全班组规章制度，实行班组安全管理目标化。

为了实现电气安全，在电力相关单位，应将相关工作人员根据工种等进行班组的编排，同时根据岗位职责进行安全生产目标的划分，使得在电气设备的运行过程中，各个班组可以发挥自身的岗位职责，充分将安全生产目标渗透到日常工作中，使得生产、设备始终处于良性循环运行。班组安全生产目标的制定应根据实际需求进行，切实考虑显性与隐性因素，及时发现设备运行中存在的各种问题，并及时采取必要的处理措施。

（2）做好危险点分析和预控，将事故控制在萌芽状态。

电气安全的防范与实现还应重视电气安全操作，实时监测电气设备的运行情况，并且及时分析运行状态，一旦发现运行故障，应及时采取必要的处理措施。日常生产工作中，很多人员在电气设备的使用上往往只重视当前的目标，而忽略了设备本身对人的安全威胁，进而诱发严重的安全事故。因此，在电气设备的使用上，相关人员应密切分析设备可能存在的安全隐患，并在使用过程中避免不当操作，重视关键部位的处理，提高对于电气安全的防范与处理。

（3）强化电气安全技术措施。

电气安全的防范还应从强化电气安全技术措施着手，严格规范操作人员的使用行为，提高其安全操作的意识。当操作人员用高于安全电压的设备生产时，应严格按照相关的安全操作规程来进行，实施必要的安全防护，如使用绝缘材料等。在一些电线的处理上，应对一些残留电线进行绝缘处理，避免后期出现漏电等情况。当需要进行电气设备的高空作业时，相关人员应系好安全带，避免高空坠物等情况，高空作业最好不要在极端天气(如雷电情况)下进行。

第四节　典型工业行业电气安全

一、煤炭开采业

随着我国科技水平的不断提高，煤矿的机械化程度也在不断提高，各种机电的配件自然也就随之提高了，然而在实际生产中，大部分煤矿机械的配件企业规模还比较小，实力有限，生产结构还不是很合理，产品生产的管理还很混乱，对于所生产的配件在尺寸等方面的要求缺乏成熟的规范，甚至还有某些小企业受市场自发性的影响，为了牟取小的利益而在生产设备配件时偷工减料，因此，在这种条件下，不仅设备的维修效率大打折扣，还给煤矿电气设备的运行埋下了很多隐患，极大地影响了煤矿企业的整体效益情况。煤炭开采业电气安全具有如下特点。

1. 电气设备失爆

电气设备的隔爆外壳失去了耐爆性或隔爆性就是失爆。电气设备在正常运行或故障状态下产生的火花、电弧或过度发热会导致电气设备失爆，从而引发煤尘和瓦斯爆炸事故的发生。因此，要做好防爆电气设备的检修工作。需要进行恢复性检修的防爆电气设备主要有部件和壳体，维修单位必须持有检修许可证，在井下进行维护检修时，维修人员必须熟悉并严格遵守检修标准。对于电器开关等动力型设备的防爆可以通过隔离外壳来实现，当然，这要求外壳有足够的强度，同时，为了避免爆炸，还可以使用超前切断电源的方式，使得煤尘和瓦斯在爆炸之前就自行切掉了电源，从而实现防爆的目的。

2. 电火灾事故

电气设备的长时间、超负荷运行和电气设备、供电线路的相间短路等都有可能导致载流导体的温度升高，从而引发火灾。此外，电弧和电火花也会引燃木支架、绝缘材料和煤尘、瓦斯等，造成火灾。

在电气设备的设计、制造和使用过程中，必须严格遵守《煤矿安全规程》，做好触电事故的防范工作，在人员施工时，应设置栅栏门隔离，以防止施工设备和工作人员接触到带电体。此外，煤矿还必须设置漏电保护和接地装置，在运行电气设备时尽可能采用较低等级的电压，而在操作高压的电气设备时，则一定要使用保安工具，严格遵守有关的操作规程，以避免触电事故的发生。

3. 电网漏电故障

尽管其绝缘已经采取了很多特殊措施，但在煤矿井下相对湿度高达95%以上的巷道中运行的电气设备还不时地会发生漏电故障。

常见的电网漏电情况主要分为分散性漏电和集中性漏电，由于煤矿开采的作业环境十分恶劣，因此需要对用到的电气设备的绝缘采取特殊措施，尽管如此，漏电事故有时还是难以避免，尤其是很多开采区的低压电缆还会因为被脱落的煤块和岩石砸坏而造成漏电。因此，只有在日常的开采工作中，加强对开采区域内的电力检查，以求在实施工作之前尽可能地发现和解决安全隐患，充分做好相关的检修和预防工作。

4. 电网过电流事故

过电流是指所有流过电气设备的超过额定值的电流。一般而言，有很多因素能引起过电流，例如过载、短路以及电动机的单相运转等。过载事故和短路均会使电缆或电气设备发热并超出允许的限度，从而损害绝缘，最终引发煤尘瓦斯爆炸或燃烧、井下火灾等。

5. 矿井的监控系统水平有待提高

矿井监控系统对于保障高效和高产有着不可替代的重要作用，它主要负责对空气中气体的浓度、负压数据和温度，以及风门和风窗等开停设备进行监控，并且可以在必要时实现有效的电闭锁控制和断电等，是煤矿企业技术含量最高的机械设备之一，只有不断提高矿井的监控系统水平，保证矿井监控系统的安全运行、避免失控，才能真正保障煤矿生产的安全。

在管理电气设备的维修和操作时，要求工作人员必须具有高度的工作责任感，同时，还应当把各项管理指标量化到人，对电力的消耗和出勤等指标实行月检验收的制度，而有关的职能部门则需要采用动态管理的方针，对矿井下的电气设备的使用进行不定期的检查，发现违反操作规程的行为时必须及时予以纠正，对相关责任人进行处罚以示惩戒。

二、金属、非金属矿开采业

电力的应用为电气设备给予相应的支持，有效提高了金属、非金属矿开采业的工作效率，因此电气在金属、非金属矿开采应用中具有较大的影响。由于金属、非金属矿复杂多变的环境，在实际工作中容易面临较大的危险，因此电气安全问题也成为最主要的问题。金属、非金属矿开采业电气安全具有如下特点。

1. 电气设备质量差

金属、非金属矿山的开采，需要应用较大的大型机器设备，在设备的使用中通过电力为其提供有效动力。为此，管理人员需加强对电力使用情况的管理，同时应加大对机器设备的注意。其设备本身的质量也是重要检查部分。然而实际上，在使用的设备中大多不符合工作具体标准，例如，电线电缆、设备开关等，在质量上都存在着相应差异，容易形成极大的安全隐患。与此同时，在设备的使用中，还缺乏技术人员对其检测维修，设备在长时间的使用中，造成部分零件损坏，监测设备不全面，无法对电气设备进行实时监控，难以获取最新的设备使用情况，各类的应急措施不到位，继而形成较多问题。

矿山企业在开采时对于使用的机器设备也有着较高要求，其本身的质量也关系着员工工作的安全。因此，管理人员在机器设备的应用过程中，需严格把控其质量，加大检测力度。在安装使用前，应对设备的零件、合格证、厂家等进行详细了解，确保其质量较优。同时在采购中，应对市场展开充分的调查，了解电气设备的市场行情以及供应商的社会诚信度，选择设备质量较好的供应商，保证其质量符合国家规定的标准。在设备使用之前把好质量关，有利于在应用过程中，避免由于设备本身的质量问题造成安全事故，大大减少其安全隐患，有效促进设备的安全操作。在此基础上，技术人员在设备运行期间，需加大检查力度，定期对设备进行维修。根据设备使用的实际情况，不断更换内部零件，有效提高使用效率。由于设备的长期使用，容易造成各部位的损坏。因此，技术人员在检查中对于出现的问题可以及时进行改正。同时，矿山企业还应当引进先进的监控设备，可以在设备运行中进行监测。通过形成的有关数据，分析其存在的问题，更好地解决其中的故障。并配备完整的检修工具，提高电气设备的使用寿命，为金属、非金属矿山的开采工作提供保障。

2. 管理体系不健全

现阶段，金属、非金属矿山被不断开采，工作时需用到电气设备，采用有关设备，有利于矿山开采工作的顺利进行。因此，管理人员需对电气设备进行充分的管理，完善其内部的体系机制，有效确保矿山开采的安全。

在电气使用过程中，还应提高其安全管理，建立健全安全管理体系，完善管理内容。在其体系中，管理人员应明确工作人员的具体工作内容，制定合理的规定。并将工作内容进行详细的划分，针对每一部分开展充分分析，为其配备合理的工作人员，使其发挥自身的实际价值，更好地完成工作任务。与此同时，管理人员需根据员工的实际情况，制定科学的奖惩制度，规范员工的日常工作行为，以此达到良好的工作效果。管理人员定期对员工的工作进行评审，其中包括员工工作效率、工作质量、设备操作的熟练度及安全意识等。对员工进行全面考察，继而得到较为准确的结果。管理人员将评审结果进行展示，让员工了解自身不足之处，使其在日后不断提升。对于优秀的员工，要对其进行表彰，颁发证书并给予奖励。同样对于表现较差的员工，也要采用相应的惩罚措施。明确各项规章制度，不断规范员工行为，在管理体系中为员工提供良好的安全保障。

金属、非金属矿山的开采需要电力系统为其提供有力的支持，才能确保开采工作顺利进行，但是在使用电力系统时往往会形成相应的安全问题。因此，管理人员就需加强对电气安全的管理。然而，其管理制度还不完善。为此，矿山企业的管理人员需结合实际情况，加大管理力度，完善内部的管理内容，以此提高电气使用的安全性。

3. 人员专业性有待进一步提高

在矿山开采及设备使用中均需大量的专业性人才，可以进行正确操作，以便顺利完成工作。但目前，我国矿山企业缺乏技术型人才。

管理人员需重视电气的安全管理工作，完善系统管理内容，制定相应的评估管理制度，做好准备工作，采用有关技术，避免安全事故的发生。例如，加强对各项设备的检查，并对设备进行充分的保养，定期清洁，保证设备无污染，避免有关杂物对设备产生影响，阻碍其正常运行。同时，技术人员应根据实际情况对供电系统进行改进，使其符合金属矿山的复杂环境。在设备应用中，应保证供电线路完好无损，不断引进先进的技术，降低供电压力，防止设备损坏。与此同时，还需对井下的设备开展有效的管理，合理部署设备，避免设备间的相互影响，造成零件损坏。为此，技术人员需在设备外壳中采用绝缘材料，并注意变压器的使用。在电缆的应用中，需采用阻燃电缆，有效起到保护作用。同时，在井下还应设置断路器，当发生断路等一系列事故时，可以及时地阻断电源。在各个设备中加入保护装置，充分增强开采工作的安全性，使其具有较强的保护力度。

三、化工行业

大型化工企业，在国民经济中起着举足轻重的作用，对企业电力系统的安全供电提出了很高的要求。由于大型化工企业生产的特点及化工供电安全的特殊性，容易发生事故，且有的事故(如火灾、爆炸、凝固、凝聚等)，如果处理不及时、措施不当，就有可能导致灾难性甚至是毁灭性的后果，对于企业职工的生命及国家财产危害很大。有时即使是简单的电气故障或参数波动，也有可能给化工生产带来远远超过电气设备本身损失的严重后果。化工行业电气安全具有如下特点。

1. 对电力系统安全供电要求高

化工企业生产的特点包括：(1)化工生产的物料绝大多数具有潜在危险性。(2)化工生产使用的原料、中间体和产品绝大多数具有易燃易爆、有毒有害、腐蚀等危险性，如氯乙烯、氯气等。(3)生产工艺过程复杂，工艺条件苛刻。(4)生产规模大型化，生产过程连续性强，生产过程自动化程度高，大量采用集散控制系统(DCS)、紧急停车系统(ESD)、现场总线等处于国际先进水平的自动化控制技术。

这些特点对企业电力系统的安全供电提出了很高的要求，使企业的发供电系统具有以下几个显著特征：(1)供电系统容量大。一般装接容量在200MV·A以上，是国家电力网中的用电大户。(2)自发电能力较强。自备发电机容量一般在100MW以上。(3)电力网结构复杂，供电电压等级多。变配电所多且分布分散，高压输电线路纵横交错，电缆配电系统庞大。(4)用电负荷大多数为一二类负荷，对企业内部电力网的安全供电要求很高。企业电网不仅具有电力行业的基本特点，而且还有针对化工行业的特性。

2. 静电危害

在大部分化工企业生产过程中，所用介质大多数是易燃易爆物品，它们的最小点火能量大都较低，有时一个小小的静电火花便会引燃周围泄漏出的可燃性物质而导致事故。因此，对于大型化工企业，各个操作环节都可能导致静电的产生并积聚。

另外，企业生产过程中涉及多种腐蚀性介质，特别是生产现场强酸、强碱、强腐蚀性的化学物质较多，从而导致生产现场电气设备的接地保护线常常出现腐蚀、生锈、断裂，甚至脱落的现象。因此，危险环境和场所及电气装置设备接地系统中隐患的存在就使系统中存在着静电危害引起的事故隐患。

3. 电气火灾和爆炸

在化工企业的火灾和爆炸事故中，电气火灾和爆炸事故占有很大比例，仅次于明火。

电气火灾和爆炸事故一旦发生，将会造成人身安全的严重危害和企业及国家财产的重大损失。电气火灾和爆炸形成的原因分析：(1)电火花及电弧引起的火灾和爆炸。电气火灾和爆炸事故中由电火花引起的电气火灾占很大的比例。一般电火花温度很高，特别是电弧，温度可高达6000℃。因此，它们不仅能引起可燃物燃烧，而且能使金属熔化、飞溅，构成危险的火源。电火花能否构成火灾危险，主要取决于火花能量，当该火花能量超过周围空间爆炸混合物的最小引燃能量时，即可能引起爆炸。(2)电气装置过度发热，达到危险温度引起的火灾和爆炸。电气设备运行时总是要发热的，电流通过导体时要消耗一定的电能，其大小为$\Delta W=I^2Rt$，这部分电能使导体发热，温度升高。电流通路中电阻R越大、时间t越长，则导体发出的热量越多，一旦达到危险温度，在一定条件下即可能引起火灾。

4. 雷电危害

化工企业生产过程中所用介质大都为易燃易爆物品，它们的最小点火能量大都较低，如遭遇直接雷击很可能引起火灾爆炸。另外，化工企业生产过程中使用了多种大型自动化控制系统，存在着雷电感应损坏DCS等自动化控制系统等方面的事故隐患。随着化工产业的飞速发展，工业过程相互关联与控制更加紧密，对相应的过程信息与检测管理提出了更高的要求，现代大型化工企业大量运用了集散控制技术等先进的现代化技术。由于集散控制系统中工控机、各种通信模件、安防器件及现场测量仪表大都运用电子器件和集成电路组合，这些微电器件普遍存在绝缘强度低、耐电涌能力低等致命弱点，在雷暴季节就有常遭雷击侵害的隐患，轻则造成几台仪表计算机输入输出模块部分击坏，重则造成整个工艺装置控制系统瘫痪，被迫停工检修，造成巨大的损失。因此，大型化工企业应根据本企业的实际情况对电气事故隐患管理工作的薄弱环节提出相应的对策措施，从而提高企业的电气安全管理水平，实现企业的安全生产和可持续发展。

四、油气管道运输业

油气管道压气站场电气安全管理对油气储运的发展具有重要意义。首先，只有安全、可靠、有效的电气安全管理，才能保证油气管道站场整体工作效率的提升，从而满足日益增长的石油与天然气需求，实现油气储运的现代化模式转变。其次，电气设备的安全运行可提升油气管道站场的安全性、操作性，从而降低了人员的工作量，减少了人的不安全行为的可能性，保证了油气储运的安全运营。因此，在油气管道站场的实际运行过程中，必须充分重视站场电气问题，积极建立并完善电气安全管理机制，保证电气设备始终处于健康良好的运行状态，以保证人身安全和减少经济损失。油气管道运输业的电气安全具有如下特点。

1. 电气设备运行管理

油气管道站场电气安全管理问题往往表现在运行管理方面，因为运行管理中出现了较为明显的隐患，进而容易发生安全生产事故，这种运行管理的问题表现在多方面，如高杆灯等灯具照明缺失或亮度不足，电气安全技术资料不完整或缺失，导致电气设备运行管理的混乱，在后续运行中也容易表现出明显的矛盾和相互干扰的问题。

加强油气管道站场电气设备的安全运行管理，首要工作是建立有效、完整的电气设备管理制度。以基层或作业区现有的电气设备为基础，提出符合现场实际且行之有效的电气设备安全管控制度，严格落实并执行该制度，确保相应的电气设备展现出较强的稳定运行效果和机能。

2. 防雷防静电接地检测

雷击直接造成的热效应、电效应及机械效应所产生的高温、高压能够对油气管道站场造成巨大的破坏力，工艺过程中产生的静电能够引发爆炸和火灾，对站场的安全管理带来严峻的挑战。如在现场安全管理中，防雷防静电接地处未接地或锈蚀老化、接地线不规范等电气问题屡见不鲜。在电气设备安装过程中，要充分考虑到雷电、电磁场等外部环境因素对电气设备运行过程的影响，并采取相应的控制措施。

3. 电气防爆

电气防爆的基本原理：电气设备的本质安全化是将电路中的电流和电压限制在一个允许的范围内，以保证电气设备在正常工作中若发生器件损坏等故障所产生的电火花和热效应不至于引起其周围可能存在的危险气体爆炸。然而，在现场实际管理过程中，防爆配电箱挠性管接头松动、防爆设备老化未及时检修或更换、电缆保护管未封堵等问题层出不穷。

4. 电气“两票”管理

电气“两票”管理制度能够有效落实油气管道站场电气安全管理工作，然而，随着油气管道电气操作长期、频繁的开展，基层或站场的有关工作人员由于惰性、大意等心理，往往在开展电气工作前安全风险辨识不到位、未办理“两票”制或“两票”签字审批流程流于形式，进而造成了较多的隐患。

在各种电气设备的机组启动之前，站场相关安全管理人员应严格落实电气操作票和电气工作票“两票”制度，突出检查油气站场内的变压器、配电柜、UPS 电源等电气设备的绝缘效果，并确认相关的检查人员是否在绝缘检查完成后填好相关记录数据，在安全管理岗、电气作业岗及综合作业岗等人员确认和签字之后，充分确认电气设备绝缘性能良好后，方能启动电气设备并开展相关电气工作。同时，加强电气作业安全风险辨识工作，对作业活动过程中可能存在的风险进行辨识与分析，并提出预控措施和管控方案，为电气作业应急决策提供一定的支持。

5. 安全巡检

在电气设备机组运行前，站场相关安全管理人员需对区域内的设备进行巡检，若发现电气设备存在事故隐患，如缺少设备标识名称、关键区域未设置“检查点”标识等，应采取有效措施将该隐患及时消除。同时，在电气设备机组运行时，也应严格遵守油气管道站场电气管理制度，按照规章制度要求的流程和顺序进行检查，如对电气设备运行的声音、温度、压力等参数进行重点检查并及时记录。

6. 灵活运用状态检修模式

对于油气管道站场电气设备安全管理工作的落实，往往还应加强油气储运过程中长期生产运行环节的管控。电气设备系统烦琐、工艺过程复杂多变，电气设备运行故障也时有发生，因此给站场安全管理带来了较大的挑战。以事故检修和预防检修为主的传统检修模式局限于在固定时间段内开展检修工作，已无法满足工艺复杂导致电气设备突发状况的需求，因此应合理及灵活运用状态检修模式。状态检修模式指对油气站场电气设备进行全方位的监测、监控和管理，包括设备运行、设备故障、异常状态等，通过对设备状态检测来确定检测时间、检测内容和检修目的，最终构成了设备状态的检修。在电气设备运行过程中，将传统检修模式和状态检修模式相结合，把握电气设备的检修环节，对其存在可能导致事故发生的各类异常现场进行归纳总结，并分析其发生的原因，从而提出有效的控制措施，合理、灵活地运用状态检修模式，以保证油气储运过程中的电气设备安全。

7. 创新电气安全管理模式

在油气管道站场电气安全管理工作中，为有效提升油气储运过程中电气设备安全运行效果，还应在安全管理模式和应急处置措施方面进行优化创新，如依托于双重预防机制，建立合理有效的电气安全风险管控模式和事故隐患排查治理机制，以确保安全管理工作具备更强的实效性，如需要提高站场外电路非计划停电的应急处置能力，加强防雷防静电检测的现场监督管理工作，完善对站场存在问题的整改复查制度，强化对变压器、配电柜、发电机等设备的检维修工作，同时加强对各岗位人员的教育培训等。

五、冶金行业

冶金企业设备运行过程中对电能的消耗很大，因此保障冶金企业的电气安全对于冶金行业的正常发展非常重要。与一般行业不同，冶金行业的电气系统设备需要长期在高温、粉尘、电磁干扰等恶劣环境下运行(图 1-4-1)，相比之下电气元器件的更换率非常高。

图 1-4-1　冶金行业作业环境

如何能在保证用电负荷的基础上，对抗高温环境、保护用电设备稳定安全，是保障金属材料能够顺利冶炼、加工的重点，也是难点。冶金行业电气安全常见故障类型及特点如下。

1. 电动机滑环碳刷产生火花

冶金企业电动机滑环碳刷的火花问题是由很多因素综合导致的，具体存在以下几点原因：第一，冶金企业所使用的电气设备压簧质量不尽相同，使得不同的压簧承受的压力和寿命存在限制；第二，电气设备滑环与碳刷之间存在不相同的电阻，从而引发电气设备滑环的碳刷出现火花故障问题；第三，电气设备长时间运行，使得滑环碳刷产生磨损问题，久而久之就会出现碳刷掉落产生污垢沉积的问题，这样也会引发滑环碳刷产生火花故障；第四，电气设备的部分碳刷在使用过程中出现了发热的问题，但是工作人员并未及时察觉，使得整个运行系统产生问题，进而造成严重损失。

冶金企业电气系统运行过程中，想要避免电动机滑环碳刷出现火花故障问题，需要做好以下几点工作：第一，可以用相同型号压簧更换原来的压簧，安装完成之后需要进行压力测试试验，保证碳刷和集电环所施加的压力大小是相同的；第二，合理管控电动机碳刷长度，一般情况下选择碳刷长度不小于新碳刷长度的 2/3，因此电动机内不满足要求的碳刷需要及时更换并保证每次更换数量小于总数的 1/5，严格控制碳刷电阻值，保证电动机内所有的碳刷电阻值相同；第三，定期检查碳刷和滑环，更换碳刷前，需要对新碳刷进行研磨，保证其与滑环之间的接触面积大于 70%，同时保证新碳刷活动通顺，且活动区域满足要求。

2. 电动机发热故障

冶金企业所使用的电气系统比较复杂，其运行过程中需要不同的电气设备之间协调配合。正因为冶金行业需要的电气设备种类较多，因此故障问题也多种多样，其中电动机发热故障属于常见的故障之一，产生这类故障的原因主要就是电动机电压存在异常问题，超出合理范围。电动机的运行会直接受到电压的影响，如果电动机在使用过程中处于高压运行，则转子电流会急剧增加，导致转子绕组的温度迅速升高，从而造成电动机老化和损耗；如果电动机运行时处于低压，则会影响电动机运行的稳定性，严重时会导致电动机温度出现异常情况，影响电动机的运行速度。冶金企业生产过程中需要使电动机长期处于运行状态，久而久之就会造成设备磨损，同时运行过程中产生的能耗也会转化成热能释放出来，这样一来电动机就会在高温环境下运转，从而加剧了电动机的损耗和老化。

针对上述问题，需要做好以下几点工作：第一，做好检修和管理工作，企业技术和维护人员需要做好设备检修工作，保证电气设备可以正常使用；第二，工作人员要定期检查设备自动跳闸问题，一旦出现自动跳闸情况，需要立即查找原因并采取补救措施，上报调度室；第三，电动机异常升温时，需要采取冷却措施并及时找到温度变化的原因，电动机运转时会产生一定的热量，使得周围环境温度升高，因此需要及时疏散产生的热量，可以选择制冷设备或通风设备来疏散电动机运转产生的热量；第四，工作人员需要监管好电压值，当电压值出现较大的波动时，就会造成电动机磨损，所以需要保障电压值始终处于规定范围之内。

3. 电气设备接地不良

冶金企业的电气设备在运行过程中，为了保证设备和工作人员的安全，会采取接地技术进行保护。但是实际上，冶金企业电气设备运行过程中存在着管理不到位、操作规范性差等问题，使得电气设备的接地保护无法真正地发挥作用。此外，部分电气设备所使用的接地材料为金属材料，时间久了就会产生一定的腐蚀问题，这样也会使得电气设备因为接地问题出现故障。

针对冶金企业电气设备接地问题，可以采取如下处理措施：第一，设计电气设备接地装置时，需要结合接地材料属性，做好保护措施，避免设备因为外界破坏产生接地不良的问题；第二，设备检修需要全面且详细，不能仅仅依靠经验去判断设备的运行情况，最好使用相关的检测设备检测电气设备接地情况，一旦出现接地材料腐蚀或熔断等问题，需要立即采取相应的处理措施；第三，重视电气设备的电气检查和维护，尽可能在检查过程中解决可能存在的故障问题，确保电气设备能够正常运行。

4. 变压器故障

冶金企业电气系统使用的变压器出现故障的原因有以下几点：第一，出厂的变压器可能存在质量问题，因此使用过程中会出现变压器故障问题；第二，变压器存在额定荷载，如果冶金企业在使用过程中长期处于超负荷状态，就容易出现变压器内部构件故障问题；第三，线路干扰问题，如变压器长期处于低负荷状态运行也会引发变压器故障问题。

要想解决变压器故障问题，需要严格控制变压器质量，做好质量检测工作。变压器超负荷运行导致的故障可以选择分流的方式降低运行负荷。线路干扰问题需要详细检查变压器的全部零件，如果存在焊接问题，需要立即采取焊接措施。

5. 导线短路和温升太大

电气运行导线在使用过程中，其绝缘层会出现一定程度的磨损、老化、潮湿或鼠咬等问题，从而引发线路短路故障。外力作用也会影响导线绝缘层的完整性，例如外力挤压、划伤或扎破等，裸露出来的线路经过风吹日晒就容易产生松弛和混线等问题，进而引发线路短路故障问题。此外，运行导线快速升温也会导致故障问题，这主要是因为电气设备使用过程中存在一定的电流差或导线截面积不大，因此设备负荷运行过程中容易产生温度快速升高的问题，例如，电动机拖动设备产生故障或缺油等问题都会导致电动机负荷增加，进而引发线路高温故障。

针对导线短路问题，需要按照规定开展工作，布线需要科学准确，避免机械性损伤导致设备产生短路问题。为了避免停电产生的火灾事故，需要选择双电源。电气设备需要使用金属外壳避免产生线路短路问题，严格监管设备安装工作，保证安装的质量。针对升温太大的问题，可以使用合适信号和保护装置降低导线温度过高产生的不良影响。若线路出现异常，需要及时断开相关设备，并采取相应的解决措施。

6. 继电保护故障

电气继电保护故障问题主要是因为电流互感器出现饱和或没有选择合适的开关保护设备所引发的。随着冶金企业用电量的增加，很多企业的配电系统设备终端负荷会一定程度上增加，这样就会引发电流短路问题，进而出现电流互感器因为经过的电流太大从而产生饱和现象，导致线路保护装置出现故障，难以正常启动并发挥作用。

针对继电保护故障问题，需要提高电抗器阻抗能力，尽可能选择阻抗能力较高的电抗器装置。一旦产生电流短路问题，应迅速采取保护措施，切断短路电流，避免产生更大的危害。

第二章 电气标准

按照《中华人民共和国标准化法》，中国标准分为四级，分别是国家标准、行业标准、地方标准和企业标准，对于电工行业，对全行业具有约束力或适用的标准主要是国家标准和行业标准。

第一节 标准概述

标准的分级和代号是指为在给定范围内达到最佳秩序，对各种活动或其结果所规定的、共同的和重复使用的规则、指导原则或特性，经过协商根据多数意见制定并经过公认机构批准的一种文件。

按级别分，标准有国家标准、行业标准、地方标准和企业标准。国家标准、行业标准分为强制性标准和推荐性标准。国家标准、行业标准、地方标准和企业标准都由标准代号、顺序号和批准发布年号组成。

国家标准代号及符号有 GB ××××—××××(强制性国家标准)、GB/T ××××—××××(推荐性国家标准)和 GB/ * ××××—××××(降为行业标准而尚未转化的原国家标准)。行业标准代号由国务院标准化行政主管部门规定。例如，强制性电力行业标准代号为 DL，推荐性电力行业标准代号为 DL/T。地方标准的标准代号为 DB 加上省、自治区或直辖市的代码前两位数字。例如，陕西省强制性地方标准代号为 DB61，推荐性地方标准代号为 DB61/T。企业标准代号为 Q/加企业代号组成。标准分类与代号见表 2-1-1。

表 2-1-1 标准分类与代号

标准代号	标准分类	标准代号	标准分类
A	综合	N	仪器、仪表
B	农业、林业	P	工程建设
C	医药、卫生劳动保护	Q	建材
D	矿业	R	公路、水路运输
E	石油	S	铁路
F	能源、核技术	T	车辆
G	化工	U	船舶
H	冶金	V	航空、航天
J	机械	W	纺织
K	电工	X	食品
L	电子元器件与信息技术	Y	轻工、文化与生活用品
M	通信、广播	Z	环境保护

第二节　国家标准中的电气标准

一、常用的电气标准

常用的电气标准见表 2-2-1 和表 2-2-2。

表 2-2-1　通用电工标准

标 准 代 号	标 准 名 称
GB/T 762—2002	《标准电流等级》
GB/T 156—2017	《标准电压》
GB/T 999—2021	《直流电力牵引额定电压》
GB/T 1980—2005	《标准频率》
GB/T 2900. 1—2008 至 GB/T 2900. 105—2022	《电工术语》
GB/T 3805—2008	《特低电压(ELV)限值》
GB/T 4728. 1—2018 至 GB/T 4728. 13—2022	《电气简图用图形符号》
GB/T 5094. 1—2018 至 GB/T 5094. 4—2005	《工业系统、装置与设备以及工业产品　结构原则与参照代号》
GB/T 5465. 1—2009	《电气设备用图形符号　第 1 部分：概述与分类》
GB/T 5465. 2—2008	《电气设备用图形符号　第 2 部分：图形符号》
GB/T 311. 1—2012	《绝缘配合　第 1 部分：定义、原则和规则》
GB/T 311. 2—2013	《绝缘配合　第 2 部分：使用导则》
GB/T 311. 3—2017	《绝缘配合　第 3 部分：高压直流换流站绝缘配合程序》
GB/T 311. 6—2005	《高电压测量标准空气间隙》
GB/T 3785. 1—2010 至 GB/T 3785. 3—2018	《电声学　声级计》
GB/T 3926—2007	《中频设备额定电压》
GB/T 4026—2019	《人机界面标志标识的基本和安全规则　设备端子、导体终端和导体的标识》
GB/T 25295—2010	《电气设备安全设计导则》
GB/T 5465. 1—2009、GB/T 5465. 2—2008	《电气设备用图形符号》

表 2-2-2　专业用电气标准

标 准 代 号	标 准 名 称
GB/T 12325—2008	《电能质量　供电电压偏差》
GB/T 12326—2008	《电能质量　电压波动和闪变》
GB 50150—2016	《电气装置安装工程　电气设备交接试验标准》
GB 50303—2015	《建筑电气工程施工质量验收规范》
GB 50034—2013	《建筑照明设计标准》
CJJ 45—2015	《城市道路照明设计标准》

续表

标准代号	标准名称
GB/T 7251. 1—2013 至 GB/T 7251. 12—2013	《低压成套开关设备和控制设备》
JB/T 9661—1999	《低压抽出式成套开关设备》
GB/T 24274—2019	《低压抽出式成套开关设备和控制设备》
GB/T 10058—2009	《电梯技术条件》
GB/T 10059—2009	《电梯试验方法》
DL 462—1992	《高压并联电容器用串联电抗器订货技术条件》
JB/T 5346—2014	《高压并联电容器用串联电抗器》
GB/T 2900. 22—2005	《电工名词术语　电焊机》
GB 2900. 40—1985	《电工名词术语　电线电缆专用设备》
GB/T 2900. 46—1983	《电工名词术语　汽轮机及其附属装置》
GB/T 2900. 48—2008	《电工名词术语　锅炉》
GB/T 10233—2016	《低压成套开关设备和电控设备基本试验方法》
GB/T 3047. 1—1995	《高度进制为 20mm 的面板、架和柜的基本尺寸系列》
GB/T 4205—2010	《人机界面标志标识的基本和安全规则操作规则》
GB/T 12667—2012	《同步电动机半导体励磁装置总技术条件》
GB/T 12668. 1—2002	《调速电气传动系统　第 1 部分：一般要求低压直流调速电气传动系统额定值的规定》
GB/T 12668. 2—2002	《调速电气传动系统　第 2 部分：一般要求低压交流变频电气传动系统额定值的规定》
GB/T 12668. 3—2012	《调速电气传动系统　第 3 部分：电磁兼容性要求及其特定的试验方法》
GB/T 12668. 4—2006	《调速电气传动系统　第 4 部分：一般要求　交流电压 1000V 以上但不超过 35kV 的交流调速电气传动系统额定值的规定》
GB/T 12668. 501—2013	《调速电气传动系统　第 5-1 部分：安全要求　电气、热和能量》
GB/T 12668. 502—2013	《调速电气传动系统　第 5-2 部分：安全要求功能》
GB/T 12668. 6—2011	《调速电气传动系统　第 6 部分：确定负载工作制类型和相应电流额定值的导则》
GB/T 12668. 701—2012	《调速电气传动系统　第 701 部分：电气传动系统的通用接口和使用规范接口定义》
GB/T 12668. 7201—2019	《调速电气传动系统　第 7-201 部分：电气传动系统的通用接口和使用规范　1 型规范说明》
GB/T 12668. 7301—2019	《调速电气传动系统　第 7-301 部分：电气传动系统的通用接口和使用规范　1 型规范对应至网络技术》
GB/T 12668. 7302—2021	《调速电气传动系统第 7-302 部分：电气传动系统的通用接口和使用规范　2 型规范对应至网络技术》
GB/T 12668. 8—2017	《调速电气传动系统　第 8 部分：电源接口的电压规范》
GB/T 12668. 901—2021	《调速电气传动系统　第 9-1 部分：电气传动系统、电机起动器、电力电子设备及其传动应用的生态设计　采用扩展产品法(EPA)和半解析模型(SAM)制定电气传动设备能效标准的一般要求》

续表

标 准 代 号	标 准 名 称
GB/T 12668. 902—2021	《调速电气传动系统　第 9-2 部分：电气传动系统、电机起动器、电力电子设备及其传动应用的生态设计　电气传动系统和电机起动器的能效指标》
GB/T 12669—2012	《半导体变流串级调速装置总技术条件》
GB/T 4884—1985	《绝缘导线的标记》
GB/T 13869—2017	《用电安全导则》
GB/T 4208—2017	《外壳防护等级(IP 代码)》

二、标准电压

GB/T 156—2017《标准电压》规定了标准电压值，作为供电系统标称电压的优选值及设备和系统设计的参考值。

该标准适用于：(1)标称电压高于 220V、标准频率为 50Hz 的交流输电、配电、用电系统及其设备。(2)交流和直流牵引系统。(3)额定电压低于 120V、标准频率为 50Hz(但不绝对限制)的设备，以及直流电压低于 1500V 的设备，包括电池(由原电池或蓄电池单元组成)、其他电源装置(交流或直流)、电气设备(包括工业和通信)和电器。(4)高压直流输电系统。

该标准不适用于表征或传输信号和测量值的电压，不适用于电气设备内部元件、部件或零件的电压。

GB/T 156—2017《标准电压》规定的标称电压 220~1000V 交流系统及相关设备的标准电压应从表 2-2-3 中选取。

表 2-2-3　标称电压 220~1000V 交流系统及相关设备的标准电压　　单位：V

三相四线或三相三线系统的标称电压
220/380
380/660
1000(1140①)

① 1140V 仅限于某些应用领域的系统使用。

表 2-2-3 中同一组数据中较低的数值是相电压，较高的数值是线电压；只有一个数值者是指三相三线系统的线电压值。交流和直流牵引系统的标准电压值见表 2-2-4。

表 2-2-4　交流和直流牵引系统的标准电压　　单位：V

牵引系统	系统最低电压	系统标称电压	系统最高电压
直流系统	(400)①	(600)①	(720)①
	500	750	900
	1000	1500	1800

续表

牵引系统	系统最低电压	系统标称电压	系统最高电压
交流单相系统	19000	25000	27500

注：(1)轨道交通牵引供电系统电压的其他要求见 GB/T 1402—2010。

(2)其他的交流和直流牵引系统电压参见相关专业标准。

① 非优选数值，建议在未来新建系统中不采用这些数值。

标称电压 1kV 以上至 35kV 交流三相系统及相关设备的标准电压值见表 2-2-5。

表 2-2-5 标称电压 1kV 以上至 35kV 交流三相系统及相关设备的标准电压

单位：kV

系统标称电压	设备最高电压
3(3.3)①	3.6①
69	7.2①
10	12
20	24
35	40.5

注：(1)表中数值为线电压。

(2)圆括号中的数值为用户有要求时使用。

① 不得用于公共配电系统。

标称电压 35kV 以上至 220kV 交流三相系统及相关设备的标准电压值见表 2-2-6。

表 2-2-6 标称电压 35kV 以上至 220kV 交流三相系统及相关设备的标准电压

单位：kV

系统标称电压	设备最高电压
66	72.5
110	126
220	252

注：表中数值为线电压。

标称电压 220kV 以上的交流三相系统及相关设备的标准电压值见表 2-2-7。

表 2-2-7 标称电压 220kV 以上的交流三相系统及相关设备的标准电压 单位：kV

系统标称电压	设备最高电压
330	363
500	550
750	800
1000	1100

注：表中数值为线电压。

高压直流输电系统的标准电压宜从表 2-2-8 中选取。

表 2-2-8　高压直流输电系统的标准电压　　单位：kV

系统标称电压	系统标称电压
±160	±500
（±200）	（±660）
±320	±800
（±400）	±1100

注：圆括号中给出的是非优选数值。

交流低于 120V 或直流低于 1500V 的设备额定电压值见表 2-2-9。

表 2-2-9　交流低于 120V 或直流低于 1500V 的设备额定电压　　单位：V

交流额定电压		直流额定电压	
优选值	备选值	优选值	备选值
			2.4
			3
			4
			4.5
	5		5
6		6	
			7.5
			9
12		12	
	15		15
24		24	
			30
	36	36	
	42		40
48		48	
	60	60	
		72	
			80
		96	
	100		
110		110	
			125
		220	

注：(1) 因为原电池和蓄电池单元的电压均低于 2.4V，实际应用中电池的选型是基于其特性而不是其电压，表中未包含这些电压值。

(2) 基于技术和经济原因，某些特定的应用场合可能需要另外的电压。

中频设备的额定电压在国家标准 GB/T 3926—2007《中频设备额定电压》中规定。船舶和海上石油平台用电工产品的额定电压在 GB/T 4988—2016《船舶和近海装置用电工产品额定频率、额定电压和额定电流》中规定。直流电力牵引的额定电压在 GB/T 999—2021《直流电力牵引额定电压》中规定。

国家标准 GB/T 3805—2008《特低电压(ELV)限值》规定的电压限值对于接触面积不大于 80cm² 情况是保守的。对于频率不大于 100Hz 交流电的小接触面积情况，规定了更高的限值。但对于更高频率或对直流电情况，尚无可用的数据。

三、标准电流等级

GB/T 762—2002《标准电流等级》规定了电气设备(包括电气器件、仪器、仪表等设备)的电流等级，适用于用电系统或设备的设计及运行的特性。该标准适用于电气设备内部零部件的电流等级。对于任何电气设备，电流额定值应从表 2-2-10 中选取；1A 以下的标准电流等级见表 2-2-11。

表 2-2-10　电流额定值　　单位：A

标准电流等级									
1	1.25	1.6	2	2.5	3.15	4	5	6.3	8
10	12.5	16	20	25	31.5	40	50	63	80
100	125	160	200	250	315	400	500	630	800
1000	1250	1600	2000	2500	3150	4000	5000	6300	8000
10000	12500	16000	20000	25000	31500	40000	50000	63000	80000
100000	125000	160000	200000						

表 2-2-11　1A 以下的标准电流等级　　单位：A

标准电流等级									
0.00001							0.00005		
0.0001			0.0002		0.000315	0.0004	0.0005	0.00063	0.0008
0.001	0.00125	0.0016	0.002	0.0025	0.00315	0.004	0.005	0.0063	0.008
0.01	0.0125	0.016	0.02	0.025	0.0315	0.04	0.05	0.063	0.08
0.1	0.125	0.16	0.2	0.25	0.315	0.4	0.5	0.63	0.8

第三节　行业标准中的电气标准

行业标准是在全国某个行业范围内统一的标准，对没有国家标准而又需要在全国某个行业范围内统一的技术要求所制定的标准。表 2-3-1 列举了部分行业标准中的电气标准。

表 2-3-1　行业标准中的电气标准

标准代号	标准名称
AQ 3009—2007	《危险场所电气防爆安全规范》
AQ/T 2072—2019	《金属非金属矿山在用电力绝缘安全工器具电气试验规范》

续表

标准代号	标准名称
AQ/T 2073—2019	《金属非金属矿山在用高压开关设备电气安全检测检验规范》
HG/T 30018—2013	《化工电气安全工作规程》
LD/T 76.6—2000	《化工安装工程电气安装劳动定额》
LD/T 74.2—2008	《建设工程劳动定额　安装工程-电气安装工程》
JB/T 12384—2015	《机床电气设备及系统电气控制柜技术条件》
JB/T 10836—2008	《可燃性粉尘环境用电气设备用外壳和限制表面温度保护的电气设备粉尘防爆照明开关》
JB/T 10847—2008	《可燃性粉尘环境用电气设备用外壳和限制表面温度保护的电气设备粉尘防爆插接装置》
JB/T 11626—2013	《可燃性粉尘环境用电气设备用外壳和限制表面温度保护的电气设备粉尘防爆照明(动力)配电箱》
JB/T 5980—1992	《电气装置的电压区段》
JB 9599—1999	《防爆电气设备用钢管配线附件》
JB 5720—1991	《木工机床电气设备通用技术条件》
JB/T 2739—2015	《机床电气图用图形符号》
JB/T 10324—2002	《电气设备机柜通用技术条件》
JB 5874—1991	《蓄电池工业车辆电气通用技术条件》
JB/T 4002—2013	《防爆低压电气用接线端子》
JB/T 10382—2002	《电气设备机械门锁通用技术条件》
JB/T 11724—2013	《数控磨床电气控制系统　技术条件》
JB/T 8678—1998	《电气设备机械结构框架通用技术条件》
JB/T 6097—1992	《电加工机床电气设备通用技术条件》
JB/T 13452—2018	《饲料加工成套设备电气安装通用技术规范》
JB/T 11723—2013	《数控车床电气控制系统技术条件》
JB/T 11729—2013	《工业机械电气设备及系统整体照明装置要求》
JB 5872—1991	《高压开关设备电气图形符号及文字符号》
JB/T 6749—2013	《爆炸性环境用电气设备防爆照明(动力)配电箱》
JB/T 2197—1996	《电气绝缘材料产品分类、命名及型号编制方法》
FZ/T 99014—2014	《纺织机械电气设备　通用技术条件》
FZ/T 90109—2011	《纺织机械电气设备　电气图形文字符号》
FZ/T 90072—2014	《纺织机械电气设备　控制柜尺寸系列》
DL/T 1342—2014	《电气接地工程用材料及连接件》
DL/T 621—1997	《交流电气装置的接地》
DL/T 1054—2021	《高压电气设备绝缘技术监督规程》
DL/T 5759—2017	《配电系统电气装置安装工程施工及验收规范》

第四节 标准强制性条文

强制性条文是现行工程建设国家标准和行业标准中直接涉及人民生命财产安全、人身健康、环境保护及其他公众利益方面的内容，同时也考虑了提高经济效益和社会效益等方面的要求，凡列入强制性条文的所有内容都必须严格执行。

涉及工业建筑电气涉及强制性条文的内容见表2-4-1。

表2-4-1 工业建筑部分强制性条文

规范	条款号	条款内容
GB 50052—2009《供配电系统设计规范》	3.0.1	电力负荷应根据对供电可靠性的要求及中断供电在对人身安全、经济损失上所造成的影响程度进行分级，并应符合下列规定： 1 符合下列情况之一时，应视为一级负荷。 1)中断供电将造成人身伤害时。 2)中断供电将在经济上造成重大损失时。 3)中断供电将影响重要用电单位的正常工作。 2 在一级负荷中，当中断供电将造成人员伤亡或重大设备损坏或发生中毒爆炸和火灾等情况的负荷，以及特别重要场所不允许中断供电的负荷，应视为一级负荷中特别重要的负荷。 3 符合下列情况之一时，应视为二级负荷。 1)中断供电将在经济上造成较大损失时。 2)中断供电将影响较重要用电单位的正常工作。 4 不属于一级和二级负荷者应为三级负荷
	3.0.2	一级负荷应由双重电源供电，当一电源发生故障时，另一电源不应同时受到损坏
	3.0.3	一级负荷中特别重要的负荷供电，应符合下列要求： 1 除应由双重电源供电外，尚应增设应急电源，并严禁将其他负荷接入应急供电系统。 2 设备供电电源的切换时间，应满足设备允许中断供电的要求
	3.0.9	备用电源的负荷严禁接入应急供电系统
	4.0.2	应急电源与正常电源之间，应采取防止并列运行的措施。当有特殊要求，应急电源向正常电源转换需短暂并列运行时，应采取安全运行的措施
GB 50054—2011《低压配电设计规范》	3.1.4	在TN-C系统中不应将保护接地中性导体隔离，严禁将保护接地中性导体接入开关电器
	3.1.7	半导体开关电器，严禁作为隔离电器
	3.1.10	隔离器、熔断器和连接片，严禁作为功能性开关电器
	3.1.12	采用剩余电流动作保护电器作为间接接触防护电器的回路时，必须装设保护导体
	3.2.13	装置外可导电部分严禁作为保护接地中性导体的一部分
	4.2.6	配电室通道上方裸带电体距地面的高度不应低于2.5m；当低于2.5m时，应设置不低于现行国家标准GB/T 4208—2017《外壳防护等级(IP代码)》规定的IP××B级或IP2×级的遮栏或外护物，遮栏或外护物底部距地面的高度不应低于2.2m

续表

规范	条款号	条款内容
GB 50054—2011《低压配电设计规范》	7.4.1	除配电室外，无遮护的裸导体至地面的距离不应小于 3.5m；采用防护等级不低于现行国家标准 GB/T 4208—2017《外壳防护等级（IP 代码）》规定的 IP2×的网孔遮栏时，不应小于 2.5m。网状遮栏与裸导体的间距不应小于 100mm；板状遮栏与裸导体的间距不应小于 50mm
GB 50053—2013《20kV 及以下变电所设计规范》	2.0.2	油浸变压器的车间内变电所，不应设在三级、四级耐火等级的建筑物内；当设在二级耐火等级的建筑物内时，建筑物应采取局部防火措施
	4.1.3	户内变电所每台油量不小于 100kg 的油浸三相变压器，应设在单独的变压器室内，并应有储油或挡油、排油等防火设施
	4.2.3	当露天或半露天变压器供给一级负荷用电时，相邻油浸变压器的净距不应小于 5m；当小于 5m 时，应设置防火墙
	6.1.1	变压器室、配电室和电容器室的耐火等级不应低于二级
	6.1.2	位于下列场所的油浸变压器室的门应采用甲级防火门： 1 有火灾危险的车间内； 2 容易沉积可燃粉尘、可燃纤维的场所； 3 附近有粮、棉及其他易燃物大量集中的露天堆场； 4 民用建筑物内，门通向其他相邻房间； 5 油浸变压器室下面有地下室
	6.1.3	民用建筑内变电所防火门的设置应符合下列规定： 1 变电所位于高层主体建筑或裙房内时，通向其他相邻房间的门应为甲级防火门，通向过道的门应为乙级防火门； 2 变电所位于多层建筑物的二层或更高层时，通向其他相邻房间的门应为甲级防火门，通向过道的门应为乙级防火门； 3 变电所位于单层建筑物内或多层建筑物的一层时，通向其他相邻房间或过道的门应为乙级防火门； 4 变电所位于地下层或下面有地下层时，通向其他相邻房间或过道的门应为甲级防火门； 5 变电所附近堆有易燃物品或通向汽车库的门应为甲级防火门； 6 变电所直接通向室外的门应为丙级防火门
	6.1.5	当露天或半露天变电所安装油浸变压器，且变压器外廓与生产建筑物外墙的距离小于 5m 时，建筑物外墙在下列范围内不得有门、窗或通风孔： 1 油量大于 1000kg 时，在变压器总高度加 3m 及外廓两侧各加 3m 的范围内； 2 油量不大于 1000kg 时，在变压器总高度加 3m 及外廓两侧各加 1.5m 的范围内
	6.1.6	高层建筑物的裙房和多层建筑物内的附设变电所及车间内变电所的油浸变压器室，应设置容量为 100%变压器油量的储油池

续表

规范	条款号	条款内容
GB 50053—2013《20kV 及以下变电所设计规范》	6. 1. 7	当设置容量不低于20%变压器油量的挡油池时，应有能将油排到安全场所的设施。位于下列场所的油浸变压器室，应设置容量为100%变压器油的储油池或挡油设施： 1 容易沉积可燃粉尘、可燃纤维的场所； 2 附近有粮、棉及其他易燃物大量集中的露天场所； 3 油浸变压器室下面有地下室
	6. 1. 9	在多层建筑物或高层建筑物裙房的首层布置油浸变压器的变电站时，首层外墙开口部位的上方应设置宽度不小于 1. 0m 的不燃烧体防火挑檐或高度不小于 1. 2m 的窗槛墙
GB 50056—1993《电热设备电力装置设计规范》	2. 0. 12	连接水冷工频导体与金属给排水管间的绝缘水管，其内径和长度的选择，应使每根绝缘水管内水的泄漏电流不超过 20mA 或采取其他安全措施
	2. 0. 15	不平衡电流较大的电热装置或单相电热负荷较多的变(配)电所应设监视负序电流的仪表
	2. 0. 22	电热设备液压系统的蓄势泵和充油装置，当其油量为 60kg 及以上时，应设置事故排油设施
	2. 0. 23	对危及工作人员安全或电热装置正常运行的静电荷，应采取接地、屏蔽或提供足够距离等抑制措施
	3. 2. 3	电炉装置应接地，接地电阻不应大于 4Ω；在高土壤电阻率地区，不宜大于 100Ω
	3. 2. 11	电炉装置应装设下列信号： 一、电炉高压通电及断电的信号； 二、调压装置在四级及以上时，指示电压等级的信号； 三、反映三相电弧炉每相电弧电压的信号； 四、油循环系统故障的信号； 五、水或风冷却系统故障的信号； 六、操作电源失压的信号； 七、根据工艺要求的其他信号
	3. 3. 2	门向车间内开的电炉变压器室，应设置容量为 100%变压器油量的贮油池，或将油排到安全处所的设施
	3. 4. 8	在电炉变压器的短网进行电焊时，应采取防止由于电炉变压器二次侧带电使一次侧产生高电压造成危险的措施
	4. 0. 4	工频感应电热装置的合闸冲击电流，应小于电力网允许值，并不宜大于额定电流的 3~5 倍
	6. 0. 3	高频电源装置应有金属屏蔽外壳。高频回路中外露的导体和电气设备应采取操作人员免受高频电场伤害的局部屏蔽措施
	6. 0. 8	高频电源装置的金属外壳应就近接地，其接地电阻不应大于 4Ω，并宜与车间接地干线连接

续表

<table>
<tr><th>规范</th><th>条款号</th><th>条款内容</th></tr>
<tr><td rowspan="2">GB 50058—2014
《爆炸危险环境电力装置设计规范》</td><td>5.2.2</td><td>危险区域划分与电气设备保护级别的关系应符合下列规定：
1 爆炸性环境内电气设备保护级别的选择应符合表 5.2.2-1 的规定。
表 5.2.2-1　爆炸性环境内电气设备保护级别的选择
<table><tr><th>危险区域</th><th>设备保护级别(EPL)</th></tr><tr><td>0 区</td><td>Ga</td></tr><tr><td>1 区</td><td>Ga 或 Gb</td></tr><tr><td>2 区</td><td>Ga、Gb 或 Gc</td></tr><tr><td>20 区</td><td>Da</td></tr><tr><td>21 区</td><td>Da 或 Db</td></tr><tr><td>22 区</td><td>Da、Db 或 Dc</td></tr></table></td></tr>
<tr><td>5.5.1</td><td>当爆炸性环境电力系统接地设计时，1000V 交流/1500V 直流以下的电源系统接地应符合下列规定：
1 爆炸性环境中的 TN 系统应采用 TN-S 型；
2 危险区中的 TT 型电源系统应采用剩余电流动作的保护电器；
3 爆炸性环境中的 IT 型电源系统应设置绝缘监测装置</td></tr>
<tr><td rowspan="2">GB 50057—2010
《建筑物防雷设计规范》</td><td>3.0.2</td><td>在可能发生对地闪击的地区，遇下列情况之一时，应划为第一类防雷建筑物：
1 凡制造、使用或贮存火炸药及其制品的危险建筑物，因电火花而引起爆炸、爆轰，会造成巨大破坏和人身伤亡者。
2 具有 0 区或 20 区爆炸危险场所的建筑物。
3 具有 1 区或 21 区爆炸危险场所的建筑物，因电火花而引起爆炸，会造成巨大破坏和人身伤亡者</td></tr>
<tr><td>3.0.3</td><td>在可能发生对地闪击的地区，遇下列情况之一时，应划为第二类防雷建筑物：
1 国家级重点文物保护的建筑物。
2 国家级的会堂、办公建筑物、大型展览和博览建筑物、大型火车站和飞机场、国宾馆，国家级档案馆、大型城市的重要给水泵房等特别重要的建筑物。
注：飞机场不含停放飞机的露天场所和跑道。
3 国家级计算中心、国际通信枢纽等对国民经济有重要意义的建筑物。
4 国家特级和甲级大型体育馆。
5 制造、使用或贮存火炸药及其制品的危险建筑物，且电火花不易引起爆炸或不致造成巨大破坏和人身伤亡者。
6 具有 1 区或 21 区爆炸危险场所的建筑物，且电火花不易引起爆炸或不致造成巨大破坏和人身伤亡者。
7 具有 2 区或 22 区爆炸危险场所的建筑物。
8 有爆炸危险的露天钢质封闭气罐。
9 预计雷击次数大于 0.05 次/a 的部、省级办公建筑物和其他重要或人员密集的公共建筑物以及火灾危险场所。
10 预计雷击次数大于 0.25 次/a 的住宅、办公楼等一般性民用建筑物或一般性工业建筑物</td></tr>
</table>

续表

<table>
<tr><th>规范</th><th>条款号</th><th>条款内容</th></tr>
<tr><td rowspan="4">GB 50057—2010
《建筑物防雷设计规范》</td><td>3. 0. 4</td><td>在可能发生对地闪击的地区，遇下列情况之一时，应划为第三类防雷建筑物：
1 省级重点文物保护的建筑物及省级档案馆。
2 预计雷击次数大于或等于 0. 01 次/a，且小于或等于 0. 05 次/a 的部、省级办公建筑物和其他重要或人员密集的公共建筑物，以及火灾危险场所。
3 预计雷击次数大于或等于 0. 05 次/a，且小于或等于 0. 25 次/a 的住宅、办公楼等一般性民用建筑物或一般性工业建筑物。
4 在平均雷暴日大于 15d/a 的地区，高度在 15m 及以上的烟囱、水塔等孤立的高耸建筑物；在平均雷暴日小于或等于 15d/a 的地区，高度在 20m 及以上的烟囱、水塔等孤立的高耸建筑物</td></tr>
<tr><td>4. 1. 1</td><td>各类防雷建筑物应设防直击雷的外部防雷装置，并应采取防闪电电涌侵入的措施。
第一类防雷建筑物和本规范第 3. 0. 3 条第 5～7 款所规定的第二类防雷建筑物，尚应采取防闪电感应的措施</td></tr>
<tr><td>4. 1. 2</td><td>各类防雷建筑物应设内部防雷装置，并应符合下列规定：
1 在建筑物的地下室或地面层处，下列物体应与防雷装置做防雷等电位连接：
1）建筑物金属体。
2）金属装置。
3）建筑物内系统。
4）进出建筑物的金属管线。
2 除本条第 1 款的措施外，外部防雷装置与建筑物金属体、金属装置、建筑物内系统之间，尚应满足间隔距离的要求</td></tr>
<tr><td>4. 2. 1</td><td>2 排放爆炸危险气体、蒸气或粉尘的放散管、呼吸阀、排风管等管口外的下列空间应处于接闪器的保护范围内：
1）当有管帽时应按表 4. 2. 1 的规定确定。
2）当无管帽时，应为管口上方半径 5m 的半球体。
3）接闪器与雷闪的接触点应设在本款第 1 项或第 2 项所规定的空间之外。
表 4. 2. 1　有管帽的管口外处于接闪器保护范围内的空间
<table>
<tr><th>装置内的压力与周围空气压力的压力差（kPa）</th><th>排放物对比于空气</th><th>管帽以上的垂直距离（m）</th><th>距管口处的水平距离（m）</th></tr>
<tr><td><5</td><td>重于空气</td><td>1</td><td>2</td></tr>
<tr><td>5～25</td><td>重于空气</td><td>2. 5</td><td>5</td></tr>
<tr><td>≤25</td><td>轻于空气</td><td>2. 5</td><td>5</td></tr>
<tr><td>>25</td><td>重或轻于空气</td><td>5</td><td>5</td></tr>
</table>
注：相对密度小于或等于 0. 75 的爆炸性气体规定为轻于空气的气体；相对密度大于 0. 75 的爆炸性气体规定为重于空气的气体。
3 排放爆炸危险气体、蒸气或粉尘的放散管、呼吸阀、排风管等，当其排放物达不到爆炸浓度、长期点火燃烧、一排放就点火燃烧，以及发生事故时排放物才达到爆炸浓度的通风管、安全阀，接闪器的保护范围应保护到管帽，无管帽时应保护到管</td></tr>
</table>

续表

规范	条款号	条款内容
GB 50057—2010《建筑物防雷设计规范》	4.2.3	第一类防雷建筑物防闪电电涌侵入的措施应符合下列规定： 1 室外低压配电线路应全线采用电缆直接埋地敷设，在入户处应将电缆的金属外皮、钢管接到等电位连接带或防闪电感应的接地装置上。 2 当全线采用电缆有困难时，应采用钢筋混凝土杆和铁横担的架空线，并应使用一段金属铠装电缆或护套电缆穿钢管直接埋地引入。架空线与建筑物的距离不应小于15m。在电缆与架空线连接处，尚应装设户外型电涌保护器。电涌保护器、电缆金属外皮、钢管和绝缘子铁脚、金具等应连在一起接地，其冲击接地电阻不应大于30Ω。所装设的电涌保护器应选用Ⅰ级试验产品，其电压保护水平应小于或等于2.5kV，其每一保护模式应选冲击电流等于或大于10kA；若无户外型电涌保护器，应选用户内型电涌保护器，其使用温度应满足安装处的环境温度，并应安装在防护等级IP54的箱内。 当电涌保护器的接线形式为本规范表J.1.2中的接线形式2时，接在中性线和PE线间电涌保护器的冲击电流，当为三相系统时不应小于40kA，当为单相系统时不应小于20kA
	4.2.4	8 在电源引入的总配电箱处应装设Ⅰ级试验的电涌保护器。电涌保护器的电压保护水平值应小于或等于2.5kV。每一保护模式的冲击电流值，当无法确定时，冲击电流应取等于或大于12.5kA
	4.3.3	专设引下线不应少于2根，并应沿建筑物四周和内庭院四周均匀对称布置，其间距沿周长计算不应大于18m。当建筑物的跨度较大，无法在跨距中间设引下线时，应在跨距两端设引下线并减小其他引下线的间距，专设引下线的平均间距不应大于18m
	4.4.3	专设引下线不应少于2根，并应沿建筑物四周和内庭院四周均匀对称布置，其间距沿周长计算不应大于25m。当建筑物的跨度较大，无法在跨距中间设引下线时，应在跨距两端设引下线并减小其他引下线的间距，专设引下线的平均间距不应大于25m
	4.5.8	在独立接闪杆、架空接闪线、架空接闪网的支柱上，严禁悬挂电话线、广播线、电视接收天线及低压架空线等
	6.1.2	当电源采用TN系统时，从建筑物总配电箱起供电给本建筑物内的配电线路和分支线路必须采用TN-S系统
GB 50254—2014《电气装置安装工程 低压电器施工及验收规范》	3.0.16	需要接地的电器金属外壳、框架必须可靠接地
	9.0.2	三相四线系统安装熔断器时，必须安装在相线上，中性线（N线）、保护中性线（PEN线）严禁安装熔断器
GB 50255—2014《电气装置安装工程 电力变流设备施工及验收规范》	4.0.4	变流柜和控制柜除设计采用绝缘安装外，其外露金属部分必须可靠接地，接地方式、接地线应符合设计要求，接地标识应明显。转动式门板与已接地的框架之间应有可靠的电气连接
GB 50256—2014《电气装置安装工程 起重机电气装置施工及验收规范》	3.0.9	起重机非带电金属部分的接地应符合下列规定： 2 司机室与起重机本体用螺栓连接时，必须进行电气跨接；其跨接点不应少于两处
	4.0.1	滑触线的布置应符合设计要求；当设计无要求时，应符合下列规定： 3 裸露式滑触线在靠近走梯、过道等行人可触及的部分，必须设有遮栏保护
	6.0.4	制动装置的安装应符合下列规定： 1 制动装置的动作必须迅速、准确、可靠

续表

规范	条款号	条款内容
GB 50256—2014《电气装置安装工程　起重机电气装置施工及验收规范》	6.0.9	起重荷载限制器的调试应符合下列规定： 1 起重荷载限制器综合误差，严禁大于8%。 2 当载荷达到额定起重量的90%时，必须发出提示性报警信号。 3 当载荷达到额定起重量的110%时，必须自动切断起升机构电动机的电源，并应发出禁止性报警信号
GB 50257—2014《电气装置安装工程　爆炸和火灾危险环境电气装置施工及验收规范》	5.1.3	爆炸危险环境内采用的低压电缆和绝缘导线，其额定电压必须高于线路的工作电压，且不得低于500V，绝缘导线必须敷设于钢管内。电气工作中性线绝缘层的额定电压必须与相线电压相同，并必须在同一护套或钢管内敷设
	5.1.7	架空线路严禁跨越爆炸性危险环境；架空线路与爆炸性危险环境的水平距离，不应小于杆塔高度的1.5倍
	5.2.1	电缆线路在爆炸危险环境内，必须在相应的防爆接线盒或分线盒内连接或分路
	5.4.2	本质安全电路关联电路的施工，应符合下列规定： 1 本质安全电路与非本质安全电路不得共用同一电缆或钢管；本质安全电路或关联电路，严禁与其他电路共用同一条电缆或钢管
	7.1.1	在爆炸危险环境的电气设备的金属外壳、金属构架、安装在已接地的金属结构上的设备、金属配线管及其配件、电缆保护管、电缆的金属护套等非带电的裸露金属部分，均应接地
	7.2.2	引入爆炸危险环境的金属管道配线的钢管、电缆的铠装及金属外壳，必须在危险区域的进口处接地

涉及企业常用部分强制性条文的内容见表2-4-2。

表2-4-2　企业常用部分电气标准强制性条文

规范	条款号	条款内容
GB 50016—2014（2018年版）《建筑设计防火规范》	10.1.1	下列建筑物的消防用电应按一级负荷供电： 1 建筑高度大于50m的乙、丙类厂房和丙类仓库； 2 一类高层民用建筑
	10.1.2	下列建筑物、储罐（区）和堆场的消防用电应按二级负荷供电： 1 室外消防用水量大于30L/s的厂房（仓库）； 2 室外消防用水量大于35L/s的可燃材料堆场、可燃气体储罐（区）和甲、乙类液体储罐（区）； 3 粮食仓库及粮食筒仓； 4 二类高层民用建筑； 5 座位数超过1500个的电影院、剧场，座位数超过3000个的体育馆，任一层建筑面积大于3000m^2的商店和展览建筑，省（市）级及以上的广播电视、电信和财贸金融建筑，室外消防用水量大于25L/s的其他公共建筑
	10.1.5	建筑内消防应急照明和灯光疏散指示标志的备用电源的连续供电时间应符合下列规定： 1 建筑高度大于100m的民用建筑，不应小于1.50h； 2 医疗建筑、老年人照料设施、总建筑面积大于100000m^2的公共建筑和总建筑面积大于20000m^2的地下、半地下建筑，不应少于1.00h； 3 其他建筑，不应少于0.50h

续表

<table>
<tr><th>规范</th><th>条款号</th><th>条款内容</th></tr>
<tr><td rowspan="6">GB 50016—2014
（2018 年版）
《建筑设计防火规范》</td><td>10. 1. 6</td><td>消防用电设备应采用专用的供电回路，当建筑内的生产、生活用电被切断时，应仍能保证消防用电。
备用消防电源的供电时间和容量，应满足该建筑火灾延续时间内各消防用电设备的要求</td></tr>
<tr><td>10. 1. 8</td><td>消防控制室、消防水泵房、防烟和排烟风机房的消防用电设备及消防电梯等的供电，应在其配电线路的最末一级配电箱处设置自动切换装置</td></tr>
<tr><td>10. 1. 10</td><td>消防配电线路应满足火灾时连续供电的需要，其敷设应符合下列规定：
1 明敷时(包括敷设在吊顶内)，应穿金属导管或采用封闭式金属槽盒保护，金属导管或封闭式金属槽盒应采取防火保护措施；当采用阻燃或耐火电缆并敷设在电缆井、沟内时，可不穿金属导管或采用封闭式金属槽盒保护；当采用矿物绝缘类不燃性电缆时，可直接明敷。
2 暗敷时，应穿管并应敷设在不燃性结构内且保护层厚度不应小于 30mm</td></tr>
<tr><td>10. 2. 1</td><td>架空电力线与甲、乙类厂房(仓库)，可燃材料堆垛，甲、乙、丙类液体储罐，液化石油气储罐，可燃、助燃气体储罐的最近水平距离应符合表 10. 2. 1 的规定。
35kV 及以上架空电力线与单罐容积大于 200m^3 或总容积大于 1000m^3 液化石油气储罐(区)的最近水平距离不应小于 40m。
表 10. 2. 1　架空电力线与甲、乙类厂房(仓库)、可燃材料堆垛等的最近水平距离(m)
<table>
<tr><th>名　称</th><th>架空电力线</th></tr>
<tr><td>甲、乙类厂房(仓库)，可燃材料堆垛，甲、乙类液体储罐，液化石油气储罐，可燃、助燃气体储罐</td><td>电杆(塔)高度的 1. 5 倍</td></tr>
<tr><td>直埋地下的甲、乙类液体储罐和可燃气体储罐</td><td>电杆(塔)高度的 0. 75 倍</td></tr>
<tr><td>丙类液体储罐</td><td>电杆(塔)高度的 1. 2 倍</td></tr>
<tr><td>直埋地下的丙类液体储罐</td><td>电杆(塔)高度的 0. 6 倍</td></tr>
</table></td></tr>
<tr><td>10. 2. 4</td><td>开关、插座和照明灯具靠近可燃物时，应采取隔热、散热等防火措施。
卤钨灯和额定功率不小于 100W 的白炽灯泡的吸顶灯、槽灯、嵌入式灯，其引入线应采用瓷管、矿棉等不燃材料做隔热保护。
额定功率不小于 60W 的白炽灯、卤钨灯、高压钠灯、金属卤化物灯、荧光高压汞灯(包括电感镇流器)等，不应直接安装在可燃物体上或采取其他防火措施</td></tr>
<tr><td>10. 3. 1</td><td>除建筑高度小于 27m 的住宅建筑外，民用建筑、厂房和丙类仓库的下列部位应设置疏散照明：
1 封闭楼梯间、防烟楼梯间及其前室、消防电梯间的前室或合用前室、避难走道、避难层(间)；
2 观众厅、展览厅、多功能厅和建筑面积大于 200m^2 的营业厅、餐厅、演播室等人员密集的场所；
3 建筑面积大于 100m^2 的地下或半地下公共活动场所；
4 公共建筑内的疏散走道；
5 人员密集的厂房内的生产场所及疏散走道</td></tr>
</table>

续表

规范	条款号	条款内容
GB 50016—2014（2018 年版）《建筑设计防火规范》	10. 3. 2	建筑内疏散照明的地面最低水平照度应符合下列规定： 1 对于疏散走道，不应低于 1. 0lx。 2 对于人员密集场所、避难层(间)，不应低于 3. 0lx；对于老年人照料设施、病房楼或手术部的避难间，不应低于 10. 0lx。 3 对于楼梯间、前室或合用前室、避难走道，不应低于 5. 0lx；对于人员密集场所、老年人照料设施、病房楼或手术部内的楼梯间、前室或合用前室、避难走道，不应低于 10. 0lx
	10. 3. 3	消防控制室、消防水泵房、自备发电机房、配电室、防排烟机房以及发生火灾时仍需正常工作的消防设备房应设置备用照明，其作业面的最低照度不应低于正常照明的照度
GB 50041—2020《锅炉房设计标准》	15. 2. 12	照明装置电源的电压应符合下列规定： 1 地下凝结水箱间、出灰渣地点和安装热水箱、锅炉本体、金属平台等设备和构件处的灯具，当距地面和平台工作面小于 2. 50m 时，应有防止电击的措施或采用不超过 36V 的电压； 2 手提行灯的电压不应超过 36V；在本条第 1 款中所述场所的狭窄地点和接触良好的金属面上工作时，所用手提行灯的电压不应超过 12V
	15. 2. 13	烟囱顶端上装设的飞行标志障碍灯应根据锅炉房所在地航空部门的要求确定；障碍灯应采用红色，且不应少于 2 盏
	15. 2. 14	砖砌或钢筋混凝土烟囱应设置接闪器；利用烟囱爬梯作为其引下线时，应有可靠的连接
	15. 2. 15	燃气放散管的防雷设施应符合现行国家标准 GB 50057《建筑物防雷设计规范》的有关规定
	15. 2. 16	燃油锅炉房贮存重油和轻柴油的金属油罐，当其顶板厚度大于或等于 4mm 时，可不装设接闪器，但应接地，接地点不应少于 2 处；当油罐装有呼吸阀和放散管时，其防雷设施应符合现行国家标准 GB 50074—2014《石油库设计规范》的有关规定；覆土在 0. 50m 以上的地下油罐，当有通气管引出地面时，在通气管处应做局部防雷处理
	15. 2. 17	气体和液体燃料管道应有静电接地装置；当其管道为金属材料，且与防雷或电气系统接地保护线相连时，可不设静电接地装置
GB 50030—2013《氧气站设计规范》	8. 0. 2	有爆炸危险、火灾危险的房间或区域内的电气设施应符合现行国家标准 GB 50058《爆炸和火灾危险环境电力装置设计规范》的有关规定。催化反应炉部分和氢气瓶间应为 1 区爆炸危险区，离心式氧气压缩机间、液氧系统设施、氧气调压阀组间应为 21 区火灾危险区，氧气灌瓶间、氧气贮罐间、氧气贮气囊间等应为 22 区火灾危险区
	8. 0. 7	与氧气接触的仪表必须无油脂
	8. 0. 8	积聚液氧、液体空气的各类设备、氧气压缩机、氧气灌充台和氧气管道应设导除静电的接地装置，接地电阻不应大于 100
GB 50177—2005《氢气站设计规范》	8. 0. 2	有爆炸危险房间或区域内的电气设施，应符合现行国家标准 GB 50058《爆炸和火灾危险环境电力装置设计规范》的规定

续表

规范	条款号	条款内容
GB 50177—2005《氢气站设计规范》	8.0.3	有爆炸危险环境的电气设施选型，不应低于氢气爆炸混合物的级别、组别(ICT1)。有爆炸危险环境的电气设计和电气设备、线路接地，应按现行国家标准 GB 50058《爆炸和火灾危险环境电力装置设计规范》的规定执行
	8.0.5	在有爆炸危险环境内的电缆及导线敷设，应符合现行国家标准 GB 50217《电力工程电缆设计标准》的规定。敷设导线或电缆用的保护钢管，必须在下列各处做隔离密封： 1 导线或电缆引向电气设备接头部件前； 2 相邻的环境之间
	8.0.6	有爆炸危险房间内，应设氢气检漏报警装置，并应与相应的事故排风机联锁。当空气中氢气浓度达到 0.4%(体积比)时，事故排风机应能自动开启
	9.0.6	有爆炸危险环境内可能产生静电危险的物体应采取防静电措施。在进出氢气站和供氢站处、不同爆炸危险环境边界、管道分岔处及长距离无分支管道每隔 50~80m 处均应设防静电接地，其接地电阻不应大于 10Ω
	11.0.1	氢气站、供氢站严禁使用明火取暖。当设集中采暖时，应采用易于消除灰尘的散热器
	11.0.7	有爆炸危险房间，事故排风机的选型，应符合现行国家标准 GB 50058《爆炸和火灾危险环境电力装置设计规范》的规定，并不应低于氢气爆炸混合物的级别、组别(ⅡCT1)
GB 51092—2015《制浆造纸厂设计规范》	7.2.1	电力负荷应符合下列规定： 1 采用需要系数法求出计算负荷，宜用单位产品耗电量进行比较。 2 造纸制浆厂用电设备需要系数 K_x 及功率因数 $\cos\phi$ 可按照附录 F 取值。 3 电力负荷等级分类应根据生产特点、非计划性停电对人身安全、设备安全以及所造成的经济损失等因素，确定用电设备负荷等级分类，还应符合现行国家标准 GB 50052《供配电系统设计规范》的有关规定。 4 重要负荷的供电场所和设备应配置后备电源。后备电源可从以下几种供电形式中选择确定： 1)柴油发动机。 2)不间断电源系统(UPS)及应急电源系统(EPS)。 3)电网应急后备电源。 5 制浆车间、浆板车间、造纸车间、碱回收车间、二氧化氯制备车间、废水处理站的一般负荷，宜采用双回路供电
	7.2.2	供电电源应符合下列规定： 1 自备热电站的设置应根据地区电网以及本厂热电联产条件确定。 2 当自备热电站的发电能力能满足制浆造纸厂用电时，热电站与地区电力系统之间宜装设一回路电源联络线，联络变压器可根据地区电网的供电条件、计费方式和节能要求选择，联络变压器容量宜按一台容量最大的发电机停机。当受电容量很小时，变压器台数及容量的选用需进行经济技术比较。发电机的检修宜与生产线主设备检修同期进行。 3 当地区电力网供电时，宜由专用回路供电。 4 当仅有一个供电电源，或虽有两个电源但其中之一的电源为背压式汽轮发电机时，宜自厂外取得备用电源或配置一定数量的柴油发电机，容量应确保工厂检修时必要的照明、生活用水、消防水泵以及电源故障时不宜较长时间停电的设备的需要

续表

规范	条款号	条款内容
GB 51092—2015《制浆造纸厂设计规范》	7.2.3	供电系统应符合下列规定： 1 变压器的容量、台数的选择，除考虑上述有关条款外，尚应根据计算负荷、工作班制、初投资、设备折旧及维修费、电能损耗、供电贴费、电能计费等方式，进行技术经济比较，并应根据负荷的重要性和运行方式等因素决定。 2 与电网直接连接的主变压器或联络变压器中性点的接地方式，是否采用有载调压装置及其分接头的选定宜根据地区电网条件确定。 3 35kV、10(6)kV 馈电线采用放射式、树干式或链式，系统应经技术经济比较后决定。对井群、生活福利区及其他零星负荷的供电，可采用树干式系统。 4 自分段单母线分配负荷接引回路时，应符合下列规定： 1)车间或工段的平行生产流水线，宜由不同的母线供电。 2)便于负荷调配及配合工艺设备维修。 3)两段母线上的负荷宜平衡，并应与变压器或发电机的容量相协调。 4)互为备用的用电设备宜由不同母线段供电。 5 当符合下列情况时，厂区配电电压应经技术经济比较后选择确定： 1)地区电网有几种电压可供选择时。 2)发电机有几种额定电压可供选择时。 3)扩建或改建工程中，原有的供电电压有必要进行调整时。 4)工厂的用电负荷以及发电机容量较大时。 6 厂区配电电压经技术经济比较后结果相差不大时，宜采用较高的供电电压。 7 当符合下列情况时，电动机电压等级应经技术经济比较后选择确定： 1)大功率电动机台数较多，总容量较大时。 2)100kW 及以上容量的电动机数量较多时。 8 电动机电压等级的选择宜符合以下规定： 1)100~400kW 电动机宜采用 660V 系统供电。 2)高压电动机的电压等级宜为 6kV 或 10kV。 3)低压电动机的电压等级宜为 380V 或 660V。 9 新建制浆造纸厂，断路器的额定短路开断容量选定应符合 5~10 年的电网和企业发展规划。扩建、改建工程中，应对原有断路器的额定短路开断容量进行校验。 10 对于操作次数较多的高压电动机，可采用真空接触器
GB 50156—2021《汽车加油加气加氢站技术标准》	13.1.1	汽车加油加气加氢站的供电负荷等级可分为三级，信息系统应设不间断供电电源
	13.1.3	汽车加油加气加氢站的消防泵房、罩棚、营业室、LPG 泵房、压缩机间等处均应设应急照明，连续供电时间不应少于 90min
	13.1.6	当采用电缆沟敷设电缆时，作业区内的电缆沟内必须充沙填实。电缆不得与氢气、油品、LPG、LNG 和 CNG 管道以及热力管道敷设在同一沟内
	13.1.7	爆炸危险区域内的电气设备选型、安装、电力线路敷设应符合现行国家标准 GB 50058《爆炸危险环境电力装置设计规范》的有关规定
	13.1.8	汽车加油加气加氢站内爆炸危险区域以外的照明灯具可选用非防爆型。罩棚下处于非爆炸危险区域的灯具应选用防护等级不低于 IP44 级的照明灯具
	13.2.4	埋地钢制油罐、埋地 LPG 储罐以及非金属油罐顶部的金属部件和罐内的各金属部件，必须与非埋地部分的工艺金属管道相互做电气连接并接地

续表

规范	条款号	条款内容
GB 50156—2021《汽车加油加气加氢站技术标准》	13.2.8	汽车加油加气加氢站信息系统的配电线路首、末端与电子器件连接时，应装设与电子器件耐压水平相适应的过电压(电涌)保护器
	13.2.9	380/220V 供配电系统宜采用 TN-S 系统，当外供电源为 380V 时，可采用 TN-C-S 系统。供电系统的电缆金属外皮或电缆金属保护管两端均应接地，在供配电系统的电源端应安装与设备耐压水平相适应的过电压(电涌)保护器
	13.2.10	地上或管沟敷设的油品管道、LPG 管道、LNG 管道、CNG 管道、氢气管道和液氢管道应设防静电和防感应雷的共用接地装置，接地电阻不应大于 30Ω
	13.2.11	加油加气加氢站的油罐车、LPG 罐车、LNG 罐车和液氢罐车卸车场地应设卸车或卸气临时用的防静电接地装置，并应设置能检测跨接线及监视接地装置状态的静电接地仪
	13.2.12	在爆炸危险区域内工艺管道上的法兰、胶管两端等连接处应用金属线跨接。当法兰的连接螺栓不少于 5 根时，在非腐蚀环境下可不跨接
	13.2.13	油罐车卸油用的卸油软管、油气回收软管与两端接头，应保证可靠的电气连接
	13.2.14	采用导静电的热塑性塑料管道时，导电内衬应接地；采用不导静电的热塑性塑料管道时，不埋地部分的热熔连接件应保证长期可靠的接地，也可采用专用的密封帽将连接管件的电熔插孔密封，管道或接头的其他导电部件也应接地

注：GB 50058《爆炸和火灾危险环境电力装置设计规范》已修订为 GB 50058—2014《爆炸危险环境电力装置设计规范》。

第三章　电力安全管理

安全管理是电力企业在从事日常生产工作中不可或缺的一部分，具有基础性、基本性、经常性且制度化的特点，安全管理工作必须积极开展和长期坚持。而安全检查活动在安全管理中具有很强的群众参与性，实践证明，定期或不定期地开展安全检查活动是保证安全生产行之有效的好方法，多少年来这个方法在电力系统中已经形成一种制度并固定下来。

电力企业都应根据实际情况进行定期和不定期的安全检查。对每次安全检查，特别是对每年春、秋两季的安全大检查，各个单位均应高度重视，结合本地区、本单位的实际和季节特点及事故规律，精心组织、精心安排务必取得实效。安全检查同时应贯彻“边检查、边整改”的原则，对于一时难以解决的或没有条件解决的问题，应制订整改计划，责令专人限期解决，对发现的重大及以上的隐患，企业领导应组织评估并尽快决定治理方案和采取应急措施等，必要时上报上级主管部门。

第一节　电力安全生产检查

通过系统的、有组织、有步骤、不同形式的各种检查，可有效地发现各类事故隐患和不安全因素。通过安全生产检查，可以广泛地宣传贯彻安全生产的政策法规，及时了解和掌握各项规章制度、整改措施的落实情况。因此，安全生产检查是提高安全生产管理水平、推动安全生产工作的有效手段。

一、安全生产检查的任务

安全生产检查的主要任务是检查人、设备、工具在生产运转过程中的安全状况，检查各项管理制度在生产过程中的贯彻执行情况。安全生产检查的最终目的在于通过检查消除事故隐患，完善各项规章制度，提高安全管理水平。

1. 发现不安全行为及时纠正

构成安全生产的三个基本要素是人员、设备和管理，这三个要素是有机地联系和组合在一起的，其中人员是安全生产的决定性因素。一切事故的发生与人的劳动和管理上的失误、失职行为都有必然的因果关系。安全大检查，就是要及时地发现人在作业过程中的违章行为。对于电力系统，人员的习惯性违章是造成人身伤害的主要原因，是安全生产检查的重点。安全生产检查应以各专业的规程为依据，对不同的工种、现场、环境进行检查。单调重复的操作，容易引发人员疲劳、注意力涣散、思想不集中，往往会引发误操作，对于此类作业，人员的检查重点是人的精神状态；对于安装、调试、检修的作业人员，应着重检查是否降低工作质量、偷工减料、简化工艺流程、减少调试项目的劳动时间而产生的习惯性违章。总之，对人员的安全检查应通过研究习惯性违章的规律，针对性地进行，及时发现不安全行为，并通过提醒、说服、劝告、批评、曝光，直至警告、处分，及时予以消除，以达到安全生产的目的。

2. 发现设备隐患及时消除

对设备的安全检查应根据设备运行的规律、各类设备事故发生的因果关系，通过听、看、闻、摸(指不带电设备)、测试、测量等手段，及时发现设备的隐患。对设备的安全检查应从规划、设计、制造、安装、调试、运行和检修等各个环节着手，检查位置布置、周围环境、容量配置的合理性，检查设备的检修、试验、保养是否定期进行，检查设备的老化、腐蚀、磨损程度。

设备检查，一旦发现缺陷、隐患时，尤其是发生事故后，除及时处理外，应当举一反三，对同类型设备进行彻底检查，并制订防范事故发生的技术措施，在检查中若发现假冒伪劣产品或质量低劣、工艺粗糙、缺乏质保信誉的产品，要坚决抵制。

3. 发现和弥补管理缺陷

电力系统随着大机组、大容量设备的投入，新工艺、新技术的采用，高度自动化的发展，对安全管理、安全检查提出了更高的要求。事实证明，如果对技术开发和工业生产中各种固有的潜在风险以及可能出现的风险考虑不周、防范不当，就会发生灾难性事故。

安全检查，就是要在检查过程中，根据新情况、新要求，直接查找或通过具体问题及时发现管理缺陷，特别是一些管理制度的缺陷，及时修正、及时弥补，对管理制度实行动态管理。并在此基础上，不断推进现代化安全管理，使安全管理与技术进步同步发展。

现代安全管理必须利用安全生产检查手段，这是因为现代安全管理是以保障生产中的安全为目的所进行的有关计划、组织、控制、协调、决策等方面的活动。为的是发现、分析和消除生产过程中的各种风险，防止发生事故和减少职业危害，避免各种损失，保障职工的安全和健康。在生产实践中，用安全生产检查手段，经常发现问题、总结经验，对不适应科学管理需要的思想观念、管理体制和管理方法进行改革，使之适应新情况的要求，符合现代化安全管理的特点。

4. 发现、总结推广安全生产先进经验

安全生产检查的真正目的，不仅仅是查出问题、消除隐患、处理有关责任人，也是通过实地调查研究、比较分析，发现安全生产的好典型，进行宣传、推广、交流经验。

安全生产检查是宣传贯彻安全生产方针、政策和法规的一种有效的途径。通过安全生产检查使干部职工进一步加深对安全生产的认识，使安全生产深入人心，建立起对安全生产的广泛认同感。

二、电力安全生产检查的内容

安全生产检查的内容很多，归纳起来大致分为以下几部分。

1. 查安全生产意识

检查一个单位的安全生产时，首先要检查单位和人员的思想认识。看其是否把安全、健康放在首位；是否执行国家和上级部门有关安全生产的方针、政策、法令和规定；是否把安全工作列入重要议事日程；是否定期开展单位内部的各项安全活动；是否及时召开安全工作会议，对重大的安全问题进行决策；是否及时有效地落实有关安全和隐患整改措施的人力、物力、财力等。与此同时，还应经常检查每一个职工“安全第一”的思想是否牢固，对有关安全规程、制度、规定的了解和掌握程度。

2. 查单位管理

(1) 全员安全生产责任制是否建立、健全。安全生产责任制是规定企业各级领导、职能部门、有关工程技术人员和工人在生产劳动过程中应担负的安全生产责任的制度，是企业安全管理中最基本的一项安全生产分工协作制度，是安全管理的核心。检查安全生产责任制的重点应放在是否根据不同岗位、专业、工种来制订，是否符合本单位的特点，是否责任明确、切合实际、可操作性强，切忌千篇一律，用一种统一的模式去套用。

只有建立起一套完整、实用、适合于企业所有人员的安全生产责任制，才能真正从组织上、制度上体现“安全生产、人人有责”，体现党、政、工、团齐抓共管，体现生产和安全的统一，体现安全与质量的统一，体现安全与效益的统一。

(2) 安全机构是否建立、健全，安全管理体系运行是否正常。电力系统厂、局级必须成立安全生产委员会，设置安监科(处)。车间、工区场队应成立安全生产领导小组，设专职安监员。班组应设安全员。安全生产委员会的安全活动每季不得少于一次，安全生产领导小组安全活动每月不得少于一次，班组安全活动每周一次。

(3) 查各项规章制度是否健全。电力企业除了必须严格执行国家和上级部门制定的各项法规、条例、标准、规定和制度外，企业内部还必须制定各项规章制度。

3. 查“三违”行为

对习惯性违章的广泛性、顽固性，应引起高度重视。电力系统发生的人身伤害事故大都跟习惯性违章有关。产生习惯性违章的主要原因，就是不严格执行“两票三制”，所以减少“三违”行为的关键是严格执行“两票三制”。重点应检查：

(1) 人员劳动保护用品的正确使用。作业时必须穿着全棉工作服、绝缘鞋、戴绝缘手套、安全帽，高空作业时必须系安全带。

(2) “两票三制”的执行情况。

(3) 生产现场安全工作的组织措施和技术措施的落实情况，必须保证作业人员在有效的安全措施保护下工作。

4. 查风险隐患

1) 设备检查

(1) 变配电所的设置，建筑结构及有关设施。

① 变配电所应避免设置在有火灾、爆炸危险、空气污染或有剧烈震动的场所。

② 变配电所一般采用砖结构建筑、水泥地面。地面应高出周围地面 150~300mm，以防积水。

③ 变配电所室门应向外开，并采用轻型铁门或包有铁皮的木门。

④ 与变配电所相通的电缆沟、电缆隧道等处有防止雨水、地下水渗入和防止小动物进入的措施，并用非可燃性材料作为电缆沟的盖板。

⑤ 户外变电所的变压器周围，其固定栅栏的高度不小于 1.7m。变压器底部与地面之间应有不小于 0.3m 的距离。若装有两台变压器时，两者净距需不小于 1.5m。

⑥ 高压配电装置可单独设置，当高压开关柜少于 4 台时，可将高低压配电装置布置于同一室。若单列布置，两者距离应不小于 2m。

⑦ 变压器室应通风良好，通风口用水泥或金属百叶窗，且内侧加装网孔不小于 10mm 的金属网，保证任何季节安全运行。

⑧ 变压器室的门应上锁，并挂“高压危险”的警告牌及安全色标。

⑨ 户内配电装置最小通道宽度，单排列的操作通道为 1.5m，维修通道为 0.8m；双排列的操作通道为 2m，维修通道为 1m。

⑩ 变配电设备遮栏高度应不低于 1.7m。

（2）电气设备。

① 变压器。

a. 变压器外壳无渗、漏油，并和铁芯同时可靠接地。

b. 当发现变压器有下列情况之一时，应停止运行：

（a）音响不均匀或有爆炸声等异常情况。

（b）油面低于油面计下限，并继续漏油下降时。

（c）防爆管或油枕喷油时。

（d）正常条件下温度过高，并不断上升时。

（e）油色过深，油内出现炭质。

（f）套管有放电现象或严重裂纹。

② 油开关和隔离开关。

a. 油开关的油位应在上限与下限之间；油色正常，无渗漏；排气管应完好无损。

b. 油开关操作灵活，准确可靠，合闸机械指示正确。

c. 故障跳闸后的油开关，应检查套管有无断裂、引线有无烧伤、油箱有无变形。

d. 油开关和隔离开关的操作机构应有可靠的联锁装置，并保证合闸时只有先合隔离开关才能合上油开关；拉闸时先拉开油开关，才能拉开隔离开关。

e. 隔离开关的瓷瓶和连接拉杆应无裂纹、无放电痕迹、销子无脱落。

③ 负荷开关和跌落保险。

a. 负荷开关只能用来切断和接通正常线路，其消弧装置应完好。合闸时，触头应动作一致，各相前后相差不应超过 3mm。

b. 负荷开关操作机构应灵活可靠。

c. 跌落式熔断器断开后，其带电部分距地面的垂直距离在室外应不小于 4.5m，室内应不小于 3m。

d. 跌落式熔断器应倾斜安装，与垂直线保持 15°~30°夹角。

e. 有爆炸、火灾危险及剧烈震动的场所，不能使用跌落保险。

f. 所有开关的各部件应完整无损，操作机构安全可靠，并有额定电压、电流值和分合位置的标志。

④ 互感器。

a. 电压互感器一次侧、二次侧均有熔断器保护(二次侧可用自动开关)，一次侧开关断开后，其二次回路应有防止电压反馈的措施。

b. 电压互感器如内部有噪声、放电声、烟味或臭味等异常情况时，应停电处理，不得用隔离开关断开故障回路，应切断上一级油开关。

c. 电流互感器的二次回路导线截面为 2.5mm^2，无中间接头号，连接可靠，且不得装设开关或熔断器。

⑤ 电力电容器。

a. 电容器不得装在高温、多尘、潮湿及有易燃易爆和腐蚀性气体的场所。

b. 当电容器外壳严重漏油、鼓肚、瓷套管严重放电、闪络响声或严重过热时，应立即退出运行。

c. 电容器室应有温度指标，室温不得超过 40℃，否则应装机械通风。电容器外壳温度不超过 60℃。

d. 运行中的电容器组，三相电流应保持平衡，相间不平衡电流不应大于 5%。

e. 电容器组应有欠压保护，当母线电压低到额定值的 60%左右时，能从电网中自动切除。

f. 户外落地安装的电容器下层电容器低部距地面应不小于 0.4m，地面应有防潮措施，四周应设网孔不大于 20mm×20mm 网状遮栏，高度不小于 1.7m。电容器室应通风良好，进风窗应装网孔不大于 10mm×10mm 的钢网。

g. 电容器应有可靠的短路保持装置和超负荷装置。

h. 电容器组应装放电回路。禁止带电荷合闸。电容器停止运行后，至少放电 3min 方可再次合闸。

⑥ 电缆。

a. 电缆对地面和建筑物的最小允许距离：

(a) 直埋电缆的埋置深度(由地面至电缆外皮)为 0.7m(1~35kV)。

(b) 电缆外皮于建筑物的地下基础为 0.6m。

b. 电缆相互接近时的最小净距：

(a) 10kV 以下电缆之间为 0.1m，10~35kV 之间应不小于 0.25m。

(b) 不同部门使用的电缆(包括通信电缆)相互间为 0.5m。

c. 电缆与地下管道间接近和交叉的最小允许距离：

(a) 电缆与热力管道接近时的净距为 2m，交叉时为 0.5m。

(b) 电缆与其他管道接近或交叉时的净距为 0.5m。

d. 电缆相互交叉时的净距为 0.5m。

e. 被挖出的电缆应用木板衬护悬吊，悬吊点之间的距离不大于 1.5m。不得用铁丝和绳子不加托板直接悬吊电缆。

f. 铠装电缆或铅包、铝包电缆的金属外皮在两端应可靠接地，接地电阻应不大于10Ω。

g. 电缆穿越路面和建筑物及引出地面高度在2m以下的部分，均应穿在保护管内，保护管内径应不小于电缆外径的1.5倍。

h. 敷设电缆的地面应装设走向标志，以利于运行和检修。

⑦ 照明装置及移动电具。

a. 所有移动电具的绝缘电阻不应小于2MΩ，引线和插头应完整无损。引线必须用三芯(单相电具)、四芯(三相电具)坚韧橡皮线或塑料护套软线，截面至少为0.5mm^2，引线不得有接头，不宜过长，一般不超过5m。

b. 所有移动电具宜装漏电动作电流不大于30mA、动作时间不大于0.1s的漏电保安器。

c. 36V以下的低电压线路装置应整齐清楚，所有插座必须为专用插座。

d. 所有灯具、开关、插销应适应环境的需要，如在特别潮湿、有腐蚀性蒸气和气体、有易燃易爆的场所和户外等处，应分别采用合适的防潮、防爆、防雨的灯具和开关。

e. 220V灯头离地高度应符合下列规定：

(a) 潮湿、危险场所和户外，不低于2.5m。

(b) 生产车间、办公室等一般不低于2m。

(c) 必须放低时，不应低于1m，但从灯头到离地2m处的灯线要加绝缘套管，并对灯具采取防护措施。

f. 开关和插座离地高度不低于1.3m。插座也可装低，但离地不应低于15mm。

g. 局部照明及移动式手提灯工作电压应按其工作环境选择适当的安全电压。机床或钳工台上的照明灯应用36V及以下的低电压；锅炉、蒸发器和其他金属容器内的行灯电压不允许超过12V。低压灯的导线和电具绝缘强度不低于交流250V。

h. 插座或开关应完整无损，安装牢固，外壳或罩盖应完好，操作灵活，接头可靠。

i. 露天的灯具、开关应采用防雨式，安装必须牢固可靠。

j. 不乱拉、乱接临时线、临时灯。生产需要应办理临时线申请手续，定期检查，过期拆除。

k. 临时线为绝缘良好的橡皮线，悬空和沿墙敷设。架设时户内离地高度不得低于2.5m，户外不得低于3.5m。临时线与设备、水管、热水管、门窗等距离应在0.3m以外，与道路交叉处不低于6m。

(3) 架空线及户内外布线。

① 导线截面必须满足机械强度的要求。导线的线距与周围设施的距离，过路时对地高度应符合有关规定。

② 架空线严禁跨越易燃建筑的屋顶。

③ 拉线要装在架设导线反方向的着力点上或线路不平衡张力合力的作用点上，拉线与线路的方向应对正，角度拉线应与线路的分角线对正，防风拉线与线路垂直。

④ 电杆与拉线的夹角不小于45°，受环境限制时应不小于30°。

⑤ 不同线路共杆时，低压线在高压线下方，对10kV的直线杆两端间距不小于1m。通信广播线路在低压线路下方。其间距不小于1.5m。低压线路多层排列，直线杆层间距离不得小于0.6m，相邻导线间距不小于0.4m，分支或转角不小于0.3m。

⑥ 三相四线供电系统中零线截面不小于该线路相线截面的一半，且不小于最小允许截面，单相制的零线截面与相线截面相同。

⑦ 不同电压、不同频率的导线不允许穿入同一金属管内(同一设备和同一机组所有回路电压均在66V以下，三相四线制照明回线除外)。

⑧ 金属管布线时，管内及管口须光滑、无毛刺，并可靠接零或接地。

⑨ 户内外明线装置的导线，穿过墙壁应用瓷管、钢管或塑料保护，穿过楼板应用钢管或硬塑料管保护。通向户外的塑管应一线一管。在两条线路交叉时，贴近敷设面的一条线路的导线上应套绝缘管。

（4）防雷和接地保护。

① 装有避雷针的建筑物上严禁架设低压线、通信线和广播线。

② 避雷针的安装应满足机械强度和耐腐蚀的要求。避雷针宜用直径不小于25mm、壁厚不小于2.75mm的钢管，或直径不小于20mm的圆钢，并镀锌。

③ 避雷针连线应用截面不小于35mm^{2}的镀锌钢绞线。

④ 避雷带或避雷网宜用镀锌钢材。圆钢最小直径为8mm，扁钢厚度不小于4mm，截面不小于60mm^2。

⑤ 阀型避雷器应垂直安装，其密封良好，瓷件封口及胶合处无破裂，轻摇其内部无不正常响声，拉地引下线如为铜线，应不小于16mm^2；如为铝线，应不小于25mm^2。

⑥ 防雷装置应定期进行检查和预防性试验，接闪器及引下线等如腐蚀30%以上应更换。

⑦ 中性点不直接接地的三相三线供电系统应采用接地保护。

⑧ 中性点接地的三相四线制供电系统应采用接零保护，变压器中性点工作接地，架空分支线和干线沿线每千米及终端处应重复接地。

⑨ 接零保护的低压供电系统中电缆和架空线引入的配电柜处应重复接地。不许在零线上装设熔断器和开关。

⑩ 同一低压供电系统中，不应一部分设备外壳接零，另一部分接地保护。

⑪ 凡因绝缘破坏而可能带有危险电压的电气设备或电气装置，其金属外壳和框架应可靠接地，接地电阻不大于4Ω。

⑫ 接地体应镀锌，其截面应符合下列规定：

a. 防雷接地体最小截面：圆钢直径10mm；角钢50mm×50mm×5mm；扁钢厚4mm，截面100mm^2；钢管厚3.5mm，直径50mm。

b. 一般接地体最小截面：圆钢直径8mm；角钢厚4mm；扁钢厚4mm；截面48mm^2；钢管厚3.5mm。

c. 一般接地装置的接地干线最小截面：圆钢直径6mm；角钢厚3mm；扁钢截面24mm^2。

⑬ 各种接地装置的接地电阻应符合下列规定：

a. 大地接短路电流系统：$R \leqslant 2000V/I$，当 $I>400A$ 时，$R \leqslant 0.5\Omega$。

b. 小接地短路电流系统：高低压设备共用时，$R \leqslant 120/I$，一般不大于 10Ω；仅用于高压设备时，$R \leqslant 250V/I$，一般不大于 10Ω。

c. 低压电力系统：并联运行电气设备的总容量为 100kV · A 以上时，$R \leqslant 4\Omega$；若不超过 100kV · A 时，重复该地电阻 $R \leqslant 10\Omega$。

2）行为安全

（1）不得单独进行设备巡视，巡视只准在高压设备遮栏外。也不准在变压器高压下面行走。

（2）电气设备检修必须停电验电，确认无电并进行放电和接地，装遮栏及悬挂安全标示牌。

（3）电气设备运行或检修应按规定穿绝缘鞋，戴绝缘手套、防护眼镜，使用绝缘垫及绝缘工具。

（4）电气检修应实行监护制，一人操作，一人监护。

（5）事故停电时，未采取安全措施不许进入遮栏和触及设备的导电部分。

（6）当发生人身触电和火灾事故时，立即切断电源，进行抢救。

（7）电气安全工具应配备齐全并定期试验，按规定合格使用，用后应妥善保管。

（8）严格遵守电气安全操作规程，倒闸操作票和检修工作票制度，工作许可制度，工作监护制度，工作间断、终结制度，交接班制度和消防、设备管理制度及出入制度等。

（9）低压设备带电工作应设专人监护，相邻相的带电部分应用绝缘板隔开。禁用锉刀和金属尺等工具。

（10）外线电工遇有 6 级以上大风、大雨、雷电等情况，严禁登杆作业和倒闸操作。

三、安全生产检查的形式

按安全检查人员，分为自查、互查和上级检查；按检查内容，分为例行检查、专业检查和全面检查；按检查时间，分为定期检查和临时检查。

1. 自查、互查和上级检查

1）自查

自查属于内部自我检查，包括岗位操作人员、设备维修人员、工程技术人员、管理人员和安全监察人员对自己专责范围进行安全检查。本单位领导组织有关人员对本单位进行的检查，也属于自查。采用这种形式的安全检查，能及时地了解和掌握不断变化的现场状况。例如，通过自查，可掌握操作人员不安全活动的规律，因为检查人员经常深入现场，对现场的安全情况了解掌握得越多，所发现的不安全行为的次数就越多，从而纠正他人错误行为的机会就越多。又如，班前、班中、班后的检查，班组长、安全员对工作的安全要求都十分清楚，对可能产生的问题有一定的预见性，也最容易发现问题。因此，采用这种形式的优点是透明度强，熟悉关键部位和危险场所，能掌握真实情况。

但是，采用这种方式检查，如果不认真、不仔细，马虎从事、流于形式，就不能反映真实的客观情况。有的是因为经验不足或对生产工艺过程的内在因素发现不了，会失去检查结果的可靠性；有的是因为对某些方面缺乏安全知识，即使危险因素明显，也视而不见；有的虽知危险，但习以为常，不再注意，容易麻痹。

2）互查

互查属于外部检查，包括二者间的互相检查，班组安全员轮流值日检查，班组间、车间、工区场队间、企业之间的互相检查。电力企业的互查主要有设备定期检查、春秋两季的安全大检查、消防设施定期检查、自然灾害天气前后的安全检查、防止发生同类型事故的特点巡查、缺陷设备的跟踪检查、有针对性的安全监察等。它的优点是易于发现问题，能检查出一些原来注意不到或不易发现的问题，而得到满意的检查结果。此外，通过检查交流安全先进经验，吸取他人之长，弥补自己之短，完善对事故、异常、“三违”现象的判断标准，对安全状况有一个正确的估价，可提高检查人员对事故、隐患的洞察能力。它的缺点是如果参加人员素质不高，又无直接责任，有的因碍于人情面子，往往造成互相检查不够深入，问题不能充分暴露，达不到预期的目的。

3）上级检查

上级检查属于上级对下级的检查，主要有班组长对各岗位工人，厂局、车间、工区场队领导和有关生技、安监、调度专业人员对下属单位和部门的安全检查。这种形式对于改进工作、纠正错误、推进管理、解决难题有重要作用。上级对下级安全检查的着重点，应放在对各项规章制度的执行、落实以及执行中存在的问题和不足。这种检查的最大优点是能使领导者及时发现下级单位、作业现场存在的安全问题，为安全整改决策提供依据，能及时发现基层单位的先进管理经验等。

2. 例行检查、专业检查和全面检查

1）例行检查

工人和各类专业人员、管理人员按照规定时间和项目进行的检查，称为例行检查。这是保证安全生产的基础检查。例行检查的内容主要有：

（1）班前(开工)检查，检查人员的精神状态，安全工器具的携带，工作票、操作票的准备情况。班后(收工)检查，检查施工质量，工作现场是否整理清扫。

（2）运行班组的定期巡回检查，主要检查设备的运行状况，及时发现设备隐患。

（3）春、秋季安全大检查，这是结合季节特点和事故规律进行的检查，是自查、互查、上级抽查相结合的综合性检查。

2）专业检查

按照专业组织的检查统称为专业检查，如防火、防爆、交通、电气、锅炉、压力容器安全检查等，这种检查任务单一、重点突出，容易查深查细。这种检查的最大优点是针对性强。由于参加检查的往往是一些专业人员、行家，使用较为先进的测试仪器，对人员、设备、生产环境的不安全因素具有很强的洞察力，能及时发现问题，同时可为专业人员提供最新、最可靠的第一手资料，为专业技术决策提供依据，及时改进设备，改善作业环境，不断提高安全水平。

3）全面检查

企业领导会同有关部门的全面检查，主要查思想、查领导、查隐患。安全生产竞赛评比，也属于全面检查，这种形式需要时间长，领导应认真负责，否则会流于形式。

3. 定期检查和临时检查

定期检查应根据各企业、车间(工区、场队)、班组的管理制度、规定周期，由操作人员、班长、安全员、车间领导、安监部门、厂局级领导定期进行。

临时检查是事先没有规定，针对有时效要求的问题，根据需要临时安排的检查。例如：

(1) 在灾害性天气来临前组织检查，查找薄弱环节，采取加固等防范措施，以防止、减少自然灾害造成的事故和损失。

(2) 根据本单位或外单位发生事故(或障碍)暴露的问题，事故通报上列出需要检查的问题，临时安排检查有没有同样的问题存在，吸取事故教训，防止同类事故重复发生。

(3) 对上级安全生产指示贯彻情况，专门安排检查，督促落到实处。

(4) 供电部门对必须确保安全供电的重大政治活动、群众活动，在活动前临时组织对供用电设备安全措施进行检查，督促供用电部门落实保安全供电的各项措施等。

四、安全生产检查的方法

安全生产检查是电力企业行之已久的一项安全措施，是贯彻“安全第一，预防为主，综合治理”方针的实际行动，是了解和掌握安全生产形势，发现设备、生产场所的隐患和管理制度上存在的问题，以便及时采取防范、整改措施，是防患于未然的行之有效的群众性的安全工作。安全生产检查要坚持四个原则：一是领导与群众相结合的原则；二是自查与互查相结合的原则；三是专业检查与全面检查相结合的原则；四是检查与整改相结合的原则。

检查的一般要求：

(1) 成立安全检查小组，有明确的目的、有组织领导、有检查计划、有具体要求。

(2) 深入现场与听取汇报相结合，通过察看、询问、综合分析，得出明确结论。

(3) 参加检查的人应是内行，检查要深入、细致，讲求实效，防止走过场。

(4) 有检查明细表，逐项认真填写。

(5) 贯彻群众路线，要充分发动群众，广泛听取群众意见，边检查，边整改，边提高。

(6) 奖罚分明，对于好的要表扬、奖励，对于差的要批评、惩罚。要以教育为主，树立好的典型，达到共同提高的目的。

(7) 总结提高。每次检查完毕，要写出总结，找出差距，制订整改计划等。

第二节　电气设备的防火防爆

电气火灾爆炸事故除造成人身伤亡和设备损坏外，还可能造成大规模或长时间停电，给国家财产造成重大损失。

一、电气火灾原因

1. 危险温度引燃源

危险温度是由电气设备过热造成的，而电气设备过热主要是由电流的热量造成的。

电气设备正常的发热是允许的。例如，裸导线和塑料绝缘线的最高温度一般不得超过70℃，橡皮绝缘线的最高温度一般不得超过65℃；电动机定子绕组的最高温度，对应于所采用的A级、E级或B级绝缘材料分别为95℃、105℃或110℃，定子铁芯分别为100℃、115℃或120℃等。但当电气设备的正常运行遭到破坏时，发热量增加，温度升高，在一定条件下可以引起火灾。引起电气设备过度发热的不正常运行大体包括以下几种情况。

1）短路

发生短路时，线路中的电流增加为正常时的几倍甚至几十倍。而产生的热量又与电流的平方成正比，使温度急剧上升，大大超过允许范围，如果温度达到可燃物的引燃温度，即引起燃烧，从而导致火灾。

当电气设备的绝缘老化变质，或受到高温、潮湿或腐蚀的作用而失去绝缘能力时，即可能引起短路事故。绝缘导线直接缠绕、钩挂在铁钉或铁丝上时，由于磨损和铁锈腐蚀，很容易使绝缘损坏而形成短路。由于设备安装不当或工作疏忽，可能使电气设备的绝缘受到机械损伤而形成短路。由于雷击等过电压的作用，电气设备的绝缘可能招致击穿而短路。由于所选用设备的额定电压太低，不能满足工作电压的要求，可能击穿而短路。由于维护不及时，导致电粉尘或纤维进入电气设备，也可能引起短路事故。由于管理不严，小动物或生长的植物也可能引起短路事故。在安装和检修工作中，由于接线和操作错误，也可能造成短路事故。此外，雷电放电电流极大，有类似短路电流但比短路电流更强的热效应，可能引起火灾。

2）过载

过载也会引起电气设备过热。造成过载大体上有如下三种情况：

（1）设计选用线路或设备不合理，或没有考虑适当的裕量，以致在正常负载上出现过热。

（2）使用不合理，即线路或设备的负载超过额定值；或连续使用时间过长，超过线路或设备的设计能力，由此造成过热。管理不严，乱拉乱接，容易造成线路或设备过载运行。油断路器断流容量不能满足要求时，可引起火灾或爆炸。

（3）设备故障运行会造成设备和线路过载，如三相电动机缺一相运行或三相变压器不对称运行均可造成过载。

3）接触不良

接触部位是电路中的薄弱环节，是发生过热的重点部位。不可拆的接头连接不牢、焊接不良或接头处混有杂质，都会增加接触电阻而导致接头过热。可拆卸的接头连接不密或由于振动而松动，也会导致接头发热。刀开关的触头、接触器的触头、插式熔断器（插保险）的触头、插销的触头、灯泡与灯座的接触处等活动触点，如果没有足够的接触压力或接触表面粗糙不平，会导致触头过热。对于铜铝接头，由于铜铝理化性能不同，接头处易因电解作用而腐蚀，从而导致接头过热。电刷的滑动接触要保持足够的压力，还要保持光滑和清洁，以防产生过大的火花。

4）铁芯发热

变压器、电动机等设备的铁芯若绝缘损坏或长时间过电压，涡流损耗和磁滞损耗将增加而过热。

5）散热不良

各种电气设备在设计和安装时都考虑有一定的散热或通风措施，如果这些措施受到破坏，即造成设备过热。例如，油管堵塞、通风道堵塞或安装位置不好，都会使散热不良，造成过热。

6）漏电

漏电电流一般不大，线路熔断丝不会动作。如漏电电流沿线路大致均匀分布，则发热量分散，火灾危险不大；如漏电电流集中在某一点，则很容易造成火灾。漏电电流经常是经过金属螺栓或钉子引起木制构件起火。

2. 电热器具和照明灯具引燃源

电热器具是将电能转换成热能的用电设备。常用的电热器具有电炉、电烘箱、电熨斗、电烙铁、电褥子等。

电炉电阻丝的工作温度高达800℃，可引燃与之接触的或附近的易燃物。电炉连续工作时间过长，将使温度过高(恒温炉除外)烧毁绝缘材料，引燃起火；电炉电源线容量不够，可导致发热起火；电炉丝使用时间过长，截短后继续使用，将增加发热，乃至引燃成灾。

电烤箱内物品烘烤时间过长，温度过高可能引起火灾。使用红外线加热装置时，如误将红外光束照射到可燃物上，可能引起燃烧。

电熨斗和电烙铁的工作温度高达500~600℃能直接引燃可燃物。电褥子通电时间过长，将使电褥子温度过高而引起火灾，电褥子铺在床上，经常受到挤压、揉搓、折叠，致使电热元件受到损坏，如电热丝发生短路，将因过热而引起火灾；将电褥子折叠使用，破坏其散热条件，可导致起火燃烧。

灯泡和灯具工作温度较高，如安装、使用不当，均可能引起火灾。白炽灯泡表面温度随灯泡大小和生产厂家不同而差异很大。在一般散热条件下，其表面温度可参考表3-2-1。200W灯泡紧贴纸张时，10mm^{2}即可将纸张点燃。高压水银荧光灯的表面温度与白炽灯相差不多，为150~250℃。卤钨灯灯管表面温度较高，1000W卤钨灯灯管表面温度可达500~800℃。

表3-2-1 白炽灯泡表面温度

灯泡功率/W	40	75	100	150	200
表面温度/℃	50~60	140~200	170~220	150~230	160~300

3. 电火花和电弧

电火花是电极间的击穿放电，电弧是大量电火花汇集成的。

一般电火花的温度很高，特别是电弧，温度可高达3000~6000℃。因此，电火花和电弧不仅能引起可燃物燃烧，还能使金属熔化、飞溅，构成危险火源。在有爆炸危险的场所，电火花和电弧更是十分危险的因素。

在生产和生活中，电火花是经常见到的。电火花大体包括工作火花和事故火花两类。

工作火花是指电气设备正常工作时或操作过程中产生的火花，如直流电动机电刷与整流子滑动接触处、交流电动机电刷与滑环滑动接触处电刷后方的微小火花，开关或接触器开合时的火花，插销拔出或插入时的火花等。

切断电路时，断口处将产生强烈电弧，危险性很大。其火花能量可按下面的公式计算：

$$W_L = \frac{1}{2}LI^2$$

式中，W_L为火花能量，J；L为电感，H；I为电流，A。

当火花能量超过周围空间爆炸性混合物的最小引燃能量时，即可能引起爆炸。

事故火花包括线路或设备发生故障时出现的火花。例如：电路发生故障，熔断丝熔断时产生的火花；导线过松导致短路或接地时产生的火花；变压器、多油断路器等高压电气设备由于绝缘质量过低引起内部发生闪络，并使绝缘油分解，引起多油断路器油面过低或操作机构失灵，不能有效地熄灭电弧，可引起火灾或爆炸(多油断路器油面过高，由于断路时没有足够的缓冲空间，也可能引起爆炸)；导线连接松脱也会产生火花等。

事故火花还包括外来原因产生的火花，如雷电火花、静电火花、高频感应电火花等。雷电火花包括各种反击放电火花，火花能量很大，有较大的危险性。高频感应电火花指吊车、管理系统、构架、避雷针等大型金属结构在发射台附近接受高频能量，其导电系统开闭时产生的火花。

就电气设备着火而言，外界热源也可能引起火灾。例如，变压器周围堆积杂物、油污，并由外界火源引燃，可能引起变压器喷油燃烧甚至爆炸。

电气设备本身，除多油断路器可能爆炸，电力变压器、电力电容器、充油套管等充油设备可能爆裂外，一般不会出现爆炸事故，以下事故可能引起空间爆炸：

（1）周围空间有爆炸性混合物，在危险温度或电火花作用下引起空间爆炸。

（2）充油电气设备的绝缘油在电弧作用下分解和气化，喷出大量油雾和可燃气体，引起空间爆炸。

（3）发电机氢冷装置漏气、酸性蓄电池排出氢气，形成爆炸性混合物，引起空间爆炸。电气火灾的原因可用图3-2-1来说明。

二、电气防火

由于设计、安装、使用及管理不善造成的电气火灾所带来的损失是严重的，必须从以下几方面采取措施以避免或减小电气火灾。

1. 从系统或结构设计上防止电气火灾

（1）正常运行的电气设备产生的热和热辐射应采取隔热、散热、强迫冷却等措施，以及选择防止设备过热或自燃的材料。

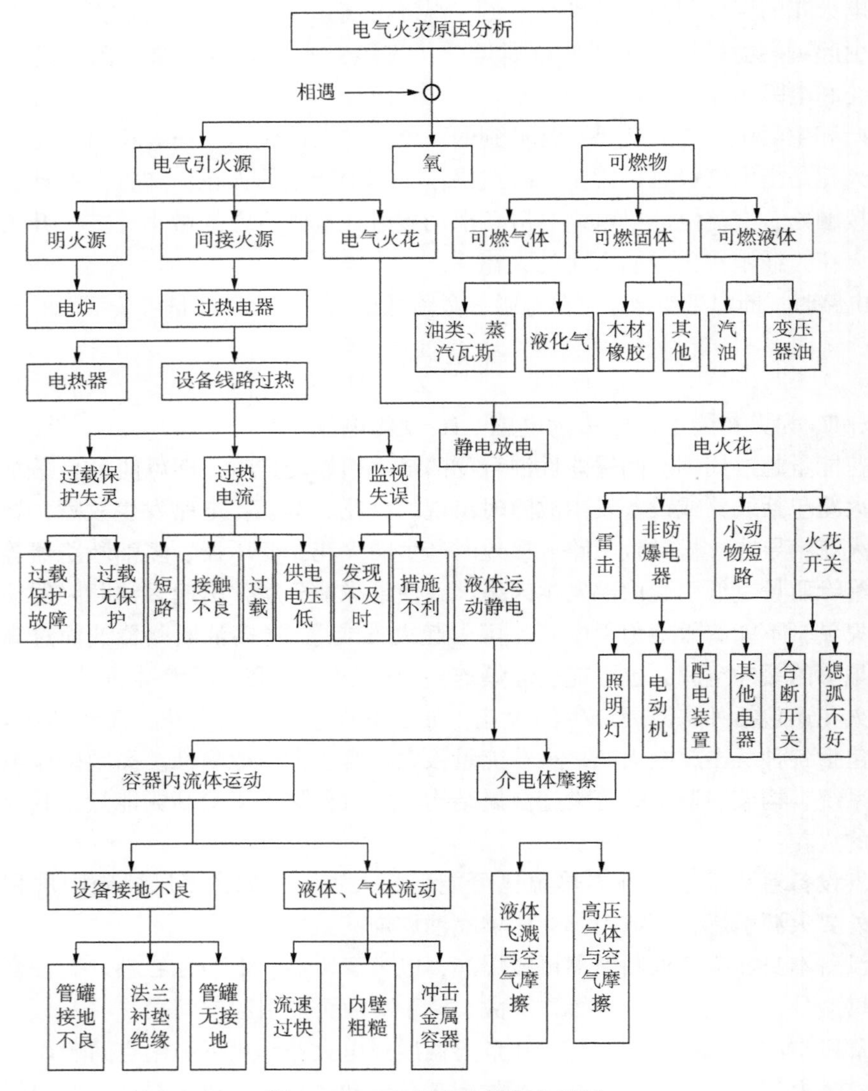

图 3-2-1　电气火灾原因分析图

（2）对于短路、过载、故障电流、过电压等原因而造成的火灾隐患，应采取过电流防护等措施。

（3）电气设备运行时必须考虑外部条件可能引发火灾，采取相应的防护措施。

（4）电气设备设计时必须考虑其应用环境条件。例如，在易燃易爆场所使用的电气设备，必须采取特殊的结构设计，以防止电火花、电弧等引发火灾和爆炸。

2. 防止安装不当造成电气火灾

安装不当有两层含义：一是有章不循，违章安装；二是设备的安装规定不符合防火要求。电气设备安装应符合下列要求：

（1）固定式设备的表面温度能够引燃邻近的物料时：

① 将其安装在能够承受这种温度且具有低热导的物料之上或之中。

② 用低热导的物料将该设备或装置与邻近易燃物料隔开。

③ 安装位置与邻近易燃物料之间保持足够的安全距离，以利于热量安全扩散。

(2) 在正常工作中可以产生电弧或火花的电气设备或装置：

① 用耐弧物料将其全部围隔起来。

② 在这种电气设备或装置与可能引起有害热效应的邻近建筑物或物料之间，用耐弧材料隔开。

③ 设备或装置的安装位置与可能引起有害热效应的邻近建筑物或物料之间，保持足够的距离，以便安全消弧。

用于隔离或围栏的耐弧材料必须是不燃的、低热导的，而且为了保持机械稳定性，还必须具有足够的厚度。

(3) 具有局部热聚集或热集中的电气设备，在安装和使用时必须保持足够的距离，以防止在正常工作中引燃可燃性物料。

(4) 对于内含足够数量的可燃性液体的电气设备，例如变压器，应防止这些液体或可燃烧产物(例如火焰、烟尘、有毒气体等)扩散，可采取如下措施：

① 设置排放坑以收集可能溢出的液体或故障情况下有意排放的液体，并应配置有效的灭火设施。

② 将此类设备安装在单独封闭的小室内，小室设置较高的门槛或采取其他能防止燃烧液体蔓延到小室以外的措施，这种小室要设置单独的通风管路通往室外。

③ 最好在火灾开始时切断供电。

当设备内含可燃性液体较少时，可在结构上采取防漏措施。电气设备周围的外护物的材料必须能够承受电气设备可能出现的最高温度。将防火涂料喷涂或贴敷在可燃性基材表面，可以降低材料表面的燃烧特性，阻滞火势蔓延，施加在建筑物上可以提高构件的耐火极限。

3. 防止使用不当造成电气火灾

为了避免由于使用不当造成电气火灾，应当做到：

(1) 按设备使用说明书中规定的操作程序进行操作。某些典型电气设备应符合如下要求：

① 强迫鼓风加热系统及其他空调系统的操作程序为：开机时先鼓风后加热；停机时先停止加热，再停止鼓风。

② 所有电热设备(包括工业与民用电熨斗、电烙铁、电炉、电烘干箱等电热器具)用后要拉闸断电。

③ 大容量熔断器、隔离开关，在装换前应先拉闸断电，不得带负载拉断，以防止电弧引发火灾。

(2) 在安装有一般电气设备，特别是需要经常开断的低压电器的场所，严禁可能产生可燃性气体或粉尘的操作，例如严禁用汽油清洗零件或地板，以避免电火花、电弧引发火灾或爆炸。在易燃易爆场所应采用防爆电器。

(3) 一般电气设备不得带故障或超载运行。

(4) 在使用电热烘干箱的工序应做到：

① 控制温度使其不得随意提高，以防止被烘干物料自燃。

② 烘干过程中易产生可燃性液滴，气体物料不得放入一般的电热烘干设备内烘干。

4. 根据使用的外部条件防止电气火灾

电气装置的防护措施除应考虑上述通用的因素外，还应考虑与设备应用条件直接相关的因素。例如，安装在建筑物内的电气设备和户外设备，在确定防火措施时所考虑的因素是有差异的，在固定场所使用与移动场所使用，其考虑因素也是不一致的。

下面仅介绍建筑物内电气设备在确定防火措施时应考虑的因素及相应的要求。

1）按紧急疏散条件采取防火措施

根据 IEC 60364《建筑物的电气设施》规定，建筑物内的紧急疏散条件分为 BD_1、BD_2、BD_3 和 BD_4 四类。

(1) BD_1 类：具有人员聚集密度低、容易疏散的特征。一般建筑物或低层居住建筑物属于此类。

(2) BD_2 类：具有人员聚集密度低、疏散困难的特征。一般高层建筑物属于此类。

(3) BD_3 类：具有人员聚集密度高、容易疏散的特征。剧院、电影院、百货商场等公共场所属于此类。

(4) BD_4 类：具有人员聚集度高、疏散困难的特征。向公众开放的高层建筑物(旅馆、医院等)属于此类。

当外部条件为 BD_2、BD_3、BD_4 类时，由于具有聚集密度高或者不易疏散的特征，这类建筑物内的布线系统通常不应占用安全通道，以避免布线系统发生火灾危及人员安全。如果受到条件限制必须占用安全通道，则布线系统必须配设护套或外护物。必要时，可采取阻燃电缆布线。这种护套或外护物应当保证在规定的时间内不助长或蔓延火势，或者在规定时间内保证其温度达不到引燃邻近物料的程度。一般情况下，延迟时间的最大限值为24h。占用安全通道的布线系统应当安装在伸臂范围之外且应采取相应措施，以防止疏散过程中对布线系统造成机械损伤。安全通道的布线系统必须尽可能短。

BD_3 和 BD_4 类外部条件的共同特点是聚集密度高，因此除了某些便于疏散的电气设备外，对诸如开关、控制等设备安装，必须保证仅允许有关人员接近。如果这类设备放置在安全通道内，则必须将它们封装在由不易燃或不燃的材料制作的柜子内。

在 BD_3 和 BD_4 类外部条件下的安全通道内，严禁使用带可燃性液体的设备(组装在设备内部的个别辅助电容器除外)。

2）加工或储存具有火灾危险物料的场所防火措施

这类场所制造、加工或储存的物料通常为固态物质，往往具有有机物性质，燃烧时一般能产生灼热的余烬，如粮食、木材、棉、毛、麻、纸张及其粉尘。国际电工标准IEC 364-4-482规定，这类场所为 BE_2 类火灾危险场所。

在 BE_2 类火灾危险场所中的电气装置和设备，除了应当遵守前述电热防护要求外，还应遵守以下要求：

如果电气设备外护物上积聚的粉尘可能引起火灾危险时，则必须采取措施防止外护物温度过高。

电气设备的选择和安装必须使其正常温升和故障条件下的预计温升都不会引燃邻近物料，此要求可以通过设备的结构设计或安装条件来保证。如果设备表面温度不可能引燃邻近物料，则不需要采取特别措施。

在 BE_2 类场所，除必须配置的电气设备外，与该场所无关的电气设备通常不许配置其内。满足下列要求的布线系统除外：

（1）埋设在非燃性材料之内，或采取阻燃绝缘电线电缆的布线系统。

（2）采用过载和短路电流保护，且保护电器安装在进入该类场所之前的布线系统。

（3）采用漏电电流动作保护器对故障电流加以限制，或采用绝缘监测器对其故障进行持续监测的布线系统。漏电动作电流值应不超过 0.5A，绝缘监测器应能在故障条件下发出警告信号。

（4）沿线没有接头，或将接头布置在耐火的外护物之中的布线系统，可以防止接头处的过热故障造成火灾。

除了装在防护等级的 IP4×及以上的外护物内，且适用于在 BE_2 类场所使用的开关设备外，一般的保护、控制和隔离开关设备均应配置在 BE_2 类之外的场所。

当在有可燃性粉尘的场所装设了强制通风的加热装置时，为避免可燃性粉尘进入鼓风管道加热引燃，必须将装置的进气口装在该场所之外。排气管道的温度应不致引燃该场所的粉尘和物料。

自控或遥控电动机或不连续监视的电动机必须配置过热保护器。轻负载的伺服电动机由于过热的概率极小，可不配设过热保护器。

BE_2 类场所的照明应适于在该场所工作，且外护物的防护等级至少为 IP4×。在预计会有机械损伤的场所，必须对照明设备提供足够的机械保护，例如采用强化塑料罩、强化玻璃罩、格栅等。

3）按建筑物结构采取防火措施

当建筑物主要由可燃性材料建造时，例如木制建筑物，必须采取预防措施以保证电气设备不会引燃建筑物的墙、楼板和顶棚。

当建筑物的设计样式和尺寸会使火灾蔓延时，例如高层建筑物、强迫通风系统等，一旦发生火灾，它们的结构形式会有一种烟囱效应，促使火势迅速蔓延。对于这样的建筑结构，为保证不发生电气火灾，必须采取预防措施，例如装设火灾探测器和必要的防火阀，并在探测到火灾发生时关闭沟槽或管道中的防火阀。

5. 消除引燃源

为了防止出现电气引燃源，应根据危险场所特征和级别选用相应种类和级别的电气设备和电气线路，并应保持电气设备和电气线路安全运行。安全运行包括电压、电流、温升和湿度等参数不超过允许值，还包括绝缘良好、电气连接部位接触良好、整体完好无损、清洁标志清晰等。

保持设备清洁有利于防火。设备脏污或灰尘堆积既降低设备的绝缘，又妨碍通风和冷却，特别是正常时有火花产生的电气设备，很可能由于过分脏污引起火灾。因此，从防火的角度也要求定期或经常地清扫电气设备，以保持清洁。

在爆炸危险场所，应尽量少用携带式电气设备，应尽量少装电源插座和局部照明灯。为了避免产生火花，在爆炸危险场所更换灯泡应停电操作。基于同样理由，在爆炸危险场所内一般不应进行测量等工作。

6. 危险场所接地和接零

爆炸危险场所的接地、接零比一般场所要求高。

1）接地、接零实施范围

除生产上有特殊要求的以外，一般场所不要求接地(或接零)的部分仍应接地(或接零)。例如，在不良导电地面处，交流电压380V及以下、直流电压440V及以下的电气设备正常时不带电的金属外壳，交流电压127V及以下、直流电压110V及以下的电气设备正常时不带电的金属外壳，还有安装在已接地金属结构上的电气设备，以及敷设有金属包皮且两端已接地的电缆用的金属构架均应接地(或接零)。

2）整体性连接

在爆炸危险场所，必须将所有设备的金属部分、金属管道及建筑物的金属结构全部接地(或接零)，并连接成连续整体，以保持电流途径不中断；接地(或接零)干线宜在爆炸危险场所不同方向不少于两处与接地体相连，连接要牢靠，以提高可靠性。

3）保护导线

单相设备的工作零线应与保护零线分开，相线和工作零线均应装设短路保护装置，并装设双极开关，同时操作相线和工作零线。1区和10区的所有电气设备及2区内除照明灯具以外的其他电气设备，应使用专门接地(零)线，而金属管线、电缆的金属包皮等只能作为辅助接地(零)线；2区的照明灯具和20区的所有电气设备，允许利用连接可靠的金属管线或金属桁架作为接地(零)线(输送爆炸危险物质的管道除外)，保护导线的最小截面，铜线不得小于4mm^2，钢线不得小于6mm^2。

4）保护方式

在不接地电网中，必须装设一相接地时或严重漏电时能自动切断电源的保护装置或能发出声、光双重信号的报警装置。在变压器低压中性点直接接地的电网中，为了提高可靠性，缩短短路故障持续时间，系统的单相短路电流不得小于该段线路熔断器额定电流的5倍，或自动开关瞬时(或短延时)动作过电流脱扣器整定电流的1.5倍。

三、变配电设施防火

1. 采用耐火设施

为防止电气火灾，一般采用的耐火设施有变配电室、酸性蓄电池室。电容器室应为耐火建筑，邻近室外变配电装置的建筑物外墙也应为耐火建筑。

穿入和穿出建筑物通向油区的沟道和孔洞应堵死或装挡油设施。

为防止火势蔓延，室内储油量在600kg以上及室外储油量在1000kg以上的电气设备，应有适当储油或挡油设施。

配电装置的防火及蓄油设施的要求如下：

（1）3～35kV 双母线布置的屋内配电装置中，母线与母线隔离开关之间宜设耐火隔板。

（2）屋内单台断路器、电流互感器和电压互感器的防爆和蓄油设施，按表 3-2-2 装设。

表 3-2-2　充油电气设备的防爆和蓄油设施

<table>
<tr><th>充油电气设备总油量/kg</th><th>防爆设施</th><th colspan="2">蓄　　油</th></tr>
<tr><td><60</td><td>一般安装在两侧有隔板的间隔内</td><td colspan="2">—</td></tr>
<tr><td>60～600</td><td>应安装在有防爆隔墙的间隔内</td><td colspan="2">包括 10kV 以上油浸式电压互感器应设置蓄油设施或挡油设施</td></tr>
<tr><td rowspan="2">>600</td><td rowspan="2">应安装在单独的防爆间内</td><td>门开向建筑物内</td><td>门开向建筑物外</td></tr>
<tr><td>能容纳 100% 的储油设施或 120% 油量的挡油设施</td><td>设置能容纳 100% 油量的挡油设施</td></tr>
</table>

（3）充油电气设备总油量在 60kg 及以上，且门不应朝配电装置的方向开，其门应为非燃烧或难以燃烧的门。

（4）配电装置室的耐火等级不应低于二级。

2. 防火措施

蓄电池室可能有氢气排出，应有良好的通风。变压器一般采用自然通风；采用机械通风时，其送风系统不应与爆炸危险场所的送风系统相连，且供给的空气不应含有爆炸性混合物或其他有害物质；几间变压器室共用一套送风系统时，每个送风支管上应装防火阀，其排风系统独立装设。排风口不应设在窗口的正下方。

110kV 及以下的变配电室不应设在爆炸危险场所的正上方或正下方；变电室与各级爆炸危险场所毗连，以及配电所与 0 区和 10 区爆炸危险场所毗连时，最多只能有两面相连的墙与危险场所共用；配电室与 1 区、2 区或 11 区爆炸危险场所毗连时，最多只能有三面墙与危险场所共用。10kV 及以下的变配电室也不宜设在火灾危险场所的正上方和正下方，也可以与火灾危险场所隔墙毗连。配电室允许通过走廊或套间与火灾危险场所或 1 区、2 区和 11 区爆炸危险场所相通，但走廊或套间的门应由非燃烧材料制成，而且除 23 区火灾危险场所外，门应有自动关闭装置。1000V 以下的配电室可通过难燃烧材料制成的门与 2 区爆炸危险场所和火灾危险场所相通。

变配电室与爆炸危险场所或火灾危险场所毗连时，隔墙应是非燃烧材料制成的。与 0 区和 10 区场所共用的隔墙上，不应有任何管子、沟道穿过；与 1 区、2 区或 11 区级场所共用的隔墙上，只允许穿过与变配电室有关的管子与沟道，孔洞处应用非燃烧材料严密堵塞。毗连变配电室的门、窗应向外开，通向无火灾和爆炸危险的场所。

变配电站是工业企业的动力枢纽，电气设备较多，而且有些设备工作时产生火花和较高温度，其防火、防爆要求比较严格。室外变配电所与建筑物、堆场、储罐的防火间距见表 3-2-3。由表 3-2-3 可知，变压器油量越大、建筑物耐火等级越大及危险物品储量越大，所要求的间距也越大，必要时可加防火墙。还应当注意，露天变配电装置不应设置在易于沉积可燃粉尘或可燃纤维的地方。

表 3-2-3　不同变压器总油量条件下室外变配电所与建筑物、堆场、储罐的防火间距

<table>
<tr><th colspan="2" rowspan="2">建筑物、堆场、储罐特征</th><th colspan="3">防火间距/m</th></tr>
<tr><th>5~10t</th><th>10~15t</th><th>>50t</th></tr>
<tr><td rowspan="3">民用建筑（甲类防火）</td><td>一、二级</td><td>15</td><td>20</td><td>25</td></tr>
<tr><td>三级</td><td>20</td><td>25</td><td>30</td></tr>
<tr><td>四级</td><td>25</td><td>30</td><td>35</td></tr>
<tr><td colspan="2">甲、乙类厂房</td><td colspan="3">25</td></tr>
<tr><td rowspan="3">甲、乙类库房</td><td>储量不超过 10t 的甲类 1、2、5、6 项物品及乙类品项</td><td colspan="3">25</td></tr>
<tr><td>储量不超过 5t 的甲类 3、4 项物品，以及储量超过 10t 和甲类 1、2、5、6 项物品</td><td colspan="3">30</td></tr>
<tr><td>储量不超过 5t 的甲类 3、4 项物品</td><td colspan="3">40</td></tr>
<tr><td colspan="2">稻草、麦秸、芦苇等易燃材料堆场</td><td colspan="3">50</td></tr>
<tr><td rowspan="4">甲、乙类液体储罐</td><td>$1 \sim 50m^3$</td><td colspan="3">25</td></tr>
<tr><td>$51 \sim 200m^3$</td><td colspan="3">30</td></tr>
<tr><td>$201 \sim 1000m^3$</td><td colspan="3">40</td></tr>
<tr><td>$1001 \sim 5000m^3$</td><td colspan="3">50</td></tr>
<tr><td rowspan="4">丙类液体储罐</td><td>$5 \sim 250m^3$</td><td colspan="3">25</td></tr>
<tr><td>$251 \sim 1000m^3$</td><td colspan="3">30</td></tr>
<tr><td>$1001 \sim 5000m^3$</td><td colspan="3">40</td></tr>
<tr><td>$5001 \sim 25000m^3$</td><td colspan="3">50</td></tr>
<tr><td rowspan="6">液化石油气储罐</td><td>$<10m^3$</td><td colspan="3">35</td></tr>
<tr><td>$10 \sim 30m^3$</td><td colspan="3">40</td></tr>
<tr><td>$31 \sim 200m^3$</td><td colspan="3">50</td></tr>
<tr><td>$201 \sim 1000m^3$</td><td colspan="3">60</td></tr>
<tr><td>$1001 \sim 2500m^3$</td><td colspan="3">70</td></tr>
<tr><td>$2501 \sim 5000m^3$</td><td colspan="3">80</td></tr>
<tr><td rowspan="4">湿式可燃气体储罐</td><td>$<1000m^3$</td><td colspan="3">25</td></tr>
<tr><td>$1001 \sim 10000m^3$</td><td colspan="3">30</td></tr>
<tr><td>$10001 \sim 50000m^3$</td><td colspan="3">35</td></tr>
<tr><td>$>50000m^3$</td><td colspan="3">40</td></tr>
<tr><td rowspan="3">湿式氧气储罐</td><td>$<1000m^3$</td><td colspan="3">25</td></tr>
<tr><td>$1001 \sim 50000m^3$</td><td colspan="3">30</td></tr>
<tr><td>$>50000m^3$</td><td colspan="3">35</td></tr>
</table>

注：（1）防火间距应从距建筑物、堆场、储罐最近的变压器外壳算起，但室外变配电构架距离堆场，储罐和甲、乙类厂，库房不宜小于 25m，距离其他建筑物不宜小于 10m。

（2）本表的室外变配电所指电力系统电压为 35~500kV 且每台变压器容量在 1000kV · A 以上的室外变配电所，以及工业企业的变压器总油量超过 5t 的室外总降压站。

（3）发电厂的主变压器油量可按单台确定。

（4）干式可燃气体储罐的防火间距，应按本表湿式可燃气体储罐增加 25%。

（5）建筑物构件的耐火等级和厂房分类可参阅有关建筑设计规范。

为了防止电火花或危险温度引起火灾，开关、插销、熔断器、电热器具、照明器具、电焊设备、电动机等应根据需要，适当避开易燃物或易燃建筑构件。天车滑触线的下方，不应堆放易燃物品。

四、电气设备火灾原因及预防

1. 线路火灾的原因及预防

1）线路短路而引起火灾的原因和预防措施

线路短路时，由于线路阻抗剧烈减小，电流大量增加，通常要比线路的正常工作电流大到几十倍，使线路在短时间内产生的大量热量不能立刻发散到周围空气中，温度就会很快升高，引起线路很近的可燃物着火。

（1）造成线路短路而引起火灾的主要原因。

① 线路安装不正确，使导线的绝缘材料受到破坏。例如，在有酸性蒸气的场所采用普通导线，其绝缘棉织物会很快腐蚀劣化、变质损坏。因此，线路很多点都可能发生短路。又如，导线与墙壁间的距离不够，绝缘受到破坏，便会引起碰线短路和接地故障等。

② 对线路绝缘状况缺乏经常检查，由于导线的绝缘劣化而破损脱落，使金属芯线裸露出来，相互接触，就会发生短路。

③ 导线的使用不正确，例如把导线打结，导线用铁丝、铁钉悬挂，导线在地上拖来拖去，导线不装插头而直接插入插座等会立即引起短路或使绝缘破损而发生短路。又如，导线经常受热受潮、受腐蚀或压伤、轧伤及过负荷等作用，都会使绝缘损坏而发生短路。

（2）预防措施。

① 认真验收线路的安装是否符合电气装置规程的要求。例如，线间距离、前后支持物间的距离、防止绝缘损伤的保护等，都应符合安全要求。这是防止线路短路而引起火灾的一条重要措施。

② 定期测量检查线路的绝缘情况。如果测得线路导线间和导线对地绝缘电阻小于规定值，必须找出绝缘损坏的地方并修好；如果检查线路时发现缺陷，也要立即修好；过分破旧的导线必须更换。

③ 正确选择与导线截面相配合的熔断器。当线路发生短路时，熔丝很快熔断，切断电源，防止着火燃烧。例如，2.5mm^2 的铜导线要防止过载，就应在线路始端装设 30A 以下的熔断器来保护。熔断器的熔丝长时间通过额定电流时不会熔断，即使通过 1.3~1.5 倍的额定电流时，在 lh 内也不会熔断。这一特性非常重要。因为在被保护的线路中，时常会出现大于工作电流的暂时性的超额电流。如电动机启动电流，若熔丝不能承受这种暂时性的超额电流，就不能保证用电设备的正常运行。如果通过比熔丝大得多的工作电流，那么通过电流越大，熔丝熔断越快，保护作用越好。熔丝熔断后，千万不能随便用大熔丝或其他金属导线来代替。

2）线路导线过负荷而引起火灾的原因和预防措施

在一定截面导线中通过的电流超过其允许电流就称为过负荷，由此产生的不正常过热，会引起导线的绝缘层燃烧，并引燃附近的可燃物而造成火灾。

（1）造成导线过负荷而引起火灾的主要原因。

① 导线截面积和负荷电流不相适应。例如通过 190A 电流的导线，应是 50mm^2 的铜线或 70mm^2 的铝线，若选用 16mm^2 的铜线或 25mm^2 的铝线，它们的最大允许电流为 90A 和 96A，这样，导线上所产生的热量来不及散发，待到一定时候，就会由于过负荷发热而引起导线燃烧起火。

② 在原有线路中擅自增加用电设备。例如 4mm^2 的塑料导线，只能供给 14kW 的三相电动机，若接用 20kW 的三相电动机就会使导线严重过负荷，到一定时候就会引起导线燃烧起火。

③ 线路、电力设备绝缘损坏发生严重的漏电或短路、碰线的情况，就会使得导线严重过负荷。

④ 熔丝选用不当。如果选得太粗，当线路或电气设备发生严重过负荷时，熔丝还不会熔断，时间太长必将损坏绝缘而引起火灾。

（2）预防措施。

① 根据用电负荷电流的大小，选用适当的导线，在原有线路上不得擅自增加用电设备，要对原装导线的最大容许电流进行核算，容许时才可增加用电设备。

② 线路和电气设备都应严格按照相关电气装置规程要求安装，不准随便乱装乱用，防止因绝缘损坏而发生漏电或短路碰线。

③ 经常监视线路的运行情况，如发现严重过负荷现象时，应切除线路中过多的用电设备，或将该导线截面换大。

④ 保护线路或电气设备的熔丝要选择恰当，一旦线路发生严重过负荷时，熔丝就要自动熔断，切断电流，防止火灾事故的发生，所以必须十分注意熔丝的选择，不能随便换粗熔丝。

3）线路连接接触不良(因电阻过大)引起的火灾原因和预防措施

（1）火灾原因。

线路连接接触电阻过大引起火灾的主要原因是导线与导线或导线与开关、熔断器、闸刀、电灯、电动机、测量仪表等电气设备连接的地方不牢固、不紧密，连接处的接触电阻很大，产生很大的发热量，使温度急剧升高，引起导线的绝缘层燃烧。同时，在接触不良的地方还会产生火花，使邻近的可燃物(如木材、柴草、麻丝、纸张、衣服等)燃烧起火造成火灾。

（2）预防措施。

① 连接导线时，必须将线芯擦干净，并按一定的方法绞合，然后在绞合的地方用锡焊焊好，最后对裸露的部分用绝缘包布包几层，包好扎牢。

② 导线接到开关、熔断器、闸刀、电动机及其他电气设备时，导线端必须焊上特别的接头。单股导线或截面较小(如 2.5mm^2 以下)的多股导线，可不用特殊的接头，而是将削去绝缘层的线头弯成小环套，放在设备接线端子上，加垫圈后再用螺帽旋紧。木槽板内导线不得有接头。

③ 经常对运行中的线路和设备进行巡视检查，发现接头松动或发热，应及时处理。

2. 变压器的火灾原因及预防

变压器除了干式变压器具有防火性能以外，大多是油浸式自然冷却的变压器。变压器油闪点为140℃，并易蒸发燃烧，同空气混合能构成爆炸性混合物，变压器质量的好坏，对火灾危害性关系很大。例如，油中的杂质会降低绝缘性能，引起绝缘击穿，在油中发生火花和电弧引起火灾。因此，对变压器油有严格要求，油质应透明、纯净，不得有任何杂质(如水分、灰尘、氢气、烃类气体等)。

1）油浸电力变压器火灾的原因

（1）内部绕组绝缘损坏发生短路。变压器绕组的纸质和棉纱等绝缘材料，如果经常受到过负荷发热或绝缘油酸化腐蚀等作用。将会发生老化变质，损坏绝缘，引起匝间、层间短路，使电流急剧增加造成绕组发热燃烧，同时绝缘油因热分解，产生可燃性气体，与空气混合达到一定的比例，形成爆炸性混合物，一遇到火花就会发生燃烧或爆炸。

变压器绕组短路也可能是由于质量不高损坏绝缘引起的。如果在检修过程中，碰动高低压绕组引线和铜片，与箱体相碰或接近，使绝缘间隔缩小，也会形成接地或相间短路，引起高低压绕组起火。

（2）在绕组与绕组之间、绕组端部与分接头间，如果连接不好或分接头转换开关接头没有摆正等，造成接触不良，从而导致该处的接触电阻过大产生局部高温，使油燃烧或爆炸。

（3）铁芯起火。由于硅钢片之间或铁芯与夹紧螺栓之间的绝缘损坏引起涡流发热，造成铁芯起火，可能使绝缘油分解或燃烧。

（4）油中电弧闪络。高低压绕组之间、绕组和变压器油箱之间及瓷套表面也会引起电弧闪络使油燃烧。雷击过电压或操作过电压也会引起电弧闪络。变压器漏油使油箱中的油面降低而减弱油流的散热作用，也会使变压器的绝缘材料过热和燃烧。

（5）外部线路短路。由于外力损坏或自然灾害，如砍树或大风刮倒树木倒在线路上引起碰线或短路，风筝落在导线上造成的短路，变压器高低压套管上爬了蛇、鼠、猫等小动物造成的短路，熔丝选择不当，故障时不能熔断，就可能造成变压器内部起火。

2）预防措施

（1）变压器油箱上安装防爆管。变压器油因过热分解出大量气体，可冲破防爆管玻璃片，向外喷出。

（2）在变压器上装置监视油温的仪器(用水银温度计或压力式温度计)。如果上层油温达到或超过85℃(用水银温度计贴在变压器外壳测温超过75~80℃)，表明变压器过负荷，应立即减负荷。如温度继续上升不停，可能是内部有故障，应迅速断开变压器电源，停用进行检查。

（3）变压器装设继电保护装置。为了保护由于变压器绝缘套管发生闪络，外部短路或过负荷，应安装熔断器或电流继电器保护装置。对于容量在800kV·A以上的变压器，还要装设气体继电器保护，它能迅速反映变压器内部由于绝缘油和其他绝缘材料热分解时产生的气体和油的运行，使瓦斯继电器动作，接通信号回路(轻瓦斯动作发生示警信号)或当发生严重故障时接通重瓦斯保护的动作跳闸回路，使变压器电源开关跳开。

（4）变压器的设计安装应符合国家规定的标准。如变压器应安装在一级、二级耐火的建筑物内，并有良好的通风。变压器装在室内应有挡油设施或蓄油坑，装在室外的变压器油量在600kg以上者应有卵石层，作为储油池。两台变压器之间的蓄油坑应有隔火墙，不能连通。

（5）加强变压器的运行管理和检修工作。定期检查变压器，监视上层油温不超过85℃，定期做油简化试验，定期做变压器的预防性试验。变压器在安装和检修过程中，要防止高低压套管穿芯螺栓松动；在安装和检修完毕后，要根据规定做必要的电气试验。调整变压器分接头时，一定要将切换开关的销子对准盖上要调整的电压位置的孔。

（6）大型变压器可采用离心式水喷雾或1211灭火剂组成固定式灭火装置。

3. 断路器的火灾原因及预防

变配电所一般都装有断路器（油开关）来接通和切断电流，如果断路器在开合状态时，不能迅速有效地灭弧，电弧的温度可高达3000~4000℃，使油热分解为氢、乙炔、甲烷等易燃气体，有时会引起燃烧和爆炸。

1）断路器发生火灾和爆炸的主要原因

（1）断路器的断流容量不够。每种型号的断路器都有额定的断流容量，断路器的断流容量必须与电力系统的短路容量相适应。如果断路器的断流容量小于电力系统的短路容量，当发生短路故障时，断路器就不能切断很大的短路电流，不能及时熄灭电弧，从而引起断路器燃烧爆炸。

（2）断路器的油面过低或过高。如果油面过低，切断电弧时所产生的气体来不及冷却就冲出油面，高温下与上层空间气体混合就会发生燃烧和爆炸；有时油量很少，断路器触头没有浸在油内，开关断开时不能熄灭电弧，也会发生燃烧和爆炸。如果油面过高，在发生电弧时，油热分解产生的大量气体冲不出油面，这样强大的气体压力就会剧烈地向各方向传递，传到油箱，会使油箱承受不住压力而发生爆炸。

（3）断路器的瓷套管污垢或潮湿而致使断路器各相间的空气被击穿，或相与地之间被击穿，因发生闪络而使断路器燃烧和爆炸。

2）预防措施

（1）选用断路器时，应核对其断流容量与电力系统的短路容量是否相适应。

（2）改进断路器的结构，增加油箱的机械强度，提高断路器的断流容量，并在箱盖上安装安全排气管。当箱内的油膨胀或有大量气体时，可以通过排气管排出，不致引起燃烧和爆炸。

（3）断路器的设计安装要符合国家规定的标准，如断路器应安装在一级、二级耐火的建筑物内，并有良好的通风。多油断路器装在室内时，应装在不燃烧的专门房间或间隔内，有挡油设施；装在室外的应有卵石层，作为储油池。

（4）加强断路器的运行和检修工作。定期检查断路器，监视油位指示器的油面应在两条红线之间，不能过高，也不能过低，以保持油箱盖到油面之间有一个缓冲空间。定期做断路器的预防性试验。油质应符合标准，发现油老化、脏污或绝缘强度不够时，应及时更换新油。断路器还要定期进行检修，特别是多次短路故障而断开后，更要提前检修。

4. 电动机的火灾原因及预防

电动机运行时，可能由于绕组过热、机械损伤、通风不好等原因而烤焦或破坏绝缘，产生短路而引起燃烧。

1）电动机发生火灾的主要原因

（1）电动机因过负荷而引起过电流。一般是由于被拖动的机械过载或电网电压降低而使电动机的转速减小时，从电网所吸收的电流会增加，或电动机的电源回路中有一相断线时，电动机转速降低，而在其余两相中的电流将比正常工作的电流增加 1.7~1.8 倍。电动机长期过负荷，就会引起绕组温度升高或绝缘损坏，造成短路而引起火灾。

（2）电动机定子绕组发生单相匝间短路。单相接地短路和相间短路，就会引起绕组过热，而使绝缘燃烧，在绝缘破坏处，还可能对外壳放电而形成电弧和火花，引起绝缘层起火。

（3）电动机在轴内的润滑油量不足和润滑油脏污会卡住转子；或电动机拖的机器被杂物卡住不能转动，使电动机形成电气短路，电流大量增加，绕组过热而导致火灾。

（4）电动机的接线端子处松动，接触电阻过大，也会产生高温和火花，引起绝缘或附近的可燃物燃烧。

（5）电动机维修不良，通风槽被粉尘或纤维等物堵塞，热量散不出去，绕组也会过热起火。

2）预防措施

（1）选择和安装电动机时要符合防火安全要求。在潮湿多粉尘场所，应用封闭式电动机；在较干燥清洁的场所，可用防护型电动机；在易燃易爆的场所，应用防爆型电动机。

（2）电动机应安装在耐火材料的基础上。若安装在可燃物的基础上时，应铺上铁板等非燃烧材料，予以隔开。电动机不能装在可燃结构内，电动机与可燃物应保持一定距离，周围不得堆放杂物。

（3）每台电动机必须设置独立的操作开关和适当的继电器作为过负荷保护。对容量较大的电动机，在三相电源线上应安装指示灯，当有一相断线时就能立即发现，采取措施防止两相运行。

当选用热继电器来作为电动机的过负荷保护时，其整定电流通常与电动机的额定电流相等。如果电动机拖动的是冲击负载(如冲床、剪床等)，或电动机的启动时间较长，或电动机拖动的设备不允许有停电情况出现，则热继电器元件的整定电流要选得比电动机的额定电流大。

（4）电动机要经常检查维修，及时清扫保持清洁，加润滑油，保持电刷完整和控制运行温度等。电动机使用完毕，应立即拉开电动机开关。

5. 电缆的火灾原因及预防

1）电缆终端盒的火灾原因与预防措施

高、低压电缆接到变压器、开关、电动机等电气设备或线路时，大都用电缆终端盒，以保证绝缘良好、连接可靠、安全运行。电缆终端盒形式：按材料分，有生铁、尼龙、环氧树脂终端盒；按形状分，有漏斗形、手套形、扇形终端盒。终端盒的故障主要是绝缘击穿，形成短路，发生爆炸，燃烧的绝缘胶会向外喷出，从而引起火灾，导致设备损坏，甚至发生人身伤亡等事故。

（1）生铁端盒发生爆炸的原因。

电缆负荷或外界温度有变化时，盒内绝缘胶热胀冷缩发生“呼吸作用”，内外空气交流，使潮气侵入盒内，凝结在终端盒内部和空隙部分，使绝缘下降而被击穿。

电缆终端盒内绝缘胶碰到电缆油后会熔解，在盒内底部和电缆周围形成空隙，使绝缘下降而被击穿。

电缆两端的终端盒高低有差别时，低的一端电缆盒受到电缆油的压力，严重时会破坏密封，影响绝缘。

线路上发生短路时，在很大的短路电流作用下使绝缘胶开裂、破坏密封，因而潮气侵入，降低绝缘性能。

其他形式的电缆终端盒，也会由于潮气侵入击穿绝缘，造成短路故障，但因盒内燃烧物质少，若发生短路，开关随即跳闸，切断电源，一般情况下，燃烧不致蔓延扩大。

（2）预防措施。

电缆终端盒安装时，要保证施工质量，保证密封，防止潮气侵入。对电缆终端盒平时要加强检查，发现有严重漏油时，应及时修好，防止潮气侵入。

2）电缆沟和电缆隧道防火措施

电缆一般以沟道和隧道形式进行敷设，若无防火措施，一旦爆炸着火，就会引起严重的火灾和停电事故。电缆沟和电缆隧道的防火措施有：

（1）加强电缆沟、电缆隧道的管理，定期检查和维护，发现问题及时处理。

（2）将所穿越墙壁、楼板和电缆沟道在进入控制室、配电盘、电缆夹层、开关柜等处的电缆孔洞进行严格的封闭，以切断火焰。对较长的电缆隧道及其分叉道口，应设置防火墙及防火门。在正常情况下，电缆沟或洞口的门应关闭，这样可以隔离或封闭燃烧的范围，防止火势蔓延，但在电缆温度过高的情况下，应采取适当的通风措施。

（3）在敞开的电缆沟中敷设的电缆，沟的上面应用盖板盖好，盖板应是耐燃材料，并完整坚固，沟内电缆铠甲外皮的麻布层应剥掉。

（4）电缆沟、隧道内应保持清洁，沟内的积水和积油应及时消除。

（5）在电缆沟、隧道附近进行明火作业时，应防止火种、火星进入电缆沟、隧道。在电缆沟、隧道内使用喷灯作业时，应在工作地点放置灭火器材，一旦着火，便可及时扑救。

（6）对敷设在电缆沟、隧道中的大容量电力电缆和电缆接头盒的温度应做记录，并编制电缆在沟道内各种不同空气温度时的容许负荷表作为运行的指导。

（7）电缆沟、隧道内应有适当的通风，必要时应装风扇，为便于在电缆沟、隧道内检查，应备有特制的梯子。

6. 电容器爆炸起火的原因及预防

移相电容器常见的故障是极板之间击穿短路或对外壳的绝缘击穿。如果各个电容器单独用熔体保护，则某一电容器的极板间击穿时，其熔体便熔断，后果只是补偿装置的电容量减小，不会影响整个电容器装置的继续运行；如果各个电容器未单独用熔体保护，特别是多台并联运行的电容器，当某一电容器的极板间击穿时，与之并联的各个电容器将一起对其放电。由于放电能量很大，在强大电弧和高温作用下，产生大量气体，使压力急剧上升，最后使电容器外壳爆炸，并引起其余电容器群爆，流油燃烧起火，进而使电容器室着火或发生更大的事故。

通常除了对各个电容器实行单独保护外，还要采取以下措施：

（1）分组熔体保护。

（2）双Y形接线的零序电流平衡保护。

（3）双△接线的横差保护。

（4）单△接线的零序电流保护。

此外，还应对电容补偿装置定期进行巡视、检查和清扫；加强运行监视，保持电压、电流和环境温度不超过制造厂规定值。

同时，在电容器室附近应配备砂箱、消防用铁锹和灭火器等消防设备；一旦电容器爆炸起火，应首先切断电容补偿装置的电源，尽快控制火势蔓延；禁止用水灭火。

7. 低压电气设备的火灾原因及预防

1）低压配电盘的火灾原因和预防措施

低压配电盘用于控制和操作低压线路和电动机，配电盘上装有闸刀开关、熔断器、电度表、电流表及指示灯等。

（1）低压配电盘发生火灾的原因。

配电盘上的电气设备不根据负荷的性质和容量的大小进行选择，都会造成导线和电气设备过热，或连接处金属熔化以及熔丝爆断时产生的火花引起燃烧，造成火灾。如果配电盘上导线排列零乱，不符合安全要求，绝缘损坏或导线受潮，也都会造成接地短路引起火灾。配电盘上接线螺栓接触不良，由于接触电阻过大产生过热，配电盘长期不检修、不清扫，都会造成火灾。

（2）预防措施。

① 配电盘应采用耐火材料、涂防火漆等，户外配电盘应加装防雨箱。

② 配电盘最好装在单独的房间内，固定在干燥清洁的地方，并便于操作和确保维修时的安全。

③ 配电盘上的电气设备应根据电压、负荷、用电场所的防火要求选定，安装牢固，总开关和分开关的容量应满足各自负荷的需要。每一开关处应标明用途、容量。闸刀的活动刃部要装在下面，使闸刀拉开后刀片不带电且没有自行合上的可能。

④ 配电盘上应用绝缘导线，破损导线要及时更换。敷设的线路应连接可靠，排列整齐，尽量做到横平竖直，绑扎成束，用线卡固定在盘面上。应尽量避免交叉，导线交叉时应加绝缘护套相互绝缘。

⑤ 配电盘上的金属支架及电气设备的金属外壳，必须有可靠的接地保护。

2）低压开关的火灾原因和预防措施

低压开关发生火灾的原因：在低压线路中均用低压开关来控制电源，当电源接通或切断时会产生火花，导线与开关接头不良时会产生较大的接触电阻，以及开关损坏且带电部分与金属物体相接触时，会造成短路等，都可引起火灾。其预防措施有：

（1）安装开关与房屋的防火要求相适应，如果在有爆炸危险的场所，应装设防爆开关。

（2）刀型闸刀开关应装在耐火板上，同时，为了防止可动刀片自动落下接通电源，开关不宜倒装与平装。

（3）导线和开关接头处连接应牢固。

（4）三相闸刀最好在相间用绝缘隔板隔开，以防相间短路，并应安放在远离易燃物的地方，防止闸刀发热和防止拉开闸刀时产生火花而引起燃烧。

（5）对于容量较小的负荷，可采用瓷底胶木盖的闸刀开关，但在潮湿、粉尘较多的场所，应采用铁壳开关；对于容量较大的负荷，应采用自动空气开关，其断路容量应与电力系统的短路容量相适应。

（6）自动空气开关运行中要勤检查、勤清扫，防止开关触点发热和外壳积灰而引起相间短路，造成爆炸事件。

3）熔断器的火灾原因和预防措施

熔断器发生火灾的原因：在低压电路中用来保护导线及电气设备过负荷和短路故障而装置的熔断器，一般因使用与允许负荷不相适应的熔丝，或用铜丝、铁丝来代替，造成了不易熔断而引起电路失火。同时，当熔丝熔断时，灼热的金属颗粒飞溅到附近的可燃物或易燃物上，也会引起火灾。100A 以上熔丝熔断时，还可能产生电弧，危险更大。其预防措施有：

（1）选择合适的熔断器熔丝。保护导线的熔丝，其额定电流应等于或稍大于导线的安全载流量；保护电动机的熔丝，其额定电流应等于或稍大于电动机的额定电流，而其熔断电流应等于或稍大于电动机的启动电流。不准用金属丝或较粗的熔丝代替。

（2）大电流熔断器装置应装在大理石板、瓷板、石棉板等耐火基础上，其保护壳应用瓷质或铁质材料，不准用可燃物材料。

（3）熔断器装置应经常打扫清洁，熔断器箱内严禁放杂物。

8. 用电设备的火灾原因及预防

1）电加热设备的火灾原因和预防措施

电熨斗、电烙铁、小型电炉、工业电炉等电加热设备表面温度都很高，一般为 180℃，最高达 400℃以上，如果碰到可燃物，会很快燃烧起来。如果电加热设备在使用中无人看管，放在可燃物上或易燃物附近，使用电流超过导线的安全电流，导线绝缘损坏，导线上没有插头，用导线直接插入插座内以及插座电路上没有熔断器装置等都会由于过热而引起燃烧。其预防措施有：

（1）正在使用的电加热设备必须有人看管，人要离开时必须切断电源。电加热设备的车间，每班组应装设总开关和指示灯，每天下班后要有专人负责切断电源。

（2）电加热设备必须装在陶瓷、耐火砖、铁皮和石棉等不燃烧、不传热的基础上，使用时要远离易燃物和可燃物。

（3）发现电加热设备导线绝缘损坏或没有熔断器时，均不得使用。

（4）导线的安全载流量必须满足电加热设备的容量要求。当计费电能表及导线的容量能满足电加热设备的容量要求时，才可接入照明电路中使用。工业用的电加热设备，应装设单独供电回路。

2）白炽灯的火灾原因和预防措施

白炽灯是人们日常生活中常用的电气设备，如果使用不当，也会引起火灾，甚至还会发生人员触电事故。

白炽灯引起火灾的原因有：白炽灯用纸灯罩，灯泡过分靠近易燃物等。灯泡通电后，表面温度较高，功率越大、用的时间越长，则表面温度越高。根据测定，一只功率为60W的灯泡，表面温度为137~180℃，一只功率为200W的灯泡，表面温度可达800~2000℃，而纸容易燃烧，普通薄纸在130℃就会燃烧，因此纸灯罩在高温下很快就烤焦起火，点燃导线而引起火灾。如果电灯泡靠近工场、仓库里的木板、纸箱、棉花、稻草、麻丝，家庭里的衣服、蚊帐或舞台上的幕布等，往往会引起火灾，把灯放在被窝里取暖，也会引起火灾，甚至发生触电事故。其预防措施有：

（1）安装电灯必须适合使用场所周围的特点。在有易燃易爆气体的车间、仓库内，应安装防爆灯，或在屋外安装，通过有玻璃窗口的房间内照明。屋外照明应装设防雨式灯具。

（2）不可用纸灯罩，或用纸、布包灯泡，电灯泡与可燃物应有一定的距离，不可贴近，不可将灯泡放在被窝里取暖，不可在灯泡上烘烤手套、毛巾、袜子，不可将灯泡放在蚊帐里看书等。

（3）导线应有良好的绝缘层，不得与可燃物和高温源接近，要装设熔断器或自动开关，以保证发生事故时立即可靠地切断电源。

3）日光灯的火灾原因和预防措施

日光灯的镇流器会散发出热量，使积聚的易燃纤维、粉尘燃烧。导线绝缘层损坏引起漏电，也会引燃附近的易燃物发生火灾。预防措施有：

（1）日光灯线路不要紧贴在天花板或单屋顶等可燃物面上，并应与其保持一定的安全距离。镇流器上的灰尘应定期清扫。

（2）日光灯线路不要随便拆装，防止损坏导线绝缘。发现导线、灯具损坏时，应及时修好。不用日光灯时，一定切断电源。

4）行灯、电钻等移动式电气设备引起火灾的原因和预防措施

行灯、电钻等移动式电气设备连接电源的橡胶护套电缆，经常在地面拖来拖去，容易被尖锐的铁件和重物刺破或砸伤，同时也易受高温、潮湿、腐蚀性蒸气和液体的影响和侵蚀，从而使绝缘受到损伤，引起线短路而产生火花，如果周围有可燃物体，便起火燃烧，酿成火灾，而且还会发生触电事故。预防措施有：

（1）使用坚韧的橡胶护套电缆作为电源线，并将其挂高放好，防止碰伤。

（2）将移动电气设备的金属外壳可靠接地，必要时应装设漏电保护器。

（3）在易燃易爆场所，禁止使用普通行灯和电钻。

（4）建立定期检查维护制度，一旦发现电源线损坏应立即更换。

5）电焊引起火灾的预防

进行电焊作业时，应根据现场情况采取下列防火措施：

（1）电焊作业应选在安全地点进行。作业前应清除周围的易燃物品，若无法清除，则必须用水喷湿，或者盖上石棉板、石棉被或湿麻袋等，以隔绝飞溅的火星；作业地点与可燃建筑构件应保持适当距离，或用不燃隔板隔开。站在脚手架上进行高空焊接时，必须用不燃隔板遮住脚手架，或装设接火电源盘。

在特别重要的场所进行焊接作业时，应设专人看护，并准备必要的灭火工具。

（2）焊接工具必须完好。电焊机和电源线的绝缘应可靠，破损的应及时修理或更换；导线应有足够大的截面，并用符合要求的熔断器保护，熔体连接应可靠。

（3）电焊和气焊若在同一地点进行，电焊用的导线与气焊用的管线不得敷设在一起，应保持 10m 以上距离，以免相互影响而发生危险。

（4）不得利用与易燃易爆工艺设备有联系的金属构件（如输油、输气管线等）作为电焊机的接地线，以防止在电气通路上电阻较大的地点产生高温或火花而引起火灾或爆炸。

（5）在积存有可燃气体、可燃蒸气的管沟，深坑和下水管等处及其附近，在消除危险因素以前，不得进行电焊作业。

（6）在有可燃隔热层的空心间壁墙附近、简易建筑和仓库中、房屋闷顶内以及易燃堆垛附近，不宜进行电焊作业；必须进行时，应设专人监护，且在焊接作业结束后必须留有一定时间，经检查确认无引起火灾的危险因素后才可离开。

（7）下列地点若无可靠的安全措施，不得进行电焊作业：

① 制作、加工和储存易燃易爆物品的房间。

② 储存易燃易爆物品的储罐和容器上。

③ 带电设备上。

④ 刚涂过油漆和建筑构件或设备上。

⑤ 盛过易燃易爆液体和其他易燃物品，而未进行清洗或处理的容器上。

6）插销引起火灾的原因及防止措施

插销引起火灾的原因如下：

（1）易燃物品压住插座或粉尘落入插座孔，造成短路而发热燃烧。

（2）在有爆炸混合物的场所，插入或拔出插头时产生火花造成爆炸起火。

（3）用导线的裸线头代替插头插入插座，往往造成短路或产生强烈的火花而引起火灾。

（4）插销严重过负荷。

防火措施如下：

（1）插座的额定电流和额定电压应与实际使用情况相适应，不可盲目增加负荷，以免因过载而烧坏胶木，造成短路引起火灾。

（2）在有爆炸危险的场所应使用防爆插座，或者将插座装在爆炸危险场所范围以外。

（3）插座应装在清洁、干燥的地点，防止受潮和腐蚀造成胶木击穿。

（4）灯头插座容易发生事故，也易过负荷，生产车间应禁止使用。

（5）应防止可燃粉尘落入插座，在插座附近不得堆放可燃物品；库房内使用的插座应采用铁皮盖等防护措施。

（6）插头、插座损坏后应及时修理或更换。

9. 其他电气火灾的预防

其他电气火灾指雷击、静电火花及电力线与广播线、电话线碰线等引起的火灾。其预防性措施有：

（1）为了避免雷击引起火灾，在工厂、仓库等建筑物上安装避雷针，电气设备应装设避雷器等防雷设施。

（2）雷雨季节是电气防火的关键季节。在雷雨季节来临之前，应对避雷设施进行检查，不用的线路或天线应及时拆除，免遭雷击起火。电气设备应采取防雨措施，以免雨淋或水淹，导致绝缘受潮使其性能下降，甚至击穿绝缘引起短路起火。

（3）静电放电是容易导致易燃易爆物品燃烧和爆炸的一个因素。预防的基本方法是把与流动、振荡、喷雾液体相接触的金属部分（储油罐等）安装接地线。

（4）油槽车灌装时，因油料向罐内冲击，会加剧油料与空气、油料与罐壁的摩擦和撞击而产生静电。因此，灌装时一定要将油管插到罐底，同时容器和设备应全部接地，运油汽车尾部应装拖地线。

（5）电线穿过墙壁或楼板，接近水管、暖气管、蒸汽管等金属体，或者两线交叉时，电线上必须装绝缘管，普通电线不得嵌进建筑结构或设备之间，以免受机械损伤破坏绝缘层。

（6）广播线、电话线不要和电力线同杆架设和同管进户。广播线、电话线与电力线交叉跨越时，应保持 1.25m 的垂直距离，交叉点应用绝缘材料隔离。

（7）使用携带型火炉或喷灯时，火焰与带电部分的距离为：电压在 10kV 及以下者，不得小于 1.5m；电压在 10kV 以上者，不得小于 3m，不得在带电导线、带电设备、变压器、油断路器等充油电气设备附近使用火炉或喷灯点火。

五、电气设备火灾的灭火方法

1. 灭火的基本原理

一切灭火措施，都是为了破坏已经产生的燃烧条件，将已燃物与助燃剂（氧气）隔绝和将已燃物与附近可燃物隔离，实践证明灭火可采用以下 4 种基本方法。

1）隔离法

隔离法就是使已燃物与未燃物隔离，从而限制火灾的范围。常用的隔离灭火措施有：拆除毗连燃烧处的建筑、线路、设备等；断绝燃烧的气体、液体的来源和切断电源等；堵截流散的燃烧液体，如采用变压器油、开关油挡拦使其流向蓄油坑。

2）窒息法

窒息法就是减少燃烧区的氧气量，隔绝新鲜空气流入燃烧区，从而使燃烧熄灭。常用的窒息法灭火措施有：往燃烧物上喷射氮气、二氧化碳、四氯化碳；往着火的空间灌输惰性气体、水蒸气，喷洒雾状水、泡沫；用砂、土埋没燃烧物；用石棉被、湿麻袋、湿棉被等捂盖燃烧物；封闭已着火的设备孔洞等。

3）冷却法

冷却法就是降低燃烧物燃点的方法。常用的冷却法灭火措施有：用水直接喷射燃烧物；向火源附近的未燃物浇水；喷射二氧化碳、泡沫。

4）抑制法

抑制法就是中断燃烧的链反应的方法，向燃烧物上喷射干粉灭火剂覆盖火焰，从而中断燃烧。在扑灭电气火灾时，应根据电气设备的特点和周围环境，采用适当的方法灭火。

2. 对灭火人员的安全技术要求

灭火时要求灭火人员既要发扬勇敢精神，又要沉着、镇静，掌握灭火安全技术要求，服从统一指挥，紧张而有序地灭火。其具体应注意以下几点：

(1) 当灭火人员身上着火时，可就地打滚或撕脱衣服，不能用灭火器直接向灭火人员身上喷射；应该用湿麻袋、石棉布、湿棉被等将灭火人员覆盖。

(2) 灭火人员应尽可能站在上风位置灭火，当发现有毒烟气(如有电缆燃烧时)威胁人的生命时，应戴上防毒面具。

(3) 发现有灭火人员受伤，应立即送往医院进行抢救。如果有人触电，应立即进行现场触电急救。

(4) 在灭火过程中，要防止中断电源，以免给灭火工作带来困难。当火灾发生在夜间时，应备足够的照明和消防用电。

(5) 若火焰蹿上屋顶，在场人员要特别注意防止屋顶上的可燃物(如沥青、油毡等)着火后落下而烧着设备和人。灭火人员要注意所站的屋梁，防止屋梁烧断，人跌入火海。

(6) 电气设备发生火灾时，首先要立即切断电源，然后进行灭火；无法切断电源时，要采取带电灭火保护措施，以保证灭火人员的安全和防止火势蔓延扩大。

(7) 发电厂的转动设备和电气元件着火时，不准使用泡沫灭火器和砂土灭火。

(8) 室内着火时，千万注意不要急于打开门窗。防止空气流通而加助火势，只有在做好充足灭火准备之后，才能有选择地打开门或窗。

3. 电气设备着火灭火的安全措施

1）电气火灾的特点

(1) 着火后电气装置可能仍然带电且因电气绝缘损坏或带电导线断落等接地短路事故发生时，在一定范围内存在着危险的接触电压和跨步电压，灭火时如不注意或未采取适当的安全措施，会引起触电伤亡事故。

(2) 充油电气设备(例如变压器、油开关、电容器等)，受热后有可能喷油，甚至爆炸，造成火灾蔓延并危及救火人员的安全。因此，扑灭电气火灾，应根据起火的场所和电气装置的具体情况，做一些特殊规定。

2）灭火前的电源处理

发生电气火灾时，应尽可能先切断电源，而后再扑救，以防人身触电。切断电源时应注意以下几点：

（1）停电时，应按规程所规定的程序进行操作，严防带负荷拉刀闸。火场内的开关和刀闸由于烟熏火烤，其绝缘性能可能降低或破坏，因此，操作时应戴绝缘手套、穿绝缘靴并使用相应电压等级的绝缘工具。

（2）切断带电线路导线时，切断点应选择在电源侧的支持物附近，以防导线断落后触及人体或短路。切断低压多股绞合线时，应分相剪断且应使用有绝缘手柄的电工钳。

（3）在剪断电源线时，火线和地线应在不同部位剪断，防止发生线路短路。

（4）如果线路上带有负荷，应先切除负荷后再切断现场电源。

（5）夜间发生电气火灾、切断电源时，应考虑临时照明问题，以利扑救。

（6）需要电力部门切断电源时，应迅速用电话联系，说清情况。切断电源后的电气火灾，多数情况下可按一般性火灾扑救。

3）不切断电源灭火的保安措施

发生电气火灾，如果由于情况危急或其他原因不允许和无法及时切断电源时，为争取灭火时机，就要带电灭火。为防止人身触电，应注意以下几点：

（1）扑救人员及所使用的导电消防器材与带电部分应保持安全距离。

（2）高压电气设备或线路接地时，室内扑救人员不得进入距故障点 4m 以内范围；室外，扑救人员不得接近距故障点 8m 以内的范围。进入上述范围内的扑救人员必须穿绝缘靴，接触设备的外壳和架构时，应戴绝缘手套。

（3）扑救架空线路的火灾时，人体与带电线之间的仰角不应大于 45°并应站在线路外侧，以防导线断落后触及人体。

（4）应使用不导电的灭火剂灭火，例如二氧化碳、四氯化碳和化学干粉等灭火剂。

因泡沫灭火剂导电，在带电灭火时禁止使用。

（5）使用水枪带电灭火时，扑救人员应穿绝缘靴、戴绝缘手套，并应将水枪金属喷嘴接地。接地线可采用截面为 2.5~6mm^2、长 20~30m 的编织软导线，接地极暂时采用打入地下的长 1m 左右的角钢、钢管或铁棒。接地线和接地极之间应连接可靠。有条件时带电灭火应穿均压服。

（6）未穿绝缘靴的扑救人员，要防止因地面水渍导电而触电。

4. 充油电气设备灭火

（1）充油电气设备容器外部着火时，可以用二氧化碳、干粉、四氯化碳等灭火剂进行带电灭火，灭火时也要保持一定的安全距离。用四氯化碳灭火时，灭火人员应站在上风向，以防中毒。

（2）如果充油电气设备容器内部着火，除应切断电源外，有事故储油池的应设法将油放入事故储油池，并用喷雾水灭火。不得已时，可对溢流地面或油沟内的油火用砂子、泥土灭火。但当盛油桶着火时，则应用棉被浸湿后或用铁板盖在桶上、将火熄灭，不得用黄砂抛入桶内，以免燃油溢出，使火势蔓延开来，流散在地上的油火也可用泡沫灭火器灭火。

5. 旋转电机灭火

发电机和电动机等旋转电机着火时，为防止轴和轴承变形，可使其慢慢转动，用喷雾水灭火，并使其均匀冷却；也可用二氧化碳、四氯化碳、水蒸气灭火，但不宜采用干粉、砂子、泥土灭火，以免矿物性物质落入设备内部，严重损伤电机的绝缘构件，造成严重的后果。

6. 变压器灭火

变压器着火的主要原因：由于变压器套管破损或闪络，使油在油枕的压力下流出，并在顶盖上燃烧；或变压器内部发生故障，使油燃烧且使外壳破裂等。

变压器着火后，其处理方法如下：值班人员应监视变压器是否已跳闸，若未跳闸应立即拉开各侧断路器，切断电源进行灭火，并迅速投入备用电源，恢复供电。

如果油在变压器顶盖上燃烧，应从故障变压器的一个油门把油面放低，并向变压器外壳浇水，使油冷却而不易燃烧。如果变压器外壳炸裂着火，则必须使变压器所有的油都放到储油坑或储油槽中。

变压器灭火时，最好在切断电源后用泡沫灭火器或特种喷水器扑救，不得已时也可用砂子灭火。

第四章　电气工程主接线

本章重点分析基本控制线路的工作原理，介绍常用电气设备控制电路、供配电线路的基本知识和动力照明，目的是让学习者通过基本控制线路，了解常用的电气线路布置，掌握线路布置的基本方法和步骤。

第一节　电气线路

一、电气线路结构

电气线路通常有架空线路和电缆线路两种形式。与电缆线路相比，架空线路具有成本低、投资少、安装容易、维护和检修方便、易于发现和排除故障等优点，因此架空线路过去在外线中应用比较普遍。但是架空线路直接受大气影响，易受雷击、冰雪、风暴和污秽空气的危害，且要占用一定的地面和空间，有碍交通和观瞻，因此在城市中有逐渐减少架空线路、改用电缆线路的趋向。

1. 架空线路

架空线路由导线、电杆、绝缘子和线路金具等主要元件组成(图4-1-1)。为了防雷，有的架空线路上还装设避雷线(又称架空地线)。为了加强电杆的稳固性，有的电杆还安装拉线或扳桩。

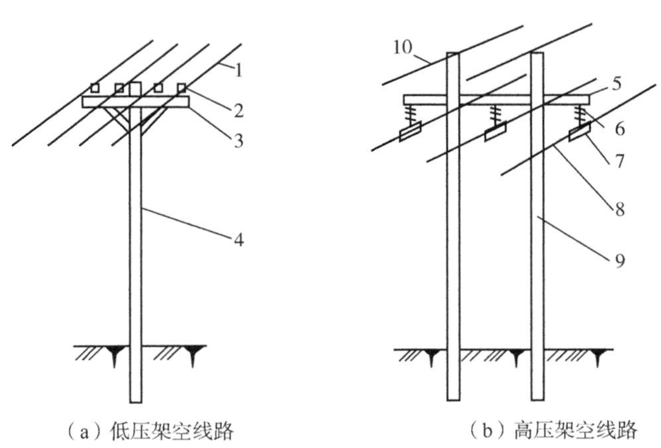

（a）低压架空线路　　（b）高压架空线路

图4-1-1　架空线路的结构

1—低压导线；2—低压针式绝缘子；3—低压横担；4—低压电杆；5—高压横担；6—高压悬式绝缘子；7—线夹；8—高压导线；9—高压电杆；10—避雷线

1）架空线路的导线

导线是线路的主体，担负着输送电能的功能。它架设在电杆上边，经受自身重量和各种外力的作用，并要承受大气中各种有害物质的侵蚀。因此，导线必须具有良好的导电性，同时要具有一定的机械强度和耐腐蚀性，尽可能质轻价廉。

架空线路一般采用钢芯铝绞线。这种导线的线芯是钢线，用以增强导线的抗拉强度，弥补铝线机械强度较差的缺点：而其外围用铝线，取其导电性较好的优点。由于交流电流在导线中通过时有集肤效应，交流电流实际上只从铝线部分通过，从而弥补了钢线导电性差的缺点。钢芯铝线型号中表示的截面积，就是其铝线部分的截面积。

常用钢芯铝绞线全型号的表示和含义如下：

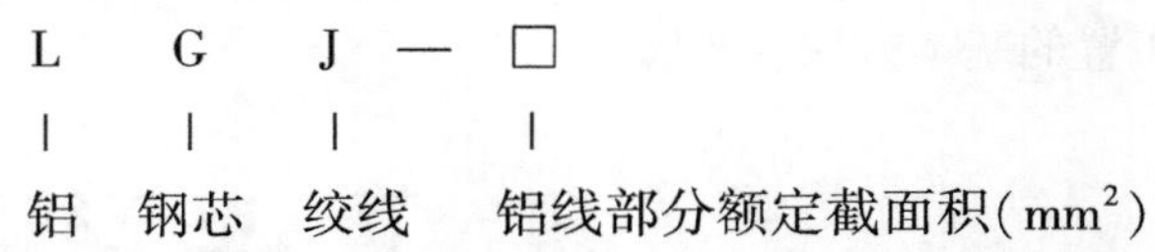

对于工厂和城市中10kV及以下的架空线路，当安全距离难以满足要求时，邻近高层建筑及在繁华街道或人口密集地区、空气严重污秽地段和建筑施工现场，按GB 50061—2010《66kV及以下架空电力线路设计规范》规定，可采用绝缘导线。

2）电杆、横担和拉线

电杆是支撑导线的支柱，是架空线路的重要组成部分。对电杆的要求，主要是要有足够的机械强度，同时尽可能地经久耐用、价廉，便于搬运和安装。

电杆按采用的材料分，有木杆、水泥杆（钢筋混凝土杆）和铁塔。工厂中水泥杆应用最为普遍，因为采用水泥杆可以节约大量的木材和钢材，而且它经久耐用、维护简单，也比较经济。

电杆按在架空线路中的地位和功能分，有直线杆、分段杆、转角杆、终端杆、跨越杆和分支杆等形式。上述各种杆型在低压架空线路上的应用如图4-1-2所示。

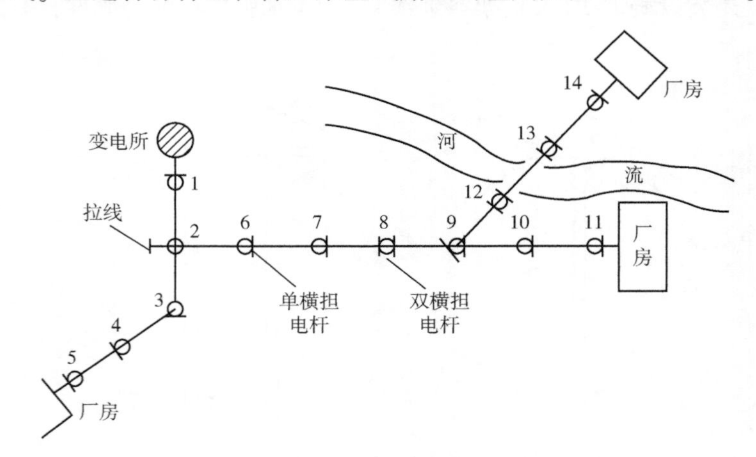

图4-1-2 各种杆型在低压架空线路上的应用

1，5，11，14—终端杆；2，9—分支杆；3—转角杆；4，6，7，10—直线杆（中间杆）；8—分段杆（耐张杆）；12，13—跨越杆

横担安装在电杆的上部，用来安装绝缘子以架设导线，现在普遍采用铁横担和瓷横担。瓷横担具有良好的电气绝缘性能，兼有绝缘子和横担的双重功能，能节约大量的木材和钢材，有效地利用电杆高度，降低线路造价。它在断线时能够转动，以避免因断线而扩大事故，同时它的表面便于雨水冲洗，可减少线路的维护工作量。它结构简单、安装方便，可加快施工进度。但瓷横担比较脆，在安装和使用中必须避免机械损伤。高压电杆上安装的瓷横担如图 4-1-3 所示。

拉线是为了平衡电杆各方面的作用力，并抵抗风压以防止电杆倾倒，如终端杆、转角杆、分段杆等往往都装有拉线。拉线的结构如图 4-1-4 所示。

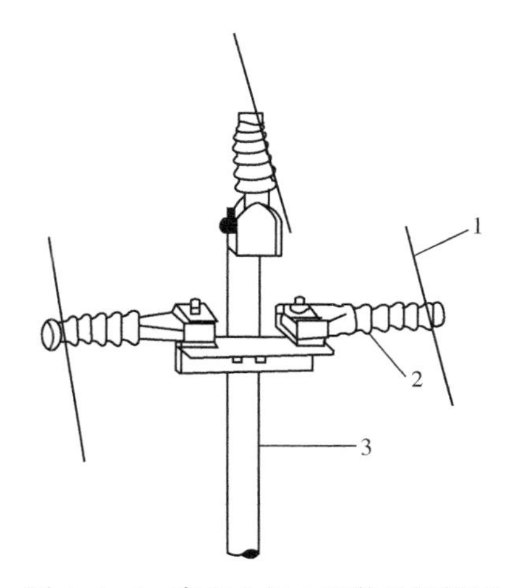

图 4-1-3 高压电杆上安装的瓷横担

1—高压导线；2—瓷横担；
3—电杆

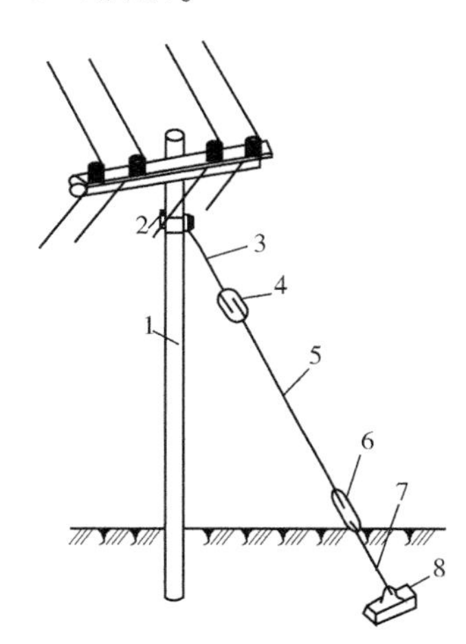

图 4-1-4 拉线的结构

1—电杆；2—固定拉线的抱箍；3—上把；4—拉线绝缘子；
5—腰把；6—花篮螺钉；7—底把；8—拉线底盘

3）线路绝缘子和金具

绝缘子又称瓷瓶。线路绝缘子用来将导线固定在电杆上，并使导线与电杆绝缘。因此，对绝缘子既要求具有一定的电气绝缘强度，又要求具有足够的机械强度。线路绝缘子按电压高低，分为低压绝缘子和高压绝缘子两大类。高压线路绝缘子的外形结构如图 4-1-5所示。

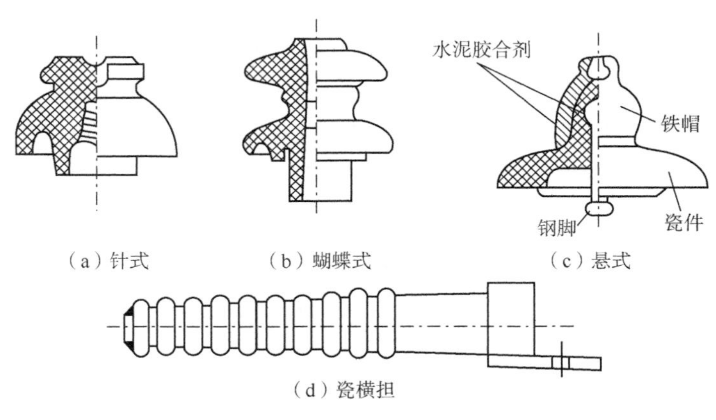

图 4-1-5 高压线路绝缘子

线路金具是用来连接导线、安装横担和绝缘子等的金属附件，包括安装针式绝缘子的直脚[图4-1-6(a)]和弯脚[图4-1-6(b)]，安装蝴蝶式绝缘子的穿芯螺钉[图4-1-6(c)]，将横担或拉线固定在电杆上的U形抱箍[图4-1-6(d)]，调节拉线松紧的花篮螺钉[图4-1-6(e)]，以及悬式绝缘子串的挂环、挂板、线夹[图4-1-6(f)]等。

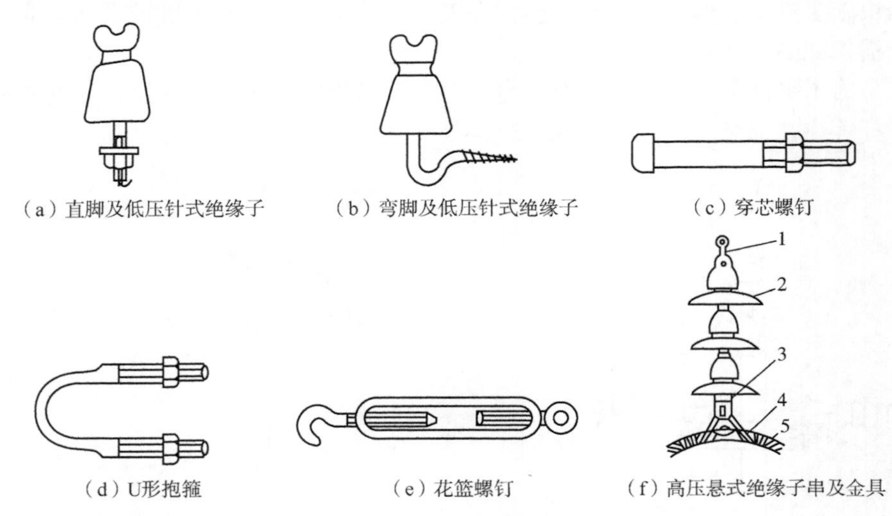

（a）直脚及低压针式绝缘子　（b）弯脚及低压针式绝缘子　（c）穿芯螺钉

（d）U形抱箍　（e）花篮螺钉　（f）高压悬式绝缘子串及金具

图4-1-6　架空线路用金属

1—球头挂环；2—悬式绝缘子；3—碗头挂板；4—悬垂线夹；5—架空导线

2. 电缆线路

与架空线路相比，电缆线路具有成本高、投资大、维修不便等缺点，但是也具有运行可靠、不受外界影响、不需架设电杆、不占地面、不碍观瞻等优点，特别是在有腐蚀性气体和易燃易爆场所，不宜架设架空线路时，只能敷设电缆线路。在现代化工厂和城市中，电缆线路的应用越来越广泛。

1）电缆类型

供电系统中常用的电力电缆，按其缆芯材质，分为铜芯电缆和铝芯电缆两大类。按其采用的绝缘介质，分为油浸纸绝缘电力电缆(ZQD、ZLQD等)、聚氯乙烯绝缘电力电缆(VV、VLV等)和交联聚氯乙烯绝缘电力电缆(YJV、YJLV等)。电缆是一种特殊结构的导线，在几根绞绕的(或单根)绝缘导电芯线外面，统包有绝缘层和保护层。保护层又分内护层和护层，内护层用以保护绝缘层，而外护层用以防止内护层受到机械损伤和腐蚀。外护层通常为钢丝或钢带构成的钢铠，外覆麻被、沥青或塑料护套。

(1) 油浸纸绝缘电力电缆。它具有耐压强度高、耐热性能好和使用寿命较长等优点，因此应用相当普遍。但是它工作时其中的浸渍油会流动，因此其两端的安装高度差有一定的限制，否则电缆低的一端可能因油压过大而使端头胀裂漏油，而高的一端则可能因油流失而使绝缘干枯，致使其耐压强度下降，甚至击穿损坏。

(2) 塑料绝缘电力电缆。它有聚氯乙烯绝缘及护套电缆和交联聚乙烯绝缘聚氯乙烯护套电缆两种类型。塑料绝缘电缆具有结构简单、制造加工方便、重量较轻、敷设安装方便、不受敷设高度差限制及能抵抗酸碱腐蚀等优点。交联聚乙烯绝缘电缆的电气性能更优异，因此在城市供电系统中有逐步取代油浸纸绝缘电缆的趋势。

2）电缆头

电缆头就是电缆接头，包括电缆中间接头和电缆终端头。电缆头按使用的绝缘材料或填充材料分，有填充电缆胶的、环氧树脂浇注的、缠包式的和热缩材料的等。热缩材料电缆头具有施工简便、价格低廉和性能良好等优点，在现代电缆工程中得到推广应用。

由于电缆头本身的缺陷或安装质量上的问题，电缆线路的大部分故障发生在电缆接头处。因此，电缆头的安装质量十分重要，密封要好，其耐压强度不应低于电缆本身的耐压强度，要有足够的机械强度，且体积尺寸要尽可能小，结构简单，安装方便。

3. 阻燃型电缆

阻燃型电缆含有卤素，一旦发生电气火灾而燃烧时，不仅发烟量大，而且还会产生大量的酸性有毒气体。建筑电气工程宜优先选用低烟无卤型交联聚乙烯绝缘电缆，代替聚氯乙烯电缆。

电缆的阻燃性能分两个方面：

耐火布线：指由于火的作用火灾温升曲线达到 840℃时，使线路在 30min 内仍可靠供电的布线方式。

耐热布线：指由于火的作用火灾温升曲线达到 380℃时，使线路在 15min 内仍能可靠供电的布线方式。

一类高、低层建筑内的电力、照明、自控等线路宜采用阻燃型电线和电缆：但重要消防设备(如消防水泵、消防电梯、排烟风机等)的供电回路，有条件时可采用耐火型电缆或采用其他防火措施以达耐火配线要求。二类高、低层建筑内的消防用电设备，宜采用阻燃型电线和电缆。

二、电气线路敷设

1. 架空线路的敷设

1）敷设要求和路径选择

敷设架空线路，应严格遵守有关技术规程的规定。整个施工过程中，要重视安全教育，采取有效的安全措施，特别是立杆、组装和架线时，更要注意人身安全，防止发生事故。竣工以后，要按照规定的手续和要求进行检查和验收，确保工程质量。

选择架空线路的路径时，应考虑以下原则：

(1) 路径要短，转角尽量地少。尽量减少与其他设施的交叉，当与其他架空线路或弱电线路交叉时，其间距及交叉点或交叉角应符合 GB 50061—2010《66kV 及以下架空电力线路设计规范》的规定。

(2) 尽量避开河流和雨水冲刷地带、不良地质地区及易燃易爆等危险场所。

(3) 不应引起机耕、交通和人行困难。

(4) 不宜跨越房屋，应与建筑物保持一定的安全距离。

(5) 应与工厂和城镇的整体规划协调配合，并适当考虑今后的发展。

2) 导线在电杆上的排列方式

三相四线制低压架空线路的导线一般采用水平排列方式，如图 4-1-7(a)所示。由于中性线(PEN 线)电位在三相对称时为零，而且其截面一般较小，机械强度较差，因此中性线一般架设在靠近电杆的位置。

三相三线制架空线路的导线可采用三角形排列方式，如图 4-1-7(b)和图 4-1-7(c)所示；也可采用水平排列方式，如图 4-1-7(d)所示。

多回路导线同杆架设时，可采用三角形与水平混合排列方式，如图 4-1-7(d)所示，也可全部采用垂直排列方式，如图 4-1-7(e)所示。

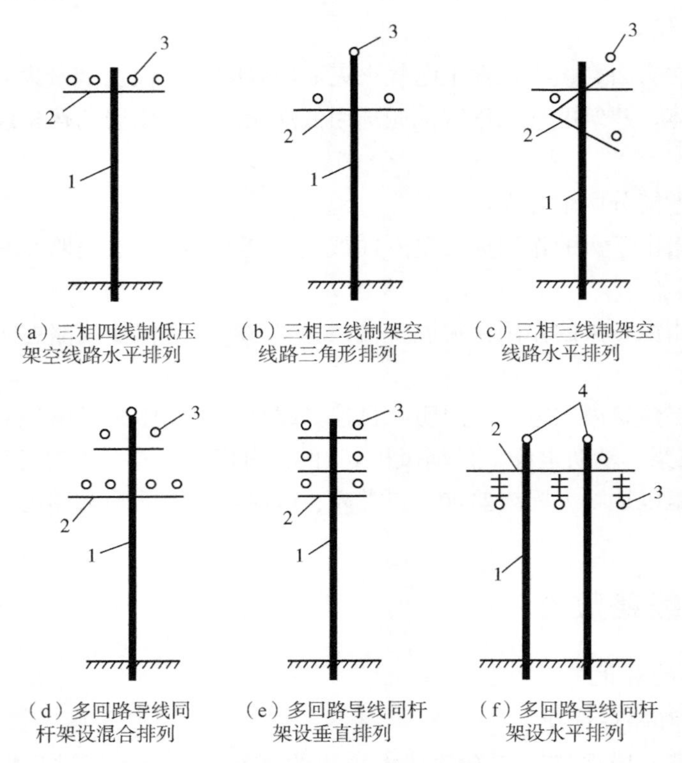

图 4-1-7　导线在电杆上的排列方式

1—电杆；2—横木；3—导线；4—避雷针

电压不同的线路同杆架设时，电压较高的线路应架设在上边，电压较低的线路则架设在下边。

3) 架空线路的档距、弧垂及其他有关间距

架空线路的档距，指同一线路上相邻两根电杆之间的水平距离，如图 4-1-8 所示。

架空线路的弧垂，指架空线路一个档距内导线最低点与两端电杆上导线悬挂点之间的垂直距离，如图 4-1-8 所示。导线的弧垂是由于导线存在着荷重所形成的。弧垂不宜过大，也不宜过小。弧垂过大，导线摆动时容易引起相间短路，而且造成导线对地或对其他物体的安全距离不够；弧垂过小，将使导线内应力增大，天冷时可能使导线收缩绷断。架

空线路的线间距离、档距、导线对地面和水面的最小距离、架空线路与各种设施接近和交叉的最小距离等，在 GB 50061—2010《66kV 及以下架空电力线路设计规范》等规程中均有明确规定，设计和安装时必须遵循。

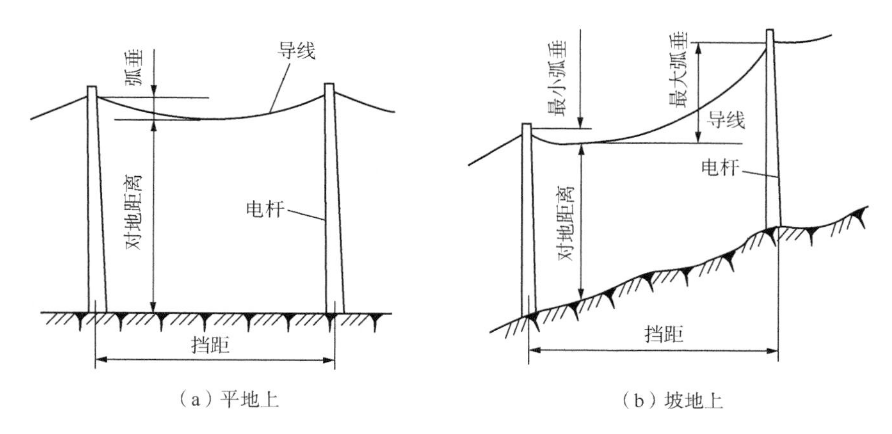

（a）平地上　　（b）坡地上

图 4-1-8 架空线路的档距与弧垂

2. 电缆的敷设

1）电缆敷设路径的选择

选择电缆敷设路径时，应考虑以下原则：避免电缆遭受机械性外力、过热和腐蚀等的危害；在满足安全要求条件下应使电缆较短；便于敷设和维护；应避开将要挖掘施工的地段。

2）电缆的敷设方式

工厂中常见的电缆敷设方式有直接埋地敷设、利用电缆沟和电缆桥架等几种。而在发电厂、某些大型工厂和现代化城市，则还可采用电缆排管和电缆隧道等敷设方式。

3）电缆敷设的一般要求

电缆敷设一定要严格遵守有关技术规程的规定和设计的要求。竣工后，要按规定的手续和要求进行检查和验收，确保线路的质量。部分重要的技术要求如下：

（1）电缆长度宜按实际线路长度增加 5%～10%的裕量，以作为安装、检修时的备用。直埋电缆应做波浪形埋设。

（2）下列场合的非铠装电缆应采取穿管保护：电缆引入或引出建筑物或构筑物；电缆穿过楼板及主要墙壁处；从电缆沟引出至电杆，或沿墙敷设的电缆距地面 2m 高度及埋入地下小于 0.3m 深度的一段；电缆与道路、铁路交叉的一段。所用保护管的内径不得小于电缆外径或多根电缆包络外径的 1.5 倍。

（3）多根电缆敷设在同一通道中位于同侧的多层支架上时，应按下列敷设要求进行配置：

① 应按电压等级由高至低的电力电缆、强电至弱电的控制和信号电缆、通信电缆的顺序排列。

② 支架层数受通道空间限制时，35kV 及以下的相邻电压级的电力电缆可排列在同一

层支架上，1kV 及以下电力电缆也可与强电控制和信号电缆配置在同一层支架上。

③ 同一重要回路的工作电缆与备用电缆实行耐火分隔时，宜适当配置在不同层次的支架上。

（4）明敷的电缆不宜平行敷设于热力管道上方。电缆与管道之间无隔板防护时，相互间距应符合表 4-1-1 所列的允许间距（依据 GB 50217—2018《电力工程电缆设计标准》规定）。

表 4-1-1　明敷电缆与管道之间无隔板防护时的允许间距

电缆与管道之间的走向		允许最小间距/mm	
		电力电缆	控制和信号电缆
热力管道	平行	1000	500
	交叉	500	250
其他管道	平行	150	100

（5）电缆应远离爆炸性气体释放源。

（6）电缆沿输送易燃气体的管道敷设时，应配置在危险程度较低的管道一侧。

（7）电缆沟的结构应考虑到防火和防水。

（8）直埋敷设于非冻土地区的电缆，其外皮至地下构筑物基础的距离不得小于 0. 3m；至地面的距离不得小于 0. 7m；当位于车行道或耕地的下方应适当加深，且不得小于 1m。电缆直埋于冻土地区时，宜埋入冻土层以下。直埋敷设的电缆，严禁位于地下管道的正上方或正下方。在有化学腐蚀性的土壤中，电缆不宜直埋敷设。直埋电缆之间，直埋电缆与管道、道路、建筑物等之间平行和交叉时的最小间距应符合 GB 50168—2018《电气装置安装工程　电缆线路施工及验收标准》的规定（表 4-1-2）。

表 4-1-2　明敷电缆与管道之间的允许间距

项　　目		最小间距/m	
		平行	交叉
电力电缆间及其与控制电缆间	≤10kV	0. 10	0. 50
	>10kV	0. 25	0. 50
控制电缆间		—	0. 50
不同使用部门的电缆间		0. 50	0. 50
热管道（管沟）及热力设备		2. 00	0. 50
油管道（管沟）		1. 00	0. 50
可燃气体及易燃液体管道（管沟）		1. 00	0. 50
其他管道（管沟）		0. 50	0. 50
铁路路轨		3. 00	1. 00
电气化铁路路轨	交流	3. 00	1. 00
	直流	10. 0	1. 00

续表

项　　目	最小间距/m	
	平行	交叉
公路	1.50	1.00
城市街道路面	1.00	0.70
杆塔基础(边线)	1.00	—
建筑物基础(边线)	0.60	—
排水沟	1.00	0.50

(9) 直埋电缆在直线段每隔 50~100m 处、电缆接头处、转弯处、进入建筑物等处，应设置明显的方位标志或标桩。

(10) 电缆的金属外皮、金属电缆头及保护钢管和金属支架等，均应可靠接地。

3. 低压配电线路的敷设

低压配电线路一般采用绝缘导线，其敷设方式分为明敷和暗敷两种。明敷是导线直接敷设，或在穿线管、线槽内敷设于墙壁、顶棚的表面及桁架、支架等处。暗敷是导线在穿线管、线槽等保护体内，敷设于墙壁、顶棚、地坪及楼板等内部，或在混凝土板孔内敷线等。

1) 绝缘导线的敷设要点

绝缘导线的敷设应符合有关规程的规定，下列几点应特别值得注意：

(1) 线槽布线和穿管布线的导线中间不许直接接头，接头必须经专门的接线盒。

(2) 穿金属管或金属线槽的交流线路，应将同一回路的所有相线和中性线(如有中性线时)穿于同一管、槽内；否则，由于线路电流不平衡而在金属管、槽内产生铁磁损耗，使管、槽发热，导致其中导线过热甚至烧毁。

(3) 电线管路与热水管、蒸汽管同侧敷设时，应敷设在热水管、蒸汽管的下方；如有困难时，可敷设在热水管、蒸汽管的上方，但相互间距应适当增大，或采取隔热措施。

2) 裸导线的敷设要点

建筑物室内配电的裸导线大多数采用裸母线的结构，其截面形状有圆形、管形和矩形等，其材质有铜、铝和钢。室内以采用 LMY 型硬铝母线最为普遍。现代化的生产车间，大多采用封闭式母线(亦称母线槽)布线，封闭式母线安全、灵活、美观，但耗用的钢材较多，投资较大。封闭式母线水平敷设时，至地面的距离不宜小于 2.2m；垂直敷设时，其距地面 1.8m 以下部分应采取防止机械损伤的措施，但敷设在电气专用房间内(如配电室、电机房等)时除外。

为了识别裸导线的相序，以利于运行维护和检修，GB/T 6995.2—2008《电线电缆识别标志方法　第 2 部分：标准颜色》规定交流三相系统中的裸导线应按表 4-1-3 所示涂色。裸导线涂色不仅有利于识别相序，而且有利于防腐蚀及改善散热条件。表 4-1-3 对需识别相序的绝缘导线线路也是适用的。

表 4-1-3　交流三相系统中导线的涂色

导线类别	A 相	B 相	C 相	N 线、PEN 线	PE 线
涂漆颜色	黄	绿	红	淡蓝	黄绿双色

三、导线截面选择

（1）导线截面选择要求。

为保证供电系统安全、可靠、优质、经济地运行，选择导线(含电缆)截面时必须满足下列条件：

① 发热条件。导线在通过正常最大负荷电流(即计算电流)时产生的发热温度不应超过其正常运行时的最高允许温度。

② 电压损耗条件。导线在通过正常最大负荷电流(即计算电流)时产生的电压损耗，不应超过其正常运行时允许的电压损耗。对于工厂内较短的高压线路，可不进行电压损耗校验。

③ 经济电流密度。35kV 及以上的高压线路及 35kV 以下的长距离、大电流线路(例如，较长的电源进线和电弧炉的短网等线路)，其导线截面宜按经济电流密度选择，以使线路的年运行费用支出最小。按经济电流密度选择的导线截面，称为经济截面。工厂内的 10kV 及以下线路，通常不按经济电流密度选择。

④ 机械强度导线(含裸线和绝缘导线)截面不应小于其最小允许截面。对于电缆，不必校验其机械强度，但需校验其短路热稳定度。母线则应校验其短路的动稳定度和热稳定度。

（2）对于绝缘导线和电缆，还应满足工作电压的要求。

根据设计经验，高压线路一般先按经济电流密度来选择，再校验其他条件；低压动力线因其负荷电流较大，一般先按发热条件选择，再校验其电压损失和机械强度；低压照明线，因其电压水平要求高，一般先按电压损失条件选择，再校验其发热条件和机械强度。在 10kV 及以下的线路中，因供电距离较短，很少按经济电流密度选择：小截面导线按载流量所选的导线截面已满足电压损失要求时，可加大一级，以减少线路的电能损失；若按电压损失要求已加大一级导线截面，则不用再增大。对于较短的高压线路，可不必进行电压损失校验。高压电缆截面往往取决于热稳定要求最小的截面，因此必须进行热校验。低压配电线路一般为大电流传输，截面较大，支线虽截面小，但短路电流也小，大都能满足热稳定要求。

按机械强度条件，不同导线按不同用途及安装方式有最小允许截面积，只要大于其值即可。

低压导线类型选择的总体原则：小电流选电线，大电流选电缆；电线一般选 BV 导线；电缆一般选 YJV 电缆。

四、电气线路安装图

电力线路安装图主要包括电气系统图和电气平面布置图。

电气系统图，是应用国家标准规定的图形符号和文字符号概略地表示一个系统的基本组成、相互关系及其主要特征的一种简图。

电气平面布置图，简称电气平面图，是用国家标准规定的图形符号和文字符号，按照电气设备的安装位置及电气线路的敷设方式、部位和路径绘制的一种电气平面布置和布线的简图。它按布线地区来分，有建筑室外电气平面图和室内电气平面图等。按功能分，有动力电气平面图、照明电气平面图和弱电系统(包括广播、电视和电话等)电气平面图等。

第二节 电气工程主接线及场所用电

一、变电所主接线

电气主接线表示电能从电源分配给用电设备的主要电路，主接线图应表示出所有的电气设备及其连接关系。主接线图即主电路图，是表示供电系统中电能输送和分配路线的电路图，亦称一次电路图。而用来控制、指示、监视、测量和保护一次电路及其设备运行的电路图，则称为二次电路图或二次接线图，通称二次回路图。二次回路一般通过电流互感器和电压互感器与主电路相联系。

由于三相交流电力装置中三相连接方法相同，为清晰起见，主接线图通常只表示电气装置的一相连接，因而主接线图也称为单线图。

安全、可靠、灵活、经济是对变电所主接线的基本要求。

安全包括设备安全和人身安全。因此，电气设计必须遵照国家标准和电气设计规范，正确设计电气回路，合理选择电气设备，严格配置正常监视系统和故障保护系统，全面考虑各种保障人身安全的技术措施。

可靠就是变电所的主接线应能满足各级负荷对供电可靠性的要求。提高供电可靠性的途径很多，例如，设置备用电源并采用备用电源自动投入装置、多路并联供电等。电气设备是供电系统中最薄弱的元件，为了使供电系统工作可靠，接线方式应力求简单清晰，减少电气设备的数量。

灵活就是在保障安全可靠的前提下，主接线能够适应不同的运行方式。例如负荷较轻时，能方便地切除不必要的变压器，而在负荷增大时，又能方便地投入，以利于经济运行。检修时操作简单，不需中断供电。

经济是在满足以上要求的前提下，尽量降低建设投资和年运行费用。但是，在投资增加不多或经济许可的情况下，应尽量提高供电可靠性，减少停电损失。

变电所主接线图应说明：

(1) 电源电压、电源进线回路数和线路结构。

(2) 变电所的接线方式和运行方式。

(3) 高压开关柜和低压配电屏的类型和电路方案。

(4) 高低压电气设备的型号及规格。

(5) 各条馈出线的回路编号、名称及容量等。

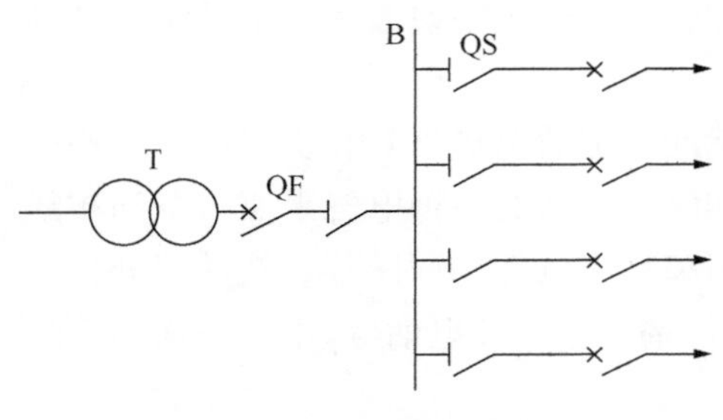

图 4-2-1　单母线制

T—变压器；B—母线；

QS—隔离开关；QF—断路器

母线(busbar，符号为 W 或 WB)，又称汇流排，是配电装置中用来汇集和分配电能的导体。母线是从配电变压器或电源进线到各条馈出线路之间的电气主干线，它起着从电源接收电能和给各馈出线分配电能的作用。母线制指电源进线与各馈出线之间的连接方式。常用母线制主要有单母线制、单母线分段制和双母线制。

（1）单母线制。单母线制如图 4-2-1 所示。

单母线制的可靠性和灵活性都较低，母线或直接连接于母线上的任一开关发生故障或检修时，全部负荷都将中断供电。

（2）单母线分段制。单母线分段制如图 4-2-2 所示。

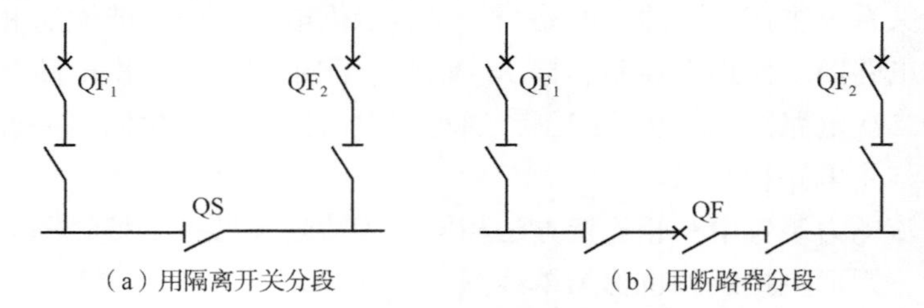

（a）用隔离开关分段　　（b）用断路器分段

图 4-2-2　单母线分段制

单母线分段制在可靠性和灵活性方面较单母线制有所提高，可满足二类负荷和部分一类负荷的供电要求。当双回路同时供电时，母线分段开关正常是打开的，一条回路故障或一段母线故障将不影响另一段母线的正常供电。此外，检修亦可采用分段检修方式，不致使全部负荷供电中断。

但单母线分段制也有缺点，当某分段上的母线或母线隔离开关发生故障或检修时，该段母线上的负荷将中断供电，而且电源只能通过一回进线供电，供电功率较低。

（3）双母线制。双母线制如图 4-2-3 所示。

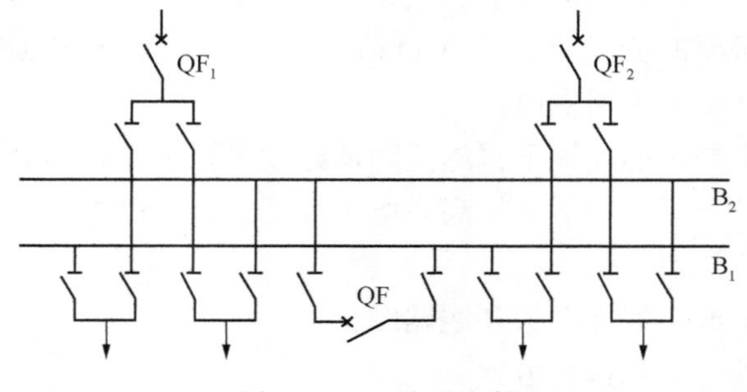

图 4-2-3　双母线制

双母线制的优点：轮流检修母线或母线隔离开关，不致引起供电中断；在工作母线发生故障时，通过备用母线能迅速恢复供电。

双母线制的缺点：开关数目增多，联锁机构复杂，切换操作烦琐，造价高。对用户供电系统不推荐采用双母线制。

二、变电所二次接线

1. 二次接线的基本概念

一次设备指直接生产、输送和分配电能的设备，主电路中的变压器、高压断路器、隔离开关、电抗器、并联补偿电力电容器、电力电缆、送电线路及母线等设备都属于一次设备。对一次设备的工作状态进行监视、测量、控制和保护的辅助电气设备称为二次设备。

变电所的二次设备包括测量仪表、控制与信号回路、继电保护装置及远动装置等。它们相互间所连接的电路称为二次回路或二次接线。

按照功用，二次回路可分为控制回路、合闸回路、信号回路、测量回路、保护回路及远动装置回路等；按照电路类别，可分为直流回路、交流回路和电压回路。

反映二次接线间关系的图称为二次回路图。二次回路的接线图按用途可分为原理接线图、展开接线图和安装接线图 3 种形式。

二次回路在供电系统中虽然是其一次电路的辅助系统，但是它对一次电路的安全、可靠、优质、经济地运行有着十分重要的作用，因此必须予以充分的重视。变电所二次系统与一次系统的关系如图 4-2-4 所示。

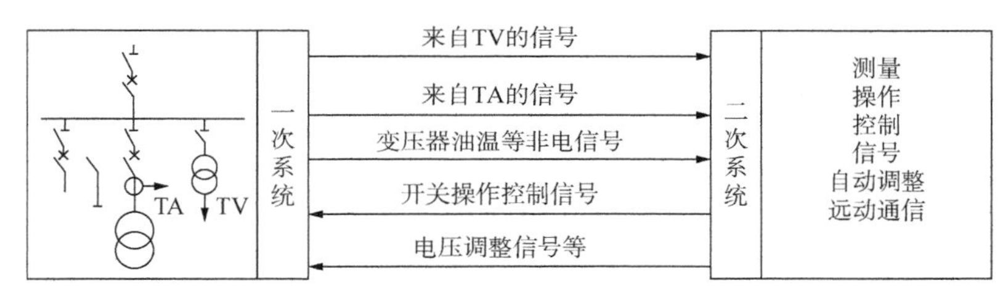

图 4-2-4 变电所二次系统与一次系统的关系

TA—电流互感器；TV—电压互感器

2. 电气测量仪表及测量回路

具体要求如下：

（1）测量精度应满足测量要求，并不受环境温度、湿度和外磁场等外界条件的影响；仪表本身消耗的功率应越小越好。

（2）仪表应有足够的绝缘强度、耐压和短时过载能力，以保证安全运行；应有良好的读数装置。

图 4-2-5 为 6~10kV 高压线路电气测量仪表接线原理图，通过电流互感器引入二次侧电流，分别测量一次侧的有功电能和无功电能。

三、高低压配电网

用户供电系统的配电网主要是 10(6)kV 高压配电网和 380V 低压配电网。配电网常用的典型配电方式分为放射式、树干式和环式三种。

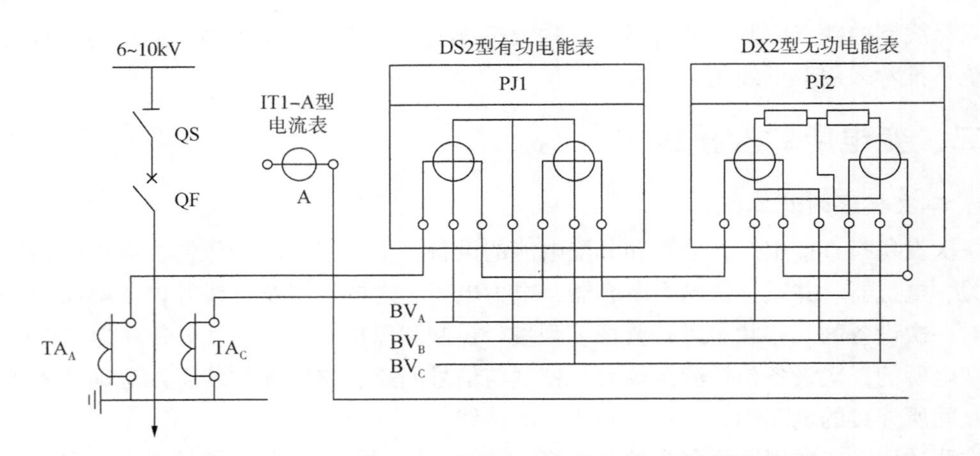

图 4-2-5　6~10kV 高压线路电气测量仪表接线原理图

QS—隔离开关；QF—断路器；B—母线；TA—电流互感器；PJ—功率表

1. 放射式

放射式的优点：供电可靠性高，故障发生后影响范围小；继电保护装置简单且易于整定；便于实现自动化；运行简单，切换操作方便。

放射式的缺点：配电线路和高压开关柜数量多，投资大。

放射式接线分为单回路放射式、双回路放射式和带有公共备用线路的放射式三种情况，如图 4-2-6 所示。

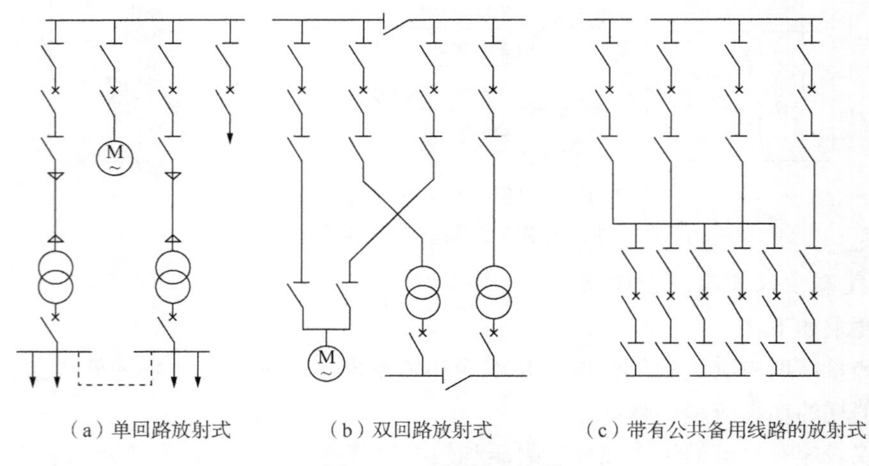

（a）单回路放射式　（b）双回路放射式　（c）带有公共备用线路的放射式

图 4-2-6　放射式接线

2. 树干式

树干式的优点是变配电所的馈出线回路数少，投资小，结构简单；缺点是可靠性差，线路故障影响范围大。为减小干线故障时的停电范围，每条线路连接的变压器台数不宜超过 5 台，总容量不超过 3000kV · A。树干式接线可分为单回路树干式和双回路树干式两种情况，如图 4-2-7 和图 4-2-8 所示。

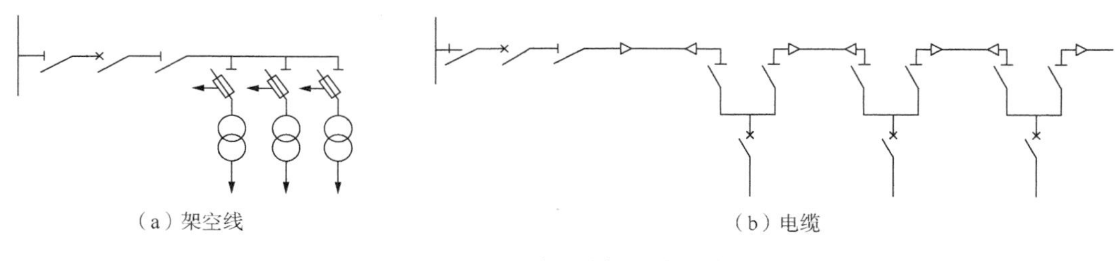

图 4-2-7 单回路树干式接线

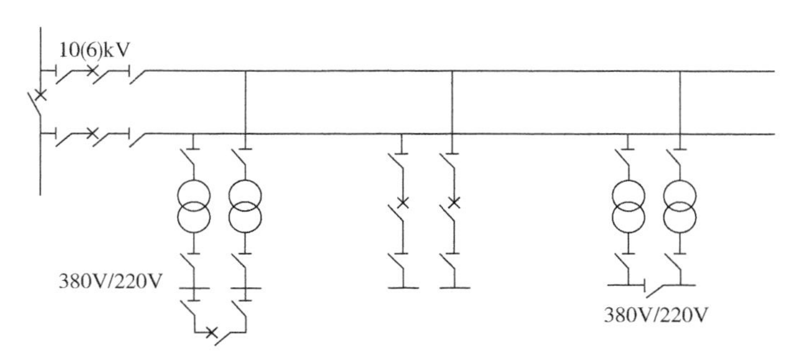

图 4-2-8 双回路树干式接线

3. 环式

环式接线(图 4-2-9)的供电可靠性较高，运行方式灵活，可用于对二级、三级负荷供电。当环中任一点发生故障时，只要查明故障点，经过短时停电“倒闸操作”，拉开故障点两侧隔离开关，即可全部恢复供电。

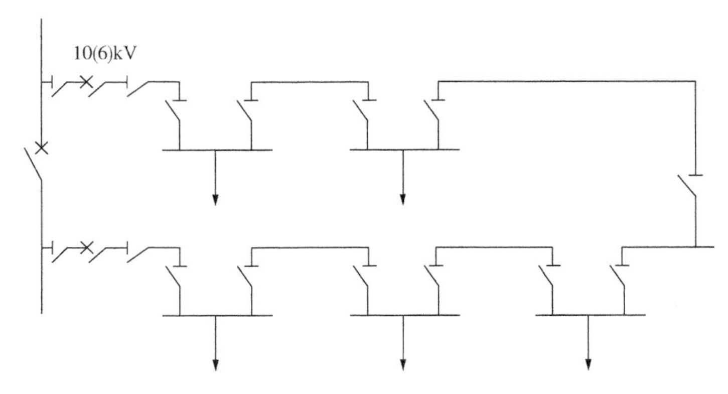

图 4-2-9 环式接线

放射式配电系统、树干式配电系统和链式配电系统实例如图 4-2-10 所示。

图 4-2-10(a)为放射式配电系统，干线由变电所低压侧引出，接至用电设备或主变电箱，再以支干线引到分配电箱后接到用电设备上。

图 4-2-10(b)为树干式配电系统，不需要在变电所低压侧设置配电盘，从变电所二次侧的引出线经过空气开关或隔离开关直接引至车间内。因此，这种配电方式使变压器低压侧结构简化，减少电气设备需要量。

图 4-2-10(c)为链式配电系统，适用于车间内相互距离近、容量又很小的用电设备。

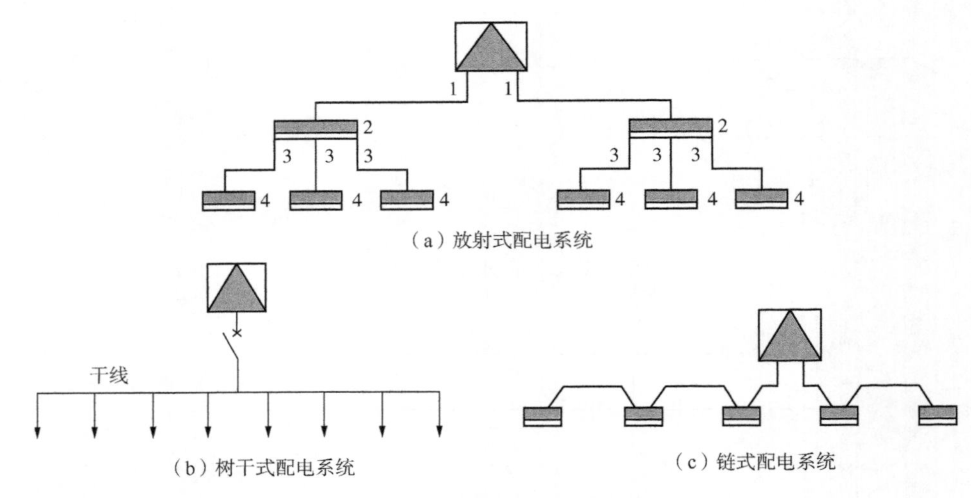

图 4-2-10　低压配电室系统的接线方式

1—干线；2—主变电箱；3—支干线；4—分配电箱

第三节　电气工程配电装置

一、电气工程配电装置概述

1. 配电装置的类型

配电装置是按电气主接线进行集中布置和连接的一次设备，由开关电器、载流导体和必要的辅助设备所组成的电工建筑物，在正常情况下用来接收和分配电能；发生事故时能迅速切断故障部分，以恢复非故障部分的正常工作。配电装置是电气主接线的具体体现，按电气设备的安装地点分为户内配电装置和户外配电装置。

2. 基本要求

(1) 安全：设备布置合理清晰，并采取相应的保护措施，如设置遮栏和安全出口、防爆隔墙、设备外壳底座保护接地等。

(2) 可靠：设备选择合理，故障率低，影响范围小。

(3) 方便：设备布置便于集中操作，便于检修、巡视。

(4) 经济：合理布置、节省用地、节省材料。

(5) 发展：预留备用间隔、备用容量。

二、电气工程成套配电装置

配电装置根据现场安装方式，还可分为装配式配电装置和成套配电装置。电气设备在现场组装的配电装置称为装配式配电装置。成套配电装置是制造厂成套供应的设备，在制造厂按照一定的线路接线方案预先把电气设备组装成柜，再运到现场安装。一般企业的中小型变配电所多采用成套配电装置。制造厂可生产各种不同的一次线路方案的成套配电装置供用户选用，或用户根据自己的设计方案向生产厂家订货。

1. 高压开关柜

高压开关柜按主要设备的安装方式，分为固定式和手车式；按开关柜隔室的构成形式，分为铠装式、间隔式、箱型、半封闭型等；按其母线系统，分为单母线型、单母线带旁路母线型和双母线型；根据一次电路安装的主要电气设备和用途分类，有断路器柜、负荷开关柜、高压电容器柜、电能计量柜、高压环网柜、熔断器柜、电压互感器柜、隔离开关柜、避雷器柜等。开关柜在结构设计上要求具有“五防”功能。“五防”，即防止误分、合高压断路器，防止带负荷拉、合隔离开关，防止带电挂接地线，防止带接地线合隔离开关，防止人员误入带电间隔。

1）高压环网柜

（1）HXGN 系列的固定式高压环网柜。高压环网柜是为适应高压环形电网的运行要求设计的一种专用开关柜。高压环网柜主要采用负荷开关和熔断器的组合方式，正常电路通、断操作由负荷开关实现，而短路保护由具有高分断能力的熔断器完成。与采用断路器的高压开关柜相比，这种负荷开关加熔断器的组合柜体积和质量都明显减少，价格也便宜很多。而一般 6~10kV 的变配电所，负荷的通、断操作较频繁，短路故障的发生却是个别的，因此，采用负荷开关和熔断器组合的环网柜更为经济合理。高压环网柜主要适用于环网供电系统、双电源辐射供电系统或单电源配电系统，可作为变压器、电容器、电缆、架空线等电气设备的控制和保护装置，亦适用于箱式变电所，控制高压电气设备。

（2）HXGN1-10 型高压环网柜。HXGN1-10 型高压环网柜由电缆进线间隔、电缆出线间隔和变压器回路间隔组成。主要电气设备有高压负荷开关、高压熔断器、高压隔离开关、接地开关、电流互感器、电压互感器、避雷器等，如图 4-3-1 所示。它具有可靠的防误操作设施，有“五防”功能。在我国城市电网改造和建设中得到广泛的应用。

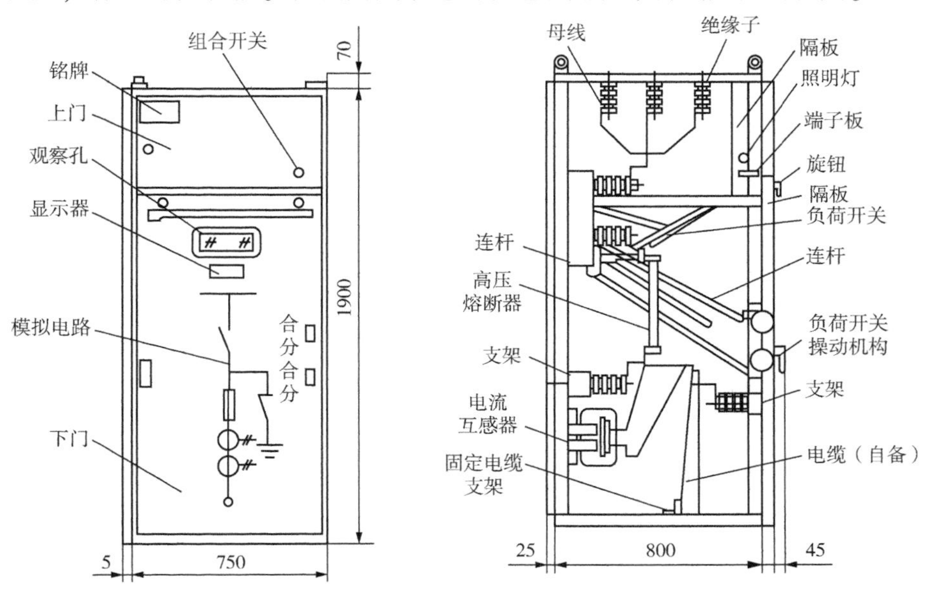

图 4-3-1　HXGN1-10 型高压环网柜(单位：mm)

2）固定式金属封闭高压开关柜

金属封闭开关柜指开关柜内除进、出线外，其余完全被接地金属外壳封闭的成套开关设备。XGN系列箱型固定式金属封闭开关柜是我国自行研制开发的新一代产品，该产品采用ZN28、ZN28E、ZN12等多种型号的真空断路器。隔离开关采用先进的GN30-10型旋转式隔离开关，技术性能高，设计新颖。柜内仪表室、母线室、断路器室、电缆室用钢板分隔封闭，使之结构更加合理、安全，可靠性高，运行操作及检修维护方便。在柜与柜之间加装了母线隔离套管，避免了一个柜子发生故障时波及邻柜。

（1）XGN2-10系列开关柜。该型号适于在3~10kV单母线、单母线带旁路系统中作为接收和分配电能的高压成套配电装置，为金属封闭箱型结构。柜体骨架由角钢焊接而成，柜内由钢板分割成断路器室、母线室、电缆室和继电器室，并可通过门面的观察窗和照明灯观察柜内各主要元件的运行情况，如图4-3-2所示。该开关柜具有较高的绝缘水平和防护等级，内部不采用任何形式的相间和相对地的隔板及绝缘气体，二次回路不采用二次插头。

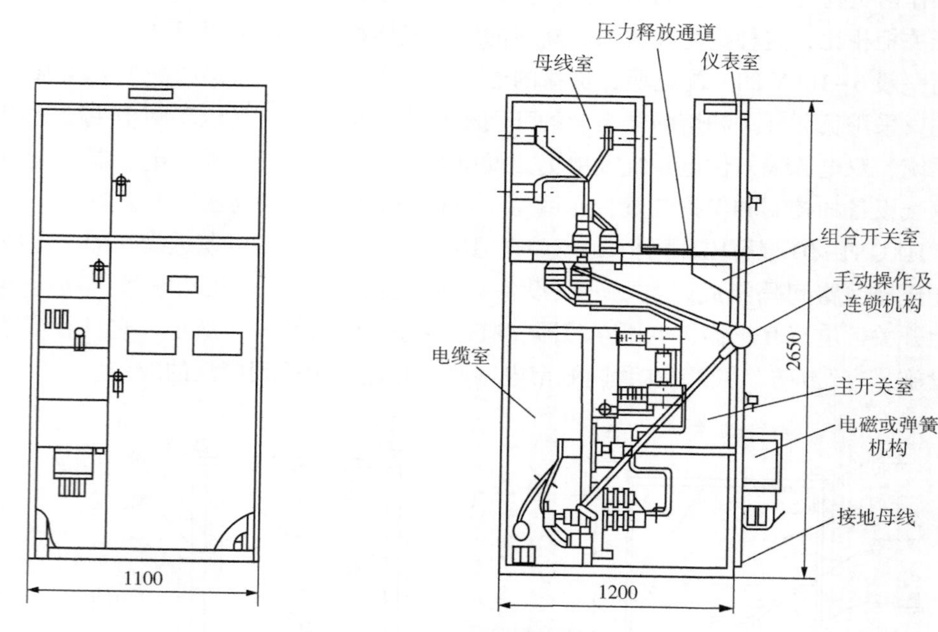

图4-3-2　XGN2-10(Z)固定式箱式柜(单位：mm)

（2）KGN系列的固定式交流金属铠装高压开关柜。金属铠装开关柜指柜内主要组成部件(如断路器、互感器、母线等)分别装在接地金属隔板隔开的隔室中的金属封闭开关设备。

3）手车式高压开关柜

手车式高压开关柜是将高压开关柜中的某些主要电气设备(如高压断路器、电压互感器和避雷器等)固定在可移动的手车上，另一部分电气设备则安装在固定的台架上。当手车上安装的电气部件发生故障或需要检修、更换时，可以随同手车一起移出柜外，再把同类型备用手车推入，就可立即恢复供电。相对于固定式开关柜，手车式高压开关柜的停电时间大大缩短。这种开关柜检修方便安全，恢复供电快，供电可靠性高，但价格较高，主要用于大中型变配电所和负荷较重要、供电可靠性要求高的场所。手车式高压开关柜的主要新产品有 KYN 系列、JYN 系列等。

（1）KYN 系列金属铠装手车式高压开关柜。KYN 系列金属铠装手车式高压开关柜是吸收国内外先进技术，根据国内特点设计研制的新一代开关设备。它用于接收和分配高压、三相交流 50Hz 单母线及母线分段系统的电能，并对电路实行控制、保护和监测，主要用于中小型发电机送电、工矿企业配电、电力系统的二次变电所的受电与送电，以及大型高压电动机启动与保护等。

（2）JYN 系列户内交流金属封闭手车式高压开关柜。JYN 系列户内交流金属封闭手车式高压开关柜是在高压、三相交流 50Hz 单母线及单母线分段系统中作为接收和分配电能用的户内成套配电装置。整个柜为间隔型结构，由固定的壳体和可移动的手车组成。柜体用钢板或绝缘板分隔成手车室、母线室、电缆室和继电器仪表室，具有良好的接地装置和“五防”功能。

2. 低压成套配电装置

低压成套配电装置是按一定的线路方案将有关的低压一次、二次设备组装在一起的一种成套配电装置，在低压配电系统中起控制、保护和计量作用。低压成套配电装置包括低压配电屏（柜）和配电箱。

1）低压配电屏（柜）

低压配电屏（柜）按其结构形式，分为固定式、抽屉式和混合式三种类型。其中，固定式的所有电器元件都为固定安装、固定接线；而抽屉式的低压配电屏中，电器元件是安装在各个抽屉内，再按一次、二次线路方案将有关功能单元的抽屉叠装在封闭的金属柜体内，可按需要推入或抽出；混合式的安装方式为固定和插入混合安装。

（1）GGD 固定式低压配电屏（柜）。固定式低压配电屏（柜）结构简单、价格低廉，故应用广泛。目前使用较广的有 PGL、GGL、GGD 等系列。它适宜于发电厂、变电所和工矿企业等电力用户作动力和照明配电用。固定式低压配电屏结构合理、互换性好、安装方便、性能可靠，目前使用较广，但它的开启式结构是在正常工作条件下的带电部件，如母线、各种电器、接线端子和导线，从各个方面都可能触及。因此，固定式低压配电屏只允许安装在封闭的工作室内。PGL 现正在被更新型的 GGI、GGD 和 MSG 等系列所取代。

（2）GCK 抽屉式低压配电屏（柜）。抽屉式低压配电屏（柜）具有体积小、结构新颖、通用性好、安装维护方便、安全可靠等优点，被广泛应用于工矿企业和高层建筑的低压配电系统中，起到受电、馈电、照明、电动机控制及功率补偿的作用。国外的低压配电屏大多为抽屉式，尤其是大功率的还做成手车式。近年来，我国通过引进技术，生产制造的各类抽屉式低压配电屏也逐步增多。目前，常用的抽屉式低压配电屏有 BFC、GCL、GCK 等系列，它们一般用作三相交流系统中动力中心（PC）和电动机控制中心（MCC）的配电和控制装置。

（3）混合式低压配电屏（柜）。混合式低压配电屏（柜）的安装方式既有固定的，又有插入式的，类型有 ZHI、GHL、GCD 等，兼有固定式和抽屉式的优点。其中，GHK-1 型配电屏内采用了 NT 系列熔断器、ME 系列断路器等先进的新型电气设备，可取代 PGL 型固定式低压配电屏、BFC 型抽屉式配电屏和 XL 型动力配电箱。

2）低压配电箱

低压配电箱有动力配电箱和照明配电箱等。从低压配电屏引出的低压配电线路一般经动力配电箱或照明配电箱接至各用电设备，它们是车间和民用建筑的供配电系统中对用电设备的最后一级控制和保护设备。

配电箱的安装方式有靠墙式、悬挂式和嵌入式。靠墙式是靠墙落地安装，悬挂式是挂在墙壁上明装，嵌入式是嵌在墙壁里暗装。

（1）动力配电箱。动力配电箱通常具有配电和控制两种功能，主要用于动力配电和控制，也可用于照明的配电与控制。常用的动力配电箱有 XL、XLL2、XF-10、BGL、BGM 型等，其中 BGL 和 BGM 型多用于高层建筑的动力和照明配电。

XL 型交流低压动力配电箱是全新设计的新型动力配电箱，适用于发电厂及工矿企业中，在交流 50Hz、额定电压 660V 及以下的三相三线制和三相四线制系统中作动力配电。其主要组成部分有刀熔开关、塑料外壳式断路器等。

（2）照明配电箱。照明配电箱主要用于照明和小型动力线路的控制、过负荷和短路保护。照明配电箱的种类和组合方案繁多，其中 XXM 和 XRM 系列适用于工业和民用建筑的照明配电，也可用于小功率动力线路的漏电、过负荷和短路保护。

三、电气工程户内装置

户内配电装置的结构形式与电气主接线、电压等级和采用的电气设备的形式密切相关。为了节约用地，一般 35kV 及以下配电装置宜采用户内式。目前，户内配电装置的主要形式有装配式和成套式两种。

为了将设备的故障影响限制在最小范围内，使故障的电路不致影响到相邻的电路：在检修一个电路中的电器时，避免检修人员与邻近电路的电器接触，在户内配电装置中将一个电路内的电器与相邻电路的电器用防火墙隔开形成一个间隔。采用三层装配式布置、两层装配式布置及两层装配与成套式混合布置。

1. 户内配电装置设备的布置特点

（1）由于允许的安全净距小，能分层布置，因而占地面积比户外布置小。

（2）维修、操作和巡视都在户内进行，不受天气条件的影响。

（3）电气设备不易受外界污秽空气环境的影响，维护工作量小。

（4）电气设备之间的距离小，通风散热条件差，且不便于扩建。

（5）房屋建筑投资大，但可采用价格较低的户内型设备，能减少一些设备的投资。

2. 户内低压配电装置布置要求

（1）户内低压配电装置的电气距离应满足规范要求。

（2）低压配电装置维护通道的出口数目，按配电装置的长度确定：长度不足 6m 时，允许一个出口；长度超过 6m 时，应设两个出口，并布置在通道的两端；当两出口之间的距离超过 15m 时，其间应增加出口。

（3）低压配电室长度超过 7m 时，应设两个出口，并宜布置在配电室的两端。

（4）当低压配电室为楼上和楼下两部分布置时，楼上部分的出口应至少有一个通向该层走廊或室外的安全出口。

（5）配电室的门均应向外开启，但通向高压配电装置时的门应双向开启。

3. *户内高压成套配电装置布置要求*

（1）配电装置的布置和设备的安装，应满足在正常、短路和过电压等工作条件时的要求，并不致危及人身安全和周围设备。

（2）配电装置的绝缘等级，应和电力系统的额定电压相配合。

（3）户内配电装置的安全净距应符合规范要求的净距。

（4）配电装置的布置应便于设备的操作、搬运、检修和试验。

（5）长度大于 7m 的高压配电装置室，应有两个出口，并布置在配电装置室的两端；当长度大于 60m 时，宜增加一个出口。

（6）配电装置的母线应考虑温度变化产生的应力。

（7）配电装置的一般构成方法及图式。

① 间隔：为配电装置的最小组成部分，其大体上对应主接线图中的接线单元。

② 部署：排列(单列、双列)、分层(单层、双层、三层)。排列的顺序要合理(地理位置、避免交叉)。

单列：进出线 QF 排成一列布置在母线一侧。

双列：进出线 QF 排成二列布置在母线两侧。

③ 图式：布置图、断面图。

4. *户内配电装置的结构形式*

1）户内低压成套配电装置

户内低压成套配电装置，适用于交流 50Hz、额定电压在 500V 以下、额定电流在 3150A 以下的三相配电系统中，作动力、照明及配电设备的电能转换、分配与控制之用。

目前，户内低压成套配电装置形式较多，主要有固定式和抽屉式两种。

（1）固定式低压配电柜。PGL1 型的分断能力为 15kA，PGL2 型的分断能力为 30kA。其结构特点如下：

① 采用型钢和薄钢板焊接结构，可前后开启，双面进行维护和检修。柜前有门，上方为仪表板，是可开启的小门，装设指示仪表。

② 组合柜的柜间加有钢制的隔板，可限制事故扩大。

③ 主母线的电流有 1kA 和 1.5kA 两种规格，主母线安装于柜后的柜体骨架上方，设有母线防护罩，以防止上方坠落物件而造成主母线短路事故。

④ 柜内外均涂有防护漆层，始端柜与终端柜均装有防护侧板。

⑤ 中性母线置于柜的下方绝缘子上。

⑥ 主接地点焊接在下方的骨架上，仪表门有接地点与壳体相连，构成了完整、良好的接地保护电路。

（2）GCK、GCL 系列低压抽屉式开关柜。该系列开关柜适用于三相交流 50Hz、60Hz，额定电压 380V、660V，额定电流 4000A 及以下的三相四线制及三相五线制电力系统，接收和分配电能。广泛应用于发电厂、变电所、厂矿企业和高层建筑的动力配电中心（PC）和电动机控制中心（MCC）。其结构特点如下：

① 基本柜架采用拼装组合式结构，采用型钢由螺栓紧固连接成基本柜架，再按方案变化的需要加上相应的门、封板、隔板、安装支架及母线、功能单元等零件组合成一面完整的开关柜。

② 开关柜内结构件都经过镀锌处理，并实行模数化安装（模数 $E=20$mm），开关柜板面采用优质冷轧钢板经数控机床加工成型，表面经过酸洗、磷化处理后静电喷塑，抗磨耐腐，既有牢固的机械强度，又有可靠的接地保护连续性。

③ 开关柜隔室分为功能单元室、母线室、电缆室，各单元的功能作用相对独立且区域之间由连续接地的金属板严格分隔，保证使用安全且防止事故蔓延。

④ MCC 柜抽屉有 200mm、300mm、400mm、600mm 和 200/2mm 五种规格。抽屉具有连接位置、试验位置和分离位置。各抽屉与开关设有机械连锁装置：当开关处于分断时，抽屉才能抽出或插入；当开关处于合闸时，抽屉不能抽出或插入。为防止未经允许的操作，操作机构能使挂锁将开关锁定在分断位置上。

⑤ 同规格的功能单元抽屉可以方便地互换，每一个功能单元抽屉对应有 20 对辅助接点，能满足异地操作控制、电能计量和计算机接口的自动化监测系统的需要。

2）户内高压成套配电装置

（1）户内高压成套配电装置的类型。户内高压成套配电装置的类型有固定式高压开关柜、手车式高压开关柜、六氟化硫（SF_6）、全封闭组合电器。目前，国内生产的 3～35kV 的高压开关柜系列较多，如 JYN 系列、KYN 系列、GBC 系列、KGN 系列、XGN 系列、XYN 系列等。

按主开关的安装方式，分为固定式和移开式（手车式）；按开关柜隔室结构，分为铠装型、间隔型和箱型；按柜内绝缘介质，分为空气绝缘和复合绝缘。

① 固定式高压开关柜。固定式高压开关柜以 XGN2-12 箱型固定式金属封闭开关柜为例，该型开关柜是具有“五防”要求的防误型产品。

② 手车式高压开关柜。JYN1-40.5（Z）型开关柜属于间隔移开式交流金属封闭开关设备。由主柜体与手车两大部分组成，故一般称为手车式开关柜。其型号含义为：J 表示间隔式开关设备；Y 表示移开式（指手车）；N 表示户内型。JYN1-40.5 型开关柜的柜体由角钢及钢板弯制而成。

（2）户内高压成套配电装置的功能。高压开关柜的闭锁装置应具有“五防”功能。

① 防止误分、误合断路器。

② 防止带负荷分、合隔离开关，或带负荷推入、拉出金属封闭式开关柜的手车隔离插头。

③ 防止带电挂接地线或合接地开关。

④ 防止带接地线或接地开关合闸。

⑤ 防止误入带电间隔，以保证可靠的运行和操作人员的安全。

（3）户内高压成套配电装置的布置要求。

① 配电装置的布置和设备的安装，应满足在正常、短路和过电压等工作条件时的要求。

② 配电装置的绝缘等级，应与电力系统的额定电压相配合。

③ 户内配电装置的安全净距不应小于最小安全净距。

④ 配电装置室内的各种通道应畅通无阻（不得设立门槛，不应有与配电装置无关的管道通过）。

⑤ 长度大于 7m 的高压配电装置室，应有两个出口，并宜布置在配电装置室的两端；长度大于 60m 时，宜增加一个出口；配电装置室的门应为向外开启的防火门，应装弹簧锁，严禁用门闩。配电装置室可开窗。

四、电气工程户外装置

1. 户外配电装置特点

（1）无须配电装置室，节省建筑材料，降低土建费用，一般建设周期短。

（2）相邻设备之间距离大，减少故障蔓延的危险性，且便于带电作业。

（3）巡视设备清楚，且便于扩建。

（4）易受外界气候条件的影响，设备运行条件差，须加强绝缘。

（5）气候变化给设备维修和操作带来困难。

（6）占地面积大，对于水电站可能使投资增大。

2. 户外配电装置结构形式

1）母线

（1）软母线：悬式绝缘子悬挂在门型架、⨅型架上。

（2）硬母线：固定在支柱绝缘子上（母线桥）。

2）电力变压器

储油池：其尺寸比变压器外廓大 1m，内铺 0.25m 的卵石层。

事故排油：通过底部的排油管排至事故排油坑，底部向排油管处倾斜。离建筑物的距离大于 5m 可开防火窗和门，不大于 5m 时不可开防火窗和门。主变与主变之间的距离一般为 5～10m，若小于 5m，应安装防火隔墙。

3）基础

断路器：低式布置 0.5～1m，高式布置 2m。

隔离开关、互感器：2m。

避雷器：可放在地下，或 0.4m 高，或 2m 高。

4）电缆沟和通路

电缆沟的定向应使距离最短，上面兼做巡视通道。

3. 户外配电装置的布置形式

根据电气设备和母线布置高度，户外配电装置的布置形式可分为低型、中型、高型和半高型。

(1) 低型：所有电器均装在同一水平面上，母线与设备等高。

(2) 中型：所有电器均装在同一水平面上，与母线、跳线呈三种不同高层的布置方式，母线设在较高水平面上。

(3) 高型：将断路器、电流互感器布置在旁路母线下方，同时两组工作母线重叠布置。两组母线重叠布置，隔离开关比断路器高，母线比隔离开关高。

(4) 半高型：将断路器、电流互感器布置在相邻的一组母线下方，使该组母线布置升高的布置方式。

第四节　电气工程短路计算

一、短路的原因、种类及后果

短路指一切不正常的相与相之间或相与地(对于中性点接地系统)之间未经负载而直接形成闭合回路。

1. 短路的原因

(1) 元件损坏。例如，绝缘材料的自然老化，设计、安装及维护不良等所造成的设备缺陷发展成短路。

(2) 自然灾害。例如，雷击造成的闪络放电或避雷器动作；大风造成架空线断线或导线覆冰引起电杆倒塌等。

(3) 违规操作。例如，运行人员带负荷拉刀闸；线路或设备检修后未拆除接地线就通电。

(4) 其他原因。例如，挖沟损伤电缆、鸟兽跨接在裸露的载流部分、人为破坏、战争等。

2. 三相系统中短路的种类

(1) 基本形式：包括三相短路[$k^{(3)}$]、两相短路[$k^{(2)}$]、单相短路[$k^{(1)}$]、单相接地短路和两相接地短路[$k^{(1,1)}$]，如图 4-4-1 所示。其中，单相短路占绝大多数(80%以上)，三相短路较少，但后果较严重。

(2) 对称短路：短路后各相电流、电压仍对称(如三相短路)。

(3) 不对称短路：短路后各相电流、电压不对称(如两相短路、大接地电流系统的单相短路和两相接地短路)。

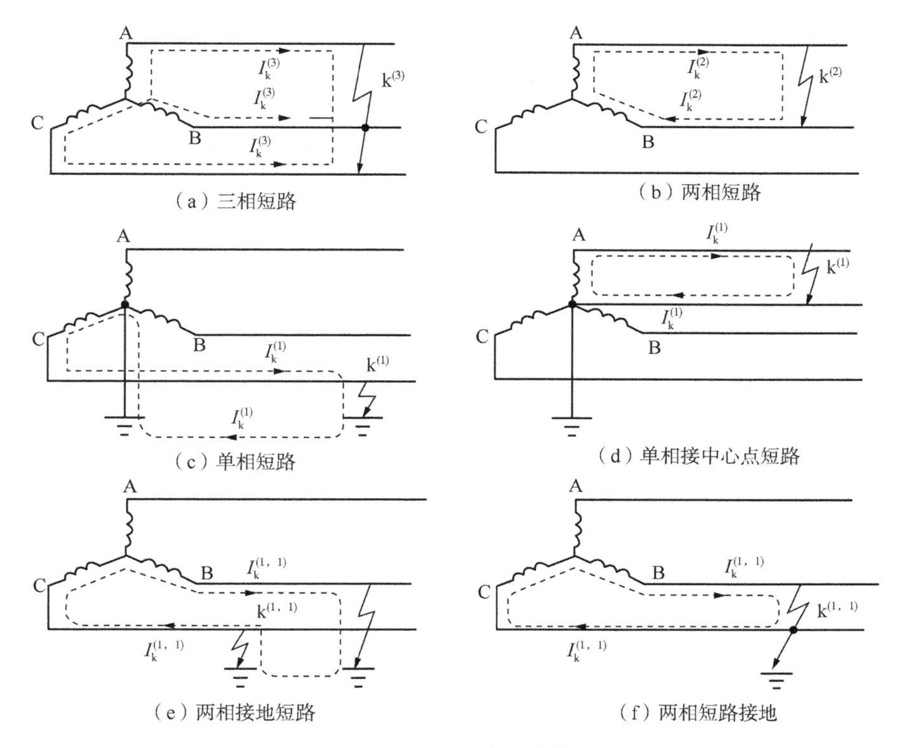

图 4-4-1 短路的种类

3. 短路的后果

随着短路类型、发生地点和持续时间的不同，短路可能只破坏局部地区的正常供电，也可能威胁整个系统的安全运行。具体可归纳为以下几个方面：

(1) 电动力和热效应。短路点附近电路中出现比正常值大许多倍的电流，在导体间产生很大的机械应力，可能使导体和它们的支架遭到破坏。短路电流使设备发热增加，短路持续时间较长时，设备可能过热以致损坏。

(2) 故障点往往有电弧产生，可能烧坏故障元件，也可能殃及周围设备。

(3) 电压大幅下降，对用户影响很大。

(4) 如果短路发生地点离电源不远而又持续时间较长，则可能使并列运行的发电机(厂)失去同步，破坏系统的稳定，造成大面积停电，这是短路故障的最严重后果。

(5) 不对称短路会对附近的通信系统产生严重干扰。

二、计算短路电流的目的及计算条件

1. 短路电流计算的目的

(1) 选择电气设备的依据。

(2) 继电保护的设计和整定。

(3) 电气主接线方案的确定。确定限制短路电流的设备，或限制某种运行方式的出现，就会得到既可靠又经济的主接线方案。总之，在评价和比较各种主接线方案选出最佳方案时，短路电流计算是一项很重要的内容。

(4) 进行电力系统暂态稳定计算，研究短路对用户工作的影响等。

2. 短路电流计算的简化假设

(1) 不考虑发电机间的摇摆现象，认为所有发电机电势的相位都相同。

(2) 不考虑磁路饱和，认为短路回路各元件的电抗为常数。

(3) 不考虑发电机转子的不对称性，认为短路前发电机是空载的。

(4) 不考虑线路对地电容、变压器的励磁支路和高压电网中的电阻，认为等值电路中只有各元件的电抗。

3. 计算短路电流必需的原始资料

应了解变电所主接线系统，主要运行方式，各种变压器的型号、容量、有关参数；供电线路的电压等级，架空线和电缆的型号，有关参数、距离；大型高压电动机型号和有关参数，还必须到电力部门收集下列资料：

(1) 电力系统现有总额定容量及远期的发展总额定容量。

(2) 与本主接线电源进线所连接的上一级变电所母线，在最大运行方式下和最小运行方式下的短路容量。

(3) 工厂附近有发电厂的应收集各种发电机组的型号、容量、同步电抗、接线方式、变压器容量和短路电压百分数，输电线路的电压等级，输电线型号和距离等。

(4) 通常变电所有两条电源进线，一条运行，另一条备用，应判断哪条进线的短路电流较大，哪条较小，然后分别计算最大运行方式下和最小运行方式下的短路电流。

(5) 电力系统的中性点运行方式及系统的最大运行方式和最小运行方式等。

4. 短路计算时间

校验短路热稳定和开断电流时，还必须合理地确定短路计算时间。验算热稳定的短路计算时间 t_d，为继电保护动作时间 t_j 和相应断路器的全开断时间 t_{jL}之和，即

$$t_d=t_j+t_{dL}$$

式中，t_{dL}为断路器全开断时间，为固有分闸时间与燃弧时间之和。

当验算裸导体及 110kV 以下电缆短路热稳定时，一般采用主保护动作时间。如主保护有死区时，则应采用能保护该死区的后备保护动作时间，并采用相应点的短路电流值。如验算电气设备和 110kV 及以上充油电缆的热稳定时，从可靠性的角度来看，一般采用后备保护动作时间。开断电器应能在最严重的情况下开断短路电流，故电器的开断计算时间 t_k 应为主保护时间 t_j 和断路器固有分闸时间 t_{jl}之和(固有分闸时间 t_{jl}为接到分闸信号到触头刚分离这一段时间)，即

$$t_k=t_j+t_{jl}$$

5. 短路电流计算条件及短路计算点的选择

为使所选导体和电气设备具有足够的可靠性、经济性和合理性，并在一定时期内适应系统发展需要，用于验算的短路电流应按下列条件确定：

（1）容量和接线。按本工程（施工期长的大型水电厂）设计最终容量计算，并考虑电力系统远景发展规划（一般为本期工程建成后 5~10 年）；其接线应采用可能发生最大短路电流的正常接线方式，但不考虑在切换过程中可能并列运行的接线方式（例如，切换自用变压器并列）。

（2）短路种类。一般按三相短路验算，若其他种类短路较三相短路严重时，则应按最严重情况验算。

（3）短路计算点。选择通过导体和电器的短路电流最大的那些点为短路计算点。

三、短路电流的计算方法

1. 绝对值与相对值

绝对值亦称有名值，如用伏、安、欧作为衡量电压、电流和电阻的单位，由此得到的数值称为各种电量的绝对值或有名值。用绝对值计算单一电压的低压网路短路电流很方便。例如，求图 4-4-2 中 A 点的三相短路电流。设变压器一次侧电压不变，并忽略各级高压网路的阻抗，则变压器的有效电阻、电抗及阻抗为：

$$R_{\mathrm{T}}=\frac{P_{\mathrm{K}}}{3I_{2\mathrm{N}}^{3}}$$

$$Z_{\mathrm{K}}=\frac{u_{\mathrm{k}}\%}{100}\frac{U_{2\mathrm{N}}}{\sqrt{3}I_{2\mathrm{N}}}$$

$$X_{\mathrm{T}}=\sqrt{Z_{\mathrm{K}}^{2}-R_{\mathrm{T}}^{2}}$$

式中，P_{K}为变压器短路损耗，kV · A；$I_{2\mathrm{N}}$为变压器低压侧额定电流，A；$u_{\mathrm{k}}\%$为变压器短路电压百分数；$U_{2\mathrm{N}}$为变压器低压侧额定空载电压，V。

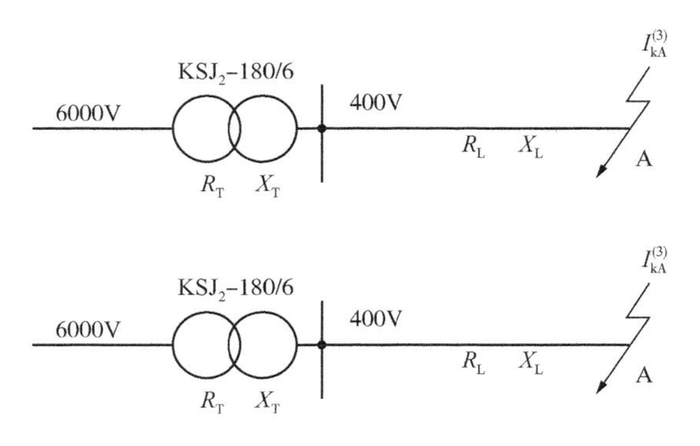

图 4-4-2　单一电压低压网路图

R_{T}—变压器电阻；X_{T}—变压器电抗；R_{L}—线路电阻；X_{L}—线路电抗

线路电阻及电抗为：

$$R_{\mathrm{L}}=r_{0}L$$

$$X_{\mathrm{L}}=x_{0}L$$

式中，r_0、x_0为线路的架空线导线或电缆每千米的电阻、电抗值(可从有关导线的产品目录表中查出)，Ω；L 为线路架空导线或电缆长度，km。

短路回路的总电阻及总电抗为：

$$\sum R = R_T + R_L \quad \sum X = X_T + X_L$$

因此，A 点的三相短路电流为：

$$I_{kA}^{(3)} = \frac{U_{2N}}{\sqrt{3}\sqrt{(\sum R)^2 + (\sum X)^2}}$$

用绝对值计算多级电压高压网路的短路电流很不方便。例如，以绝对值计算图 4-4-3 中 A 点短路电流时，需要将短路系统的阻抗按等效原理折算到 37kV 短路点这一级。在计算 B 点短路电流时，又要将系统阻抗折算到 6.3kV 短路点这一级。折算比较麻烦，因此多级电压高压网络短路电流都不用绝对值计算，而是用相对值计算。

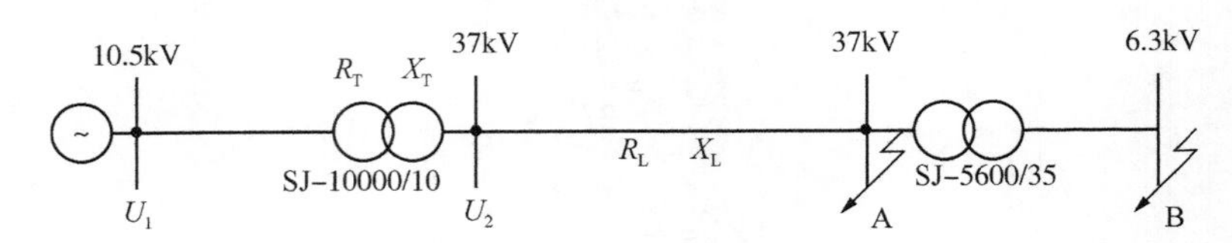

图 4-4-3　多级电压高压网络图

相对值亦称标幺值，即一个有名值 A 与另一个作为计算标准的有名值 B 的比值 A/B，称为 A 的相对值或标幺值。相对值分为相对额定值和相对基准值两种。

第五节　电气照明

一、照明方式和种类

1. 照明方式

由于功能和要求不同，对照度和照明方式的要求也不相同。照明可分为一般照明、局部照明和混合照明。

1) 一般照明

供照度要求基本上均匀的场所照明为一般照明。一般照明由若干个灯具均匀排列而成，可获得较均匀的水平照度。

对于工作位置密度很大而对光照明方向无特殊要求，或受条件限制不适宜装设局部照明的场所，可只单独装设一般照明，如办公室、体育馆和教室等。

在一般照明中有分区照明，它是根据房间内工作面布置的实际情况将灯集中或分组集中安装在工作面上部的照明。采用分区照明的优点在于节约能源。

2）局部照明

仅供工作地点(固定式或便携式)使用的照明为局部照明。其优点是开关方便，并能有效地突出对象。

对于局部地点需要高照度并对照射方向有要求时，可采用局部照明。但在整个场所不应只设局部照明，而不设一般照明。

3）混合照明

一般照明和局部照明组成的照明为混合照明。对于工作面需要较高照度并对照射方向有特殊要求的场所，可采用混合照明。

混合照明中的一般照明的照度不低于混合照明总照度的5%~10%，并且最低照度不低于20lx。

2. 照明的种类

照明按其用途，可分为工作照明、事故照明、值班照明、警卫照明、景观照明和障碍照明等。

工作照明：在正常情况下使用的室内外照明。所有居住房间、工作场所、运输场地、人行车道及室内外小区和场地等，都应设置正常照明。

事故照明：正常照明熄灭后供工作人员暂时继续作业和疏散人员使用的照明。

值班照明：非生产时间内供值班人员使用的照明。值班照明宜利用正常照明中能单独控制的一部分或应急照明的一部分或全部。

警卫照明：为加强对人员、财产、建筑物、材料和设备的保卫而采用的照明，如用于警戒以及配合闭路电视监控而配备的照明。对于有警卫任务的场所，根据警戒范围的需要装设警卫照明。

景观照明：用于室内外特定建筑物、景观而设置的带艺术装饰性的照明，包括装饰建筑外观照明、喷泉水下照明、用彩灯勾画建筑物的轮廓、给室内景观投光及广告照明灯等。

障碍照明：在高层建筑上或基建施工、开挖路段时，作为障碍标志用的照明。例如，为保障航空飞行安全，作为航空障碍标志(信号)用的照明在高大建筑物和构筑物上安装的障碍标志灯。障碍标志灯的电源应按主体建筑中最高负荷等级要求供电。障碍照明采用能穿透雾气的红光灯具。

二、常用的照明光源和灯具

照明光源和灯具是照明器的两个主要部件，照明光源提供发光源，灯具起固定光源的作用。

在照明工程中使用的各种光源可以根据其工作原理、构造等特点加以分类。根据光源的工作原理主要分为两大类：一类是热辐射光源；另一类是气体放电光源，气体放电光源按放电形式又可分为辉光放电(如霓虹灯)和弧光放电(如荧光灯、钠灯)。

1. 热辐射光源

利用物体加热时辐射发光的原理所做成的光源称为热辐射光源。目前，常用的热辐射光源有白炽灯和卤钨灯。

1）白炽灯

灯丝通过电流加热到白炽状态而引起热辐射发光。

白炽灯结构简单、价格低廉、使用方便，而且显色性好。但是其光效低，耗电多，使用寿命较短，耐震性也较差。

2）卤钨灯

其结构有两端引入式和单端引入式两种。前者用于需高照度的工作场所，后者主要用于放映灯等。

卤钨灯实质上是在白炽灯内充入含有卤素或卤化物的气体，利用卤钨循环原理提高灯的光效和使用寿命。

卤钨灯工作时管壁温度可高达600℃，因此灯不能与易燃物品靠近。卤钨灯的耐震性更差，须注意防震。卤钨灯的显色性好，使用也方便。最常用的卤钨灯为碘钨灯。

2. 气体放电光源

利用气体放电时发光的原理所做成的光源称为气体放电光源。目前，常用的气体放电光源有荧光灯、高压钠灯、金属卤化物灯、氙灯等。

1）荧光灯

荧光灯是利用汞蒸气在外加电压作用下产生弧光放电，发出少许可见光和大量紫外线，紫外线又激励管内壁涂覆的荧光粉，使之再辐射出大量的可见光。其结构如图 4-5-1 所示。

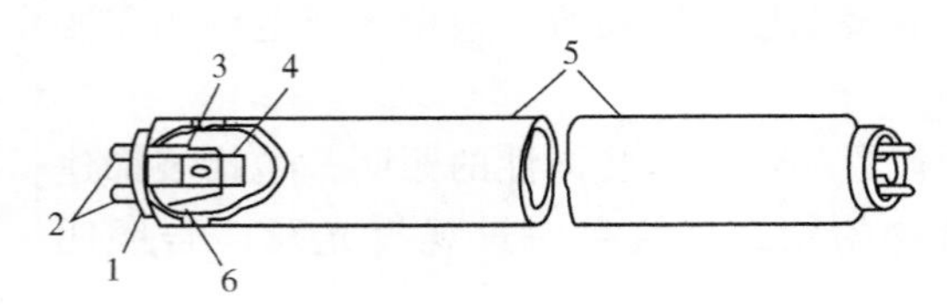

图 4-5-1　荧光灯管

1—灯头；2—灯脚；3—玻璃芯柱；4—灯丝(钨丝)；5—灯管(内壁涂荧光粉，充惰性气体)；6—汞(少量)

荧光灯的光效比白炽灯高，使用寿命也比白炽灯长得多。

荧光灯工作时，其灯光将随着加在灯管两端电压的周期性交变而频繁闪烁，这就是频闪效应(Stroboscopic Effect)。频闪效应可使人眼发生错觉。

使用荧光灯，必须设法消除其频闪效应。消除频闪效应的方法很多，最简单的方法是在该灯具内安装两根或三根荧光灯管，而各根灯管分别接到不同相的线路上。

荧光灯有普通直管形荧光灯、稀土三基色细管径荧光灯和紧凑型节能荧光灯。

稀土三基色细管径(不大于 26mm)荧光灯具有光效高、寿命长、显色性较好的优点，可取代普通荧光灯，以节约电能。

紧凑型荧光灯有 U 形、2U 形、H 形和 2D 形等多种形式。紧凑型荧光灯具有光色好、光效高、能耗低和适用寿命长等优点，可取代普通照明用白炽灯，以节约电能。

2）高压钠灯

高压钠灯利用高气压(压强可达 10kPa)的钠蒸气放电发光，其光谱集中在人眼较为敏感的区间，因此其光效比高压汞灯还高一倍，且寿命长，但显色性较差，启动时间也较长。其结构如图 4-5-2 所示。

3）金属卤化物灯

由金属蒸气与金属卤化物分解物的混合物放电而发光的放电灯为金属卤化物灯，其结构如图 4-5-3 所示。金属卤化物填充在放电管内的铟、镝、铊、钠等金属的卤化物，在高温下分解产生的金属蒸气和汞蒸气混合物的激发，产生大量的可见光。光效和显色指数也比高压汞灯高得多。

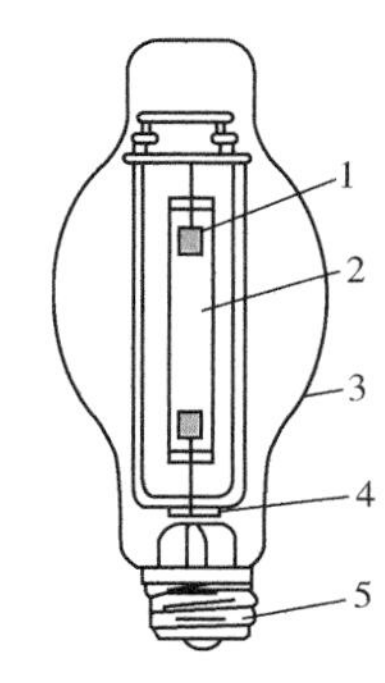

图 4-5-2　高压钠灯

1—主电极；2—半透明陶瓷放电管（内充钠、汞及氙或氖、氩混合气体）；3—外玻壳（内外壳间充氮）；4—消气剂；5—灯头

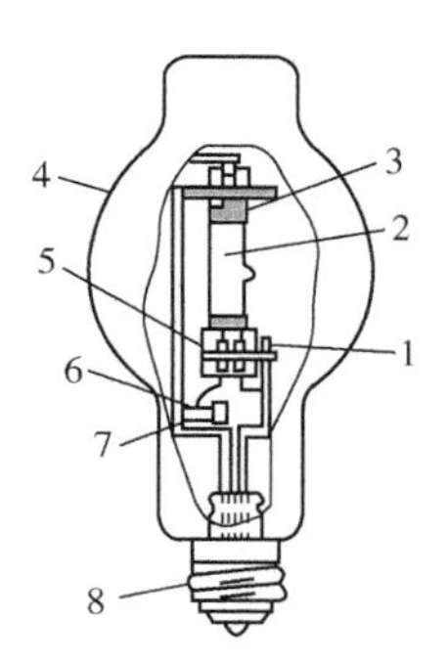

图 4-5-3　金属卤化物灯

1—主电极；2—放电管（内充汞、稀有气体和金属卤化物）；3—保温罩；4—石英玻壳；5—消气剂；6—启动电极；7—限流电阻；8—灯头

4）氙灯

氙灯是一种充有高气压氙气的高功率（可高达 100kW）的气体放电灯，分为长弧氙灯和短弧氙灯。长弧氙灯为圆柱形石英放电灯。短弧氙灯中间为椭圆形，两端为圆柱形。氙灯的光色接近天然日光，显色性好，适合用于需正确辨色的场所的工作照明。氙灯功率大，可作为广场、车站、码头、机场等的照明。作为室内照明光源时，应装设隔离紫外线的滤光玻璃。

5）单灯混光灯

单灯混光灯是近几年发展起来的高效节能型新光源。

HXJ 系列金卤钠灯：一种光色好、光线柔和、寿命长及色温和显色指数等技术指标均优于中显钠灯和金属卤化物灯的新型混光光源。

HXG 系列中显钠汞灯：一种光效高、光色好、显色指数高和寿命长的新型混光光源。

HJJ 小系列双管芯金属卤化物灯：它具有两支金属卤化物灯管芯，大大提高了可靠性和使用寿命，并减少了维修工作量，特别适用于体育场馆、高大厂房等可靠性要求较高而维修比较困难的场所。

三、照度标准及计算

1. 照度标准

照度是决定照明效果的重要指标。在一定范围内，照度增加会使视觉能力提高，同时使经济性下降。因此，为了创造良好的工作环境，提高劳动生产率，保护职工的健康，工作场所及其他活动环境的照明必须有足够的照度。

照度标准值分级为0.5lx、1lx、3lx、5lx、10lx、15lx、20lx、30lx、50lx、75lx、100lx、150lx、200lx、300lx、500lx、750lx、1000lx、1500lx、2000lx、3000lx、5000lx等。

新建、扩建或改建的工业企业照明可按GB 50034—1992《工业企业照明设计标准》来确定选用照度值；一般生产车间和工作场所工作面上的照度值，也可按附录二确定最低照度值。

GB 50034—2013《建筑照明设计标准》规定的照度标准值，为作业面或参考平面上的平均照度值。按GB 50034—2013《建筑照明设计标准》规定，一般情况下，设计照度值与照度标准值相比较，可有±5%的误差。

2. 照度计算

当照明用的灯具形式、光源类型等已初步确定后，就需要计算各工作面的照度，从而确定灯泡的容量和数量，或对已确定容量的某点进行照度校验。

照度的计算方法有用来计算水平工作面照度的利用系数法、概算曲线法和比功率法，以及用来计算任一斜面上指定点照度的逐点计算法。这里讨论的是利用系数法。

1）利用系数的概念

利用系数(用u表示)是照明光源投射到工作面上的光通量与全部光源发出的光通量之比。它可用来表征光源的光通量有效利用的程度。

利用系数的计算公式为：

$$u=\Phi_c/(n\Phi)$$

式中，Φ_c为投射到工作面上的总光通量，lm；Φ为每盏灯发出的光通量，lm；n为灯的个数。

利用系数值的大小与很多因素有关，灯具的悬挂高度越高，光效越高，则利用系数越高；房间的面积越大，形状越接近正方形，墙壁颜色越浅，则利用系数就越高。

2）利用系数的确定

利用系数值可按墙壁和顶棚的反射系数p及房间的受照空间特征“室空间比”(Room Cabin Ratio，RCR)来确定(查有关设计手册)。RCR值可按下式计算：

$$\mathrm{RCR}=\frac{5h_{\mathrm{RC}}(l+b)}{lb}$$

式中，h_{RC}为室空间高度(灯具开口平面到工作面的空间高度)，m；l为房间长度，m；b为房间宽度，m。

3）计算工作面上的平均照度

当已知房间的长宽、室空间高度、灯型及光通量时，可按下式计算平均照度：

$$E'_{\mathrm{nv}}=\frac{un\Phi}{A}$$

式中，u 为利用系数；n 为灯的个数；Φ 为每盏灯的光通量，lm；A 为受照工作面面积(矩形房间即为长宽乘积)，m^2。

4）计算工作面上的实际平均照度

由于灯具在使用期间，光源本身的光效要逐渐降低，灯具也要陈旧脏污，被照场所的墙壁和顶棚也有污损的可能，从而使工作面上的光通量有所减少，因此在计算工作面上的实际平均照度时，应计入一个小于 1 的灯具减光系数，即工作面的实际平均照度为：

$$E_{av}=\frac{uKn\Phi}{A}$$

式中，K 为减光系数(又称维护系数)，按表 4-5-1 确定；u 为利用系数；n 为灯的个数；Φ 为每盏灯的光通量，lm；A 为受照工作面面积(矩形房间即为长宽乘积)，m^2。

表 4-5-1　减光系数值

环境污染特征		房间或场所举例	灯具最少擦拭次数/(次/a)	减光系数
室内	清洁	卧室、办公室、影院、剧院、餐厅、阅览室、教师、病房、仪器仪表装配间、电子元件装配间、检验室、商店营业厅、体育场馆等	2	0.80
	一般	机场候车厅、候车室、机械加工车间、机械装配车间、农贸市场等	2	0.70
	污染严重	共用场所厨房、锻工车间、铸工车间、水泥车间	3	0.60
室外		雨棚、站台	2	0.65

5）利用系数法的计算步骤

(1）根据灯具的布置，确定室空间高度。

(2）计算室空间比 RCR。

(3）确定反射系数。

(4）确定利用系数 u。

(5）根据有关手册查出布置灯具的光通量 Φ。

(6）根据有关手册或表 4-5-1 查出减光系数 K。

(7）计算平均照度和实际平均照度。

第五章　电气安全技术

电气安全技术的特点主要是安全性、理论性强，工程现场条件局限性大，环境特殊(如易燃易爆等)，涉及专业广(如机、钳、焊、铆、吊装、运输等)，节能指标要求严格，系统性、严密性、可靠性、稳定性要求高。

到目前为止，安全用电技术基本上沿用传统的安全措施，如接地接零、绝缘、安全间距、安全电压、联锁、安全操作规程、电工安全用具、防雷接地、报警装置以及漏电保护等。这些措施经历了几代人的实践总结、修改完善，确实是行之有效的，即使在今后很长的时期内仍然占有重要的位置。

对于电气工程、自动化工程及其系统的每个环节和细节，只要每个电气工作者都能够尽心尽责，确保安装调试的质量，做好运行维护工作，就能够减少工程费用、减小事故频率、降低运行成本，就能确保电气系统安全、稳定、可靠运行。

第一节　电气安全距离要求

电气安全距离是指人与带电体、带电体与带电体、带电体与地面(水面)、带电体与其他设施之间需保持的最小距离，又称安全净距、安全间距。安全距离应保证在各种可能的最大工作电压或过电压的作用下，不发生闪络放电，还应保证工作人员对电气设备巡视、操作、维护和检修时的绝对安全。在国家颁布的有关法律、法规、标准、规范中对各类安全距离均做出了规定。当实际距离大于安全距离时，人体及设备才安全。安全距离既用于防止人体触及或过分接近带电体而发生触电事故，也用于防止车辆等物体碰撞或过分接近带电体及带电体之间发生放电和短路而引起火灾和电气事故。

安全距离主要可分为电气线路安全距离、变配电设备安全距离、检修安全距离和其他安全距离。

一、电力线路安全距离要求

电气线路安全距离有两种：一是出于对电力线路保护而考虑的安全距离；二是出于电力线路对地面(水面)、建筑物、跨越物等影响而考虑的最小允许距离。

1. 电力线路保护区

我国为用电大国，在有用电需求的地区均设有架空及埋地的电力线路，为了保护电力线路，我国制定了《电力设施保护条例》(1987 年 9 月 15 日国务院发布；1998 年 1 月 7 日《国务院关于修改〈电力设施保护条例〉的决定》第一次修订；根据 2011 年 1 月 8 日《国务院关于废止和修改部分行政法规的决定》第二次修订)。该条例规定了电力线路保护区范围。

(1) 架空电力线路保护区：导线边线向外侧水平延伸并垂直于地面所形成的两平行面内的区域，一般地区各级电压导线的边线延伸距离见表 5-1-1。

表 5-1-1 电压导线安全距离

电压/kV	安全距离/m	电压/kV	安全距离/m
1~10	5	154~330	15
35~110	10	500	20

在厂矿、城镇等人口密集地区，架空电力线路保护区的区域可略小于上述规定。但各级电压导线边线延伸的距离，不应小于导线边线在最大计算弧垂及最大计算风偏后的水平距离和风偏后距建筑物的安全距离之和。

(2) 电力电缆线路保护区：地下电缆为电缆线路地面标桩两侧各 0.75m 所形成的两平行线内的区域；海底电缆一般为线路两侧各 2n mile[1](港内两侧各 100m)，江河电缆一般不小于线路两侧各 100m(中、小河流一般不小于各 50m)所形成的两平行线内的水域。

任何单位或个人在架空电力线路保护区内，必须遵守下列规定：

(1) 不得堆放谷物、草料、垃圾、矿渣、易燃物、易爆物及其他影响安全供电的物品。

(2) 不得烧窑、烧荒。

(3) 不得兴建建筑物、构筑物。

(4) 不得种植可能危及电力设施安全的植物。

任何单位或个人在电力电缆线路保护区内，必须遵守下列规定：

(1) 不得在地下电缆保护区内堆放垃圾、矿渣、易燃物、易爆物，倾倒酸、碱、盐及其他有害化学物品，兴建建筑物、构筑物或种植树木、竹子。

(2) 不得在海底电缆保护区内抛锚、拖锚。

(3) 不得在江河电缆保护区内抛锚、拖锚、炸鱼、挖沙。

任何单位或个人必须经县级以上地方电力管理部门批准，并采取安全措施后，方可进行下列作业或活动：

(1) 在架空电力线路保护区内进行农田水利基本建设工程及打桩、钻探、开挖等作业。

(2) 起重机械的任何部位进入架空电力线路保护区进行施工。

(3) 小于导线距穿越物体之间的安全距离，通过架空电力线路保护区。

(4) 在电力电缆线路保护区内进行作业。

2. 导线与地面(水面)、建筑物、跨越物的最小允许距离

架空线路导线与地面或水面的距离，不应低于表 5-1-2 所列值。

---

[1] 1n mile=1852m。

表 5-1-2　不同线路电压下导线与地面或水面的最小距离

线路经过地区	最小距离/m				
	<1kV	10kV	35~110kV	154~220kV	330kV
居民区	6	6.5	7	7.5	8.5
非居民区	5	5.5	6	6.5	7.5
不能通航或浮运的河、湖(至冬季水面)	5	5	5.5	6	7
不能通航或浮运的河、湖(至50年一遇的洪水水面)	3	3	3	3.5	4.5
交通困难地区	4	4.5	5	5.5	6.5

架空线路导线与街道或厂区树木的距离，不应低于表5-1-3所列数值。校验导线与树木之间的垂直距离，应考虑树木在修建周期内生长的高度。

表 5-1-3　导线与树木的最小距离

线路电压/kV	<1	10	35~110	154~220	330
垂直距离/m	1.0	1.5	4.0	4.5	5.5
水平距离/m	1.0	2.0	—	—	—

高压架空线路不应跨越屋顶为燃烧材料做成的建筑物。对耐火屋顶的建筑物，应尽量不跨越，如需跨越应与有关单位协商。架空线路与建筑物的距离不应低于表5-1-4的数值。导线在最大风偏时与建筑物的允许距离不应小于表5-1-5和表5-1-6的数值。

表 5-1-4　导线与建筑物的最小距离

线路电压/kV	<1	10	35~110	154~220	330
垂直距离/m	2.5	3.0	4.0	6	7
水平距离/m	1.0	1.5	3.0	—	—

表 5-1-5　导线在最大风偏时和房屋建筑的允许距离

线路电压/kV	35	60~110	154~220	330
允许距离/m	4.0	5.0	6.0	7.0

表 5-1-6　不同线路电压下导线风偏时对山丘地带及突出物的允许距离

线路经过地区的性质	允许距离/m			
	10kV	35~110kV	154~220kV	330kV
步行可以到达的山坡	4.5	5.0	5.5	6.5
人步行不能到达的山坡峭壁	1.5	3.0	4.0	5.0

架空线路与道路、通航河流、管道、索道及其他架空线路交叉或接近的距离，不应低于表5-1-7的要求。

表 5-1-7 架空线路与工业设施的最小距离

<table>
<tr><th colspan="5" rowspan="2">项　　目</th><th colspan="3">最小距离/m</th></tr>
<tr><th><1kV</th><th>10kV</th><th>35~110kV</th></tr>
<tr><td rowspan="8">铁路</td><td rowspan="4">标准轨距</td><td rowspan="2">垂直距离</td><td colspan="2">至轨顶面</td><td>7.5</td><td>7.5</td><td>7.5</td></tr>
<tr><td colspan="2">至承力索或接触线</td><td>3.0</td><td>3.0</td><td>3.0</td></tr>
<tr><td rowspan="2">水平距离</td><td rowspan="2">电杆外缘至轨道中心</td><td>交叉</td><td colspan="3"><5.0</td></tr>
<tr><td>平行</td><td colspan="3"><杆高+3.0</td></tr>
<tr><td rowspan="4">窄轨</td><td rowspan="2">垂直距离</td><td colspan="2">至轨顶面</td><td>6.0</td><td>6.0</td><td>7.5</td></tr>
<tr><td colspan="2">至承力索或接触线</td><td>3.0</td><td>3.0</td><td>3.0</td></tr>
<tr><td rowspan="2">水平距离</td><td rowspan="2">电杆外缘至轨道中心</td><td>交叉</td><td colspan="3"><5.0</td></tr>
<tr><td>平行</td><td colspan="3"><杆高+3.0</td></tr>
<tr><td rowspan="2">道路</td><td colspan="4">垂直距离</td><td>6.0</td><td>7.0</td><td>7.0</td></tr>
<tr><td colspan="4">水平距离(电杆至道路边缘)</td><td>0.5</td><td>0.5</td><td>0.5</td></tr>
<tr><td rowspan="3">通航河流</td><td rowspan="2">垂直距离</td><td colspan="3">至 50 年一遇洪水位</td><td>6.0</td><td>6.0</td><td>6.0</td></tr>
<tr><td colspan="3">至最高航行水位的最高桅顶</td><td>1.0</td><td>1.5</td><td>2.0</td></tr>
<tr><td>水平距离</td><td colspan="3">边导线至河岸上缘</td><td colspan="3">最高杆(塔)高</td></tr>
<tr><td rowspan="2">弱电线路</td><td colspan="4">垂直距离</td><td>1.0</td><td>2.0</td><td>3.0</td></tr>
<tr><td colspan="4">水平距离(电杆至道路边缘)</td><td>1.0</td><td>2.0</td><td>4.0</td></tr>
<tr><td rowspan="6">电力线路</td><td rowspan="2"><1kV</td><td colspan="3">垂直距离</td><td>1</td><td>2</td><td>3</td></tr>
<tr><td colspan="3">水平距离(两线路边导线间)</td><td>2.5</td><td>2.5</td><td>5.0</td></tr>
<tr><td rowspan="2">10kV</td><td colspan="3">垂直距离</td><td>2</td><td>2</td><td>3</td></tr>
<tr><td colspan="3">水平距离(两线路边导线间)</td><td>2.5</td><td>2.5</td><td>5.0</td></tr>
<tr><td rowspan="2">35kV</td><td colspan="3">垂直距离</td><td>3</td><td>3</td><td>3</td></tr>
<tr><td colspan="3">水平距离(两线路边导线间)</td><td>5.0</td><td>5.0</td><td>5.0</td></tr>
<tr><td rowspan="3">特殊管道</td><td rowspan="2">垂直距离</td><td colspan="3">电力线在上方</td><td><1.5</td><td><3.0</td><td><3.0</td></tr>
<tr><td colspan="3">电力线在下方</td><td><1.5</td><td>—</td><td>—</td></tr>
<tr><td colspan="4">水平距离(边导线至管道)</td><td>1.5</td><td>2.0</td><td>4.0</td></tr>
<tr><td rowspan="3">索道</td><td rowspan="2">垂直距离</td><td colspan="3">电力线在上方</td><td><1.5</td><td><2.0</td><td><3.0</td></tr>
<tr><td colspan="3">电力线在下方</td><td><1.5</td><td><2.0</td><td><3.0</td></tr>
<tr><td colspan="4">水平距离(边导线至管道)</td><td>1.5</td><td>2.0</td><td>4.0</td></tr>
</table>

注：表中各项水平距离如系开阔地区，一般不应小于电杆高度。表中特殊管道系指输送易燃、易爆物的管道。

二、变配电设备安全距离要求

1. 室外配电装置安全距离

室外配电装置应符合以下要求：

（1）各项安全净距应不小于表 5-1-8 中的规定。

表 5-1-8　室外配电装置的最小安全净距

额定电压/kV	0.4	1~10	15~20	35	60	110J	110	154J	154	220J
带电部分至接地部分距离(A_1)/mm	75	200	300	400	650	900	1000	1300	1450	1800
不同相的带电部分之间距离(A_2)/mm	75	200	300	400	650	1000	1100	1450	1600	2000
带电部分至栅栏距离(B_1)/mm	825	950	1050	1150	1350	1650	1750	2050	2150	2550
带电部分至网状遮栏距离(B_2)/mm	175	300	400	500	700	1000	1100	1400	1500	1900
无遮栏裸导体至地面距离(C)/mm	2500	2700	2800	2900	3100	3400	3500	3800	3900	4300
不同时停电检修的无遮栏裸导体之间的水平距离(D)/mm	2000	2200	2300	2400	2600	2900	3000	3300	3400	3800

注：(1)额定电压数字后带“J”字母指中性点直接接地的电力网。

(2) 海拔超过1000m时，A值应按每升高100m增大1%进行修正，B、C、D值应分别增加A_1值的修正差值，但对35kV及以下的A值，可在海拔超过2000m时进行修正。

(2) 当电气设备的套管和绝缘子最低绝缘部位距地面小于2.5m时，应装设固定围栏。

(3) 围栏向上延伸线距地2.5m处与围栏上方带电部分的净距应不小于表5-1-8中的A_1值。

(4) 设备运输时，其外廓至无遮栏裸导体的净距应不小于表5-1-8中的B_1值。

(5) 不同时停电检修的无遮栏裸导体之间的垂直交叉净距应不小于表5-1-8中的B_1值。

(6) 带电部分至建筑物和围栏顶部的净距应不小于表5-1-8中的D值。

室外配电装置、变压器的附近若有冷水塔或喷水池时，其位置宜布置在冷水塔或喷水池冬季主导风向的上风侧，相距见表5-1-9。

表 5-1-9　主变压器、配电装置与冷却塔、喷水池最小距离

装置的位置	最小距离/m	
	对冷却塔	对喷水池
主变压器配电装置在冬季主导风向的上侧	25	30
主变压器配电装置在冬季主导风向的下侧	40	50

变压器与露天固定油罐之间无防火墙时，其防火净距应不小于15m，与其他火灾危险场所的距离应不小于10m。

2. 室内配电装置安全距离

室内配电装置各项安全净距应小于表5-1-10的规定。

表 5-1-10　室外配电装置的最小安全净距

额定电压/kV	0.4	1~3	6	10	16	20	35	60	110J	110
带电部分至接地部分距离(A_1)/mm	20	75	100	125	150	180	300	550	850	950
不同相的带电部分之间距离(A_2)/mm	20	75	100	125	150	180	300	550	900	1000
带电部分至网状遮栏距离(B_2)/mm	100	175	200	225	250	280	400	650	950	1050

续表

额定电压/kV	0.4	1~3	6	10	16	20	35	60	110J	110
带电部分至板状遮栏距离(B_3)/mm	50	105	130	155	80	210	330	580	880	980
无遮栏裸导体至地(楼)面距离(C)/mm	2300	2375	2400	2425	2450	2480	2600	2850	3150	3250
不同时停电检修的无遮栏裸导体之间的水平距(D)/mm	—	1875	1900	1925	1950	1980	2100	2350	2650	2750
出线套管至屋外通道的路面(E)/mm	3650	4000	4000	4000	4000	4000	4000	4500	5000	5000

注：(1)110J 系指中性点直接接地电力网。

(2)海拔超过 1000m 时，本表所列 A 值应按每升高 100m 增大 1%进行修正，B、C、D 值应分别增加 A 值的修正差值。

装有可燃性介质电容器的房间与其他生产建筑物分开布置时，其防火净距应不小于 10m，连接布置时，则其间隔的墙应为防火墙。

装有电气设备的箱、盒等应采用金属制品，电气开关及正常运行时产生火花的电气设备，应远离可燃物质的存放点，其最小间距应不小于 3m。

当采用成套手车式开关柜时，操作通道的最小宽度(净距)应不小于下列数值：一面有开关柜时，单车长+900mm；两面有开关柜时，双车长+600mm。

室内安装的变压器，其外廓与变压器室四壁间的最小距离，应不小于表 5-1-11 中的数值。

表 5-1-11 不同变压器容量下变压器外廓与变压器室四壁之间的最小距离

项　目	最小距离/mm	
	≤1000kV·A	≥1250kV·A
变压器与后壁、侧壁之间	0.6	0.8
变压器与变压器室门之间	0.8	1.0

室外安装的变压器，其外廓之间的距离一般不小于 1.5m，外廓与围栏或建筑物的间距应不小于 0.8m，室外配电箱底部离地面的高度一般为 1.3m。

通道内的裸导体高度低于 2.2m 时，应加遮栏，但遮栏与地面的垂直距离应不小于 1.9m。通道的一面装有配电装置，其裸露导电部分离地面低于 2.2m 且没有遮护时，则裸露导电部分与对面的墙或无裸露导电部分的设备之间的距离应不小于 1m。

通道两面均装有配电装置，或一面装有配电装置，另一面装有其他设备，其裸露导电部分离地面低于 2.2m 且没有遮护时，则两裸露导电部分之间的距离应不小于 1.5m。

高压配电装置宜与低压配电装置分室装设，如在同一室内单列布置时，两者之间的距离应不小于 2m。

配电装置的排列长度大于 6m 时，其维护通道应有两个出口(通向本室或其他房间)，但当维护通道的净宽为 3m 及以上时，则不受限制。两个出口的距离不宜大于 15m。

三、检修安全距离要求

在带电区域中的非带电设备上进行检修时，工作人员正常的活动范围与带电设备的安全距离应大于表 5-1-12 的规定。

表 5-1-12　工作人员正常活动范围与带电设备的安全距离

设备电压/kV	≤10	20~35	44	60~110	154	220	330	500
距离/m	0.35	0.6	0.9	1.5	2.0	3.0	4.0	5.0

用绝缘操作杆进行电气作业时，人身与带电体间的安全距离应大于表 5-1-13 的要求。

表 5-1-13　使用绝缘操作杆作业时与带电体的安全距离

电压等级/kV	≤10	35(20~44)	60	110	154	220	330
距离/m	0.4	0.6	0.7	1.0	1.4	1.8	2.6

使用钳形电流表测量电流时，其电压等级应与被测对象的电压相等。测量时应戴绝缘手套。测量高压电缆的线路电流时，钳形电流表与高压裸露部分的距离应不小于表 5-1-14 的规定。

表 5-1-14　钳形电流表与高压裸露部分最小允许距离

额定电压/kV	1~3	6	10	20	35	60	110
距离/m	500	500	500	700	800	1000	1300

移动式起重机在带电区域附近工作时，应设专人监护，并应保持表 5-1-15 的安全距离，严防接触带电体。

表 5-1-15　起重机械与输电线路的最小安全距离

电压等级/kV	<1	10~20	35~110	220	330
距离/m	1.5	2	4	6	7

第二节　防雷接地系统

防雷和接地系统为电气系统中重要的安全措施，对于防雷和接地系统，我国制定了多个标准规范，现行的主要通用标准规范有 GB 50057—2010《建筑物防雷设计规范》、GB 50169—2016《电气装置安装工程　接地装置施工及验收规范》、GB 50150—2016《电气装置安装工程　电气设备交接试验标准》、GB 50303—2015《建筑电气工程施工质量验收规范》等。

一、防雷系统

1. 建筑物防雷分类

根据建筑物的重要性、使用性质、发生雷电事故的可能和后果，建筑物按防雷要求分为三类，分类方式见表 5-2-1。

表 5-2-1 建筑物防雷分类标准

类别	分类标准
第一类防雷建筑物	(1)凡制造、使用或贮存火炸药及其制品的危险建筑物，因电火花而引起爆炸、爆轰，会造成巨大破坏和人身伤亡者。 (2)具有 0 区或 20 区爆炸危险场所的建筑物。 (3)具有 1 区或 21 区爆炸危险场所的建筑物，因电火花而引起爆炸，会造成巨大破坏和人身伤亡者
第二类防雷建筑物	(1)国家级重点文物保护的建筑物。 (2)国家级的会堂、办公建筑物、大型展览和博览建筑物、大型火车站和飞机场(飞机场不含停放飞机的露天场所和跑道)、国宾馆，国家级档案馆、大型城市的重要给水泵房等特别重要的建筑物。 (3) 国家级计算中心、国际通信枢纽等对国民经济有重要意义的建筑物。 (4) 国家特级和甲级大型体育馆。 (5)制造、使用或贮存火炸药及其制品的危险建筑物，且电火花不易引起爆炸或不致造成巨大破坏和人身伤亡者。 (6)具有 1 区或 21 区爆炸危险场所的建筑物，且电火花不易引起爆炸或不致造成巨大破坏和人身伤亡者。 (7)具有 2 区或 22 区爆炸危险场所的建筑物。 (8)有爆炸危险的露天钢质封闭气罐。 (9)预计年雷击次数大于 0.05 次的部级、省级办公建筑物和其他重要或人员密集的公共建筑物及火灾危险场所。 (10)预计年雷击次数大于 0.25 次的住宅、办公楼等一般性民用建筑物或一般性工业建筑物
第三类防雷建筑物	(1)省级重点文物保护的建筑物及省级档案馆。 (2)预计年雷击次数不小于 0.01 次且不大于 0.05 次的部级、省级办公建筑物和其他重要或人员密集的公共建筑物，以及火灾危险场所。 (3)预计年雷击次数不小于 0.05 次且不大于 0.25 次的住宅、办公楼等一般性民用建筑物或一般性工业建筑物。 (4)在年平均雷暴日大于 15d 的地区，高度在 15m 及以上的烟囱、水塔等孤立的高耸建筑物；在年平均雷暴日不大于 15d 的地区，高度在 20m 及以上的烟囱、水塔等孤立的高耸建筑物

2. 建筑物防雷的基本要求

(1) 各类防雷建筑物应设防直击雷的外部防雷装置，并应采取防闪电电涌侵入的措施。

(2) 表 5-2-1 中第一类防雷建筑物和第二类防雷建筑物中(5)~(7)条款所规定的建筑物，尚应采取防闪电感应的措施。

(3) 各类防雷建筑物应设内部防雷装置，并应符合下列规定：

① 在建筑物的地下室或地面层处，下列物体应与防雷装置做防雷等电位连接：

a. 建筑物金属体。

b. 金属装置。

c. 建筑物内系统。

d. 进出建筑物的金属管线。

② 外部防雷装置与建筑物金属体、金属装置、建筑物内系统之间，尚应满足间隔距离的要求。

(4) 表 5-2-1 中第二类防雷建筑物中(2)~(4)条款的建筑物尚应采取防雷击电磁脉冲的措施。其他各类防雷建筑物，当其建筑物内系统所接设备的重要性高，以及所处雷击磁场环境和加于设备的闪电电涌无法满足要求时，也应采取防雷击电磁脉冲的措施。

(5) 第一、第二、第三类防雷建筑物的防雷措施应符合 GB 50057—2010《建筑物防雷设计规范》4.2、4.3 和 4.4 的要求。

(6) 其他防雷措施。

① 当一座防雷建筑物中兼有第一、第二、第三类防雷建筑物时，其防雷分类和防雷措施宜符合下列规定：

a. 当第一类防雷建筑物部分的面积占建筑物总面积的 30%及以上时，该建筑物宜确定为第一类防雷建筑物。

b. 当第一类防雷建筑物部分的面积占建筑物总面积的 30%以下，且第二类防雷建筑物部分的面积占建筑物总面积的 30%及以上时，或当这两部分防雷建筑物的面积均小于建筑物总面积的 30%，但其面积之和又大于 30%时，该建筑物宜确定为第二类防雷建筑物。但对第一类防雷建筑物部分的防闪电感应和防闪电电涌侵入，应采取第一类防雷建筑物的保护措施。

c. 当第一、第二类防雷建筑物部分的面积之和小于建筑物总面积的 30%且不可能遭直接雷击时，该建筑物可确定为第三类防雷建筑物；但对第一、第二类防雷建筑物部分的防闪电感应和防闪电电涌侵入，应采取各自类别的保护措施；当可能遭直接雷击时，宜按各自类别采取防雷措施。

② 当一座建筑物中仅有一部分为第一、第二、第三类防雷建筑物时，其防雷措施宜符合下列规定：

a. 当防雷建筑物部分可能遭直接雷击时，宜按各自类别采取防雷措施。

b. 当防雷建筑物部分不可能遭直接雷击时，可不采取防直击雷措施，可仅按各自类别采取防闪电感应和防闪电电涌侵入的措施。

c. 当防雷建筑物部分的面积占建筑物总面积的 50%以上时，该建筑物宜按①条款的规定采取防雷措施。

③ 当采用接闪器保护建筑物、封闭气罐时，其外表面外的 2 区爆炸危险场所可不在滚球法确定的保护范围内。

④ 固定在建筑物上的节日彩灯、航空障碍信号灯及其他用电设备和线路应根据建筑物的防雷类别采取相应的防止闪电电涌侵入的措施，并应符合下列规定：

a. 无金属外壳或保护网罩的用电设备应处在接闪器的保护范围内。

b. 从配电箱引出的配电线路应穿钢管。钢管的一端应与配电箱和保护线(PE 线)相连；另一端应与用电设备外壳、保护罩相连，并应就近与屋顶防雷装置相连。当钢管因连接设备而中间断开时应设跨接线。

c. 配电箱内应在开关的电源侧装设Ⅱ级试验的电涌保护器，其电压保护水平不应大于

2. 5kV，标称放电电流值应根据具体情况确定。

⑤ 粮、棉及易燃物大量集中的露天堆场，当其年预计雷击次数不小于 0. 05 时，应采用独立接闪杆或架空接闪线防直击雷。独立接闪杆和架空接闪线保护范围的滚球半径可取 100m。

在计算雷击次数时，建筑物的高度可按可能堆放的高度计算，其长度和宽度可按可能堆放面积的长度和宽度计算。

⑥ 在建筑物引下线附近保护人身安全需采取的防接触电压和跨步电压的措施，应符合下列规定：

a. 防接触电压应符合下列规定之一：

（a）利用建筑物金属构架和建筑物相互连接的钢筋在电气上是贯通且不少于 10 根柱子组成的自然引下线，作为自然引下线的柱子包括位于建筑物四周和建筑物内的。

（b）引下线 3m 范围内地表层的电阻率不小于 50kΩ · m，或敷设 5cm 厚沥青层或 15cm 厚砾石层。

（c）外露引下线，其距地面 2. 7m 以下的导体用耐 1. 2/50μs 冲击电压 100kV 的绝缘层隔离，或用至少 3mm 厚的交联聚乙烯层隔离。

（d）用护栏、警告牌使接触引下线的可能性降至最低限度。

b. 防跨步电压应符合下列规定之一：

（a）利用建筑物金属构架和建筑物相互连接的钢筋在电气上是贯通且不少于 10 根柱子组成的自然引下线，作为自然引下线的柱子包括位于建筑物四周和建筑物内的。

（b）引下线 3m 范围内地表层的电阻率不小于 50kΩ · m，或敷设 5cm 厚沥青层或 15cm 厚砾石层。

（c）用网状接地装置对地面做均衡电位处理。

（d）用护栏、警告牌使进入距引下线 3m 范围内地面的可能性减小到最低限度。

⑦ 第二类和第三类防雷建筑物应符合下列规定：

a. 没有得到接闪器保护的屋顶孤立金属物的尺寸不超过下列数值时，可不要求附加的保护措施：

（a）高出屋顶平面不超过 0. 3m。

（b）上层表面总面积不超过 1. 0m^2。

（c）上层表面的长度不超过 2. 0m。

b. 不处在接闪器保护范围内的非导电性屋顶物体，当它没有突出由接闪器形成的平面 0. 5m 以上时，可不要求附加增设接闪器的保护措施。

⑧ 在独立接闪杆、架空接闪线、架空接闪网的支柱上，严禁悬挂电话线、广播线、电视接收天线及低压架空线等。

二、接地系统

1. 基本要求

（1）接地装置应由工程施工单位按已批准的设计文件施工安装。

(2) 采用新技术、新工艺及新材料时，应经过试验及具有国家资质的验证评定。

(3) 接地装置的安装应配合建筑工程的施工，隐蔽部分在覆盖前相关单位应做检查及验收并形成记录。

(4) 电气装置的下列金属部分，均必须接地：

① 电气设备的金属底座、框架及外壳和传动装置。

② 携带式或移动式用电器具的金属底座和外壳。

③ 箱式变电站的金属箱体。

④ 互感器的二次绕组。

⑤ 配电、控制、保护用的屏(柜、箱)及操作台的金属框架和底座。

⑥ 电力电缆的金属护层、接头盒、终端头和金属保护管及二次电缆的屏蔽层。

⑦ 电缆桥架、支架和井架。

⑧ 变电站(换流站)构架、支架。

⑨ 装有架空地线或电气设备的电力线路杆塔。

⑩ 配电装置的金属遮栏。

⑪ 电热设备的金属外壳。

(5) 需要接地的直流系统接地装置应符合下列要求：

① 能与地构成闭合回路且经常流过电流的接地线应沿绝缘垫板敷设，不应与金属管道、建筑物和设备构件有金属连接。

② 在土壤中含有电解时能产生腐蚀性物质的地方，不宜敷设接地装置，必要时可采取外引式接地装置或改良土壤的措施。

③ 直流正极的接地线、接地极不应与自然接地极有金属连接；当无绝缘隔离装置时，相互间的距离应不小于 1m。

(6) 各种电气装置与接地网的连接应可靠，扩建工程接地网与原接地网应符合设计要求，且不少于两点连接。

(7) 包括导通试验在内的接地装置验收测试，应在接地装置施工后且线路架空地线尚未敷设至厂(站)进出线终端杆塔和构架前进行，接地电阻应符合设计规定。

(8) 对于高土壤电阻率地区的接地装置，当接地电阻不能满足要求时，应按设计确定采取相应的措施，达到要求后方可投入运行。

(9) 附属于已接地电气装置和生产设施上的下列金属部分可不接地：

① 安装在配电屏、控制屏和配电装置上的电气测量仪表、继电器和其他低压电器的外壳。

② 与机床、机座之间有可靠电气接触的电动机和电器的外壳。

③ 额定电压为 220V 及以下的蓄电池室内的金属支架。

(10) 接地线不应作其他用途。

2. 接地装置的选择

(1) 各种接地装置利用直接埋入地中或水中的自然接地极，可利用下列自然接地极：

① 埋设在地下的金属管道，但不包括输送可燃或有爆炸物质的管道。

② 金属井管。

③ 与大地有可靠连接的建筑物的金属结构。

④ 水工构筑物及其他坐落于水或潮湿土壤环境的构筑物的金属管、桩、基础层钢筋网。

(2) 交流电气设备的接地线可利用下列接地极接地:

① 建筑物的金属结构、梁、柱。

② 生产用起重机的轨道、走廊、平台、起重机与升降机的构架、运输皮带的钢梁、电除尘器的构架等金属结构。

(3) 发电厂、变电站等接地装置除应利用自然接地极外, 还应敷设以水平人工接地极为主的接地网, 并应设置将自然接地极和人工接地极分开的测量井。对于 3~10kV 的变电站和配电所, 当采用建筑物基础中的钢筋网作为接地极且接地电阻满足规定值时, 可不另设人工接地。

(4) 接地装置材料选择应符合下列规定:

① 除临时接地装置外, 接地装置采用热镀锌钢材, 水平敷设的应采用热镀锌的圆钢和扁钢, 垂直敷设的应采用热镀锌的角钢、钢管或圆钢。

② 当采用扁铜带、铜绞线、铜棒、铜覆钢(圆线、绞线)、锌覆钢等材料作为接地装置时, 其选择应符合设计要求。

③ 不应采用铝导体作为接地极或接地线。

(5) 接地装置的人工接地极, 导体截面应符合热稳定、均压、机械强度及耐腐蚀的要求, 水平接地极的截面应不小于连接至该接地装置接地线截面的 75%, 且钢接地极和接地线的最小规格应不小于表 5-2-2 和表 5-2-3 所列规格, 电力线路杆塔的接地极引出线的截面积应不小于 $50mm^2$。

表 5-2-2 钢接地极和接地线的最小规格

<table>
<tr><th colspan="2">种 类</th><th>地 上</th><th>地 下</th></tr>
<tr><td colspan="2">圆钢直径/mm</td><td>8</td><td>8/10</td></tr>
<tr><td rowspan="2">扁钢</td><td>截面积/mm^2</td><td>48</td><td>48</td></tr>
<tr><td>厚度/mm</td><td>4</td><td>4</td></tr>
<tr><td colspan="2">角钢厚度/mm</td><td>2. 5</td><td>4</td></tr>
<tr><td colspan="2">钢管管壁厚度/mm</td><td>2. 5</td><td>3. 5/2. 5</td></tr>
</table>

注: (1) 地下部分圆钢的直径, 其分子、分母数据分别对应于架空线路和发电厂、变电站的接地网。

(2) 地下部分钢管的壁厚, 其分子、分母数据分别对应于埋于土壤和埋于室内混凝土地坪中。

表 5-2-3 铜及铜覆钢接地极的最小规格

<table>
<tr><th colspan="2">种 类</th><th>地 上</th><th>地 下</th></tr>
<tr><td colspan="2" rowspan="2">铜棒直径/mm</td><td rowspan="2">8</td><td>水平接地极 8</td></tr>
<tr><td>垂直接地极 15</td></tr>
<tr><td rowspan="2">铜排</td><td>截面积/mm^2</td><td>50</td><td>50</td></tr>
<tr><td>厚度/mm</td><td>2</td><td>2</td></tr>
</table>

续表

种　类		地　上	地　下
钢管管壁厚度/mm		2	3
铜绞线截面积/mm²		50	50
铜覆圆钢直径/mm		8	10
铜覆钢绞线直径/mm		8	10
铜覆扁钢	截面积/mm²	48	48
	厚度/mm	4	4

注：(1) 裸铜绞线不宜作为小型接地装置的接地极，当作为接地网的接地极时，截面积应满足设计要求。

(2) 铜绞线单股直径不应小于 1.7mm。

(3) 铜覆钢规格为钢材的尺寸，其铜层厚度不应小于 0.25mm。

(6) 接地极用热镀锌钢及锌覆钢的锌层厚度应满足设计要求。

(7) 低压电气设备地面上外露的连接至接地极或保护线(PE)的接地线最小截面积，应符合表 5-2-4 的规定。

表 5-2-4　低压电气设备地面上外露的铜接地线的最小截面积

名　称	最小截面积/mm²
明敷的裸导体	4
绝缘导体	1.5
电缆的接地芯或与相线包在同一保护外壳内的多芯导线的接地芯	1

(8) 严禁利用金属软管、管道保温层的金属外皮或金属网、低压照明网络的导线铅皮及电缆金属护层作为接地线。

(9) 金属软管两端应采用自固接头或软管接头，且金属软管段应与钢管段有良好的电气连接。

3. 接地装置的敷设

(1) 接地网的埋设深度与间距应符合设计要求。当无具体规定时，接地极顶面埋设深度不宜小于 0.8m；水平接地极的间距不宜小于 5m，垂直接地极的间距不宜小于其长度的 2 倍。

(2) 接地网的敷设应符合下列规定：

① 接地网的外缘应闭合，外缘各角应做成圆弧形，圆弧的半径不宜小于邻近均压带间距的一半。

② 接地网内应敷设水平均压带，可按等间距或不等间距布置。

③ 35kV 及以上发电厂、变电站接地网边缘有人出入的走道处，应铺设碎石、沥青路面或在地下装设两条与接地网相连的均压带。

(3) 接地线应采取防止发生机械损伤和化学腐蚀的措施。接地线在与公路、铁路或管道等交叉及其他可能使接地线遭受损伤处，均应用钢管或角钢等加以保护；接地线在穿过已有建(构)筑物处，应加装钢管或其他坚固的保护套，有化学腐蚀的部位还应采取防腐措施；接地线在穿过新建构筑物处，可绕过基础或在其下方穿过，不应断开或浇筑在混凝土中。

（4）接地装置由多个分接地装置部分组成时，应按设计要求设置便于分开的断接卡；自然接地极与人工接地极连接处、进出线构架接地线等应设置断接卡，断接卡应有保护措施。扩建接地网时，新、旧接地网应通过接地井多点连接。

（5）接地装置的回填土应符合下列要求：

① 回填土内不应夹有石块和建筑垃圾等，外取的土壤不应有较强的腐蚀性；在回填土时应分层夯实，室外接地沟回填宜有 100~300mm 高度的防沉层。

② 在山区石质地段或电阻率较高的土质区段的土沟中敷设接地极，应回填不少于 100mm 厚的净土垫层，并应用净土分层夯实回填。

（6）明敷接地线的安装应符合下列要求：

① 接地线的安装位置应合理，便于检查，不应妨碍设备检修和运行巡视。

② 接地线的连接应可靠，不应因加工造成接地线截面积减小、强度减弱或锈蚀等问题。

③ 接地线支撑件间的距离，在水平直线部分宜为 0.5~1.5m，垂直部分宜为 1.5~3m，转弯部分宜为 0.3~0.5m。

④ 接地线应水平或垂直敷设，或可与建筑物倾斜结构平行敷设；在直线段上，不应有高低起伏及弯曲等现象。

⑤ 接地线沿建筑物墙壁水平敷设时，离地面距离宜为 250~300mm；接地线与建筑物墙壁间的间隙宜为 10~15mm。

⑥ 在接地线跨越建筑物伸缩缝、沉降缝处时，应设置补偿器。补偿器可用接地线本身弯成弧状代替。

（7）明敷接地线，在导体的全长度或区间段及每个连接部位附近的表面，应涂以 15~100mm 宽度相等的绿色和黄色相间的条纹标识。当使用胶带时，应使用双色胶带。中性线宜涂淡蓝色标识。

（8）在接地线引向建筑物的入口处和在检修用临时接地点处，均应刷白色底漆并标以黑色标识，其代号为“⏚”。同一接地极不应出现两种不同的标识。

（9）电气装置的接地必须单独与接地母线或接地网相连接，严禁在一条接地线中串接两个及两个以上需要接地的电气装置。

（10）发电厂、变电站电气装置的接地线应符合下列规定：

① 下列部位应采用专门敷设的接地线接地：

a. 旋转电机机座或外壳，出线柜、中性点柜的金属底座和外壳，封闭母线的外壳。

b. 配电装置的金属外壳。

c. 110kV 及以上钢筋混凝土构件支座上电气装置的金属外壳。

d. 直接接地的变压器中性点。

e. 变压器、发电机和高压并联电抗器中性点所接自动跟踪补偿消弧装置提供感性电流的部分，接地电抗器，电阻器或变压器的接地端子。

f. 气体绝缘金属封闭开关设备的接地母线、接地端子。

g. 避雷器、避雷针、避雷线的接地端子。

② 当电气装置不采用专门敷设的接地线接地时，应符合下列规定：

a. 电气装置的接地线宜利用金属构件、普通钢筋混凝土构件的钢筋、穿线的钢管等。

b. 操作、测量和信号用低压电气装置的接地线可利用永久性金属管道，但不应利用可燃液体、可燃或爆炸性气体的金属管道。

c. 用 a. 项和 b. 项所列材料作接地线时，应保证其全长为完好的电气通路；当利用串联的金属构件作为接地线时，金属构件之间应用截面积不小于 100mm^{2}的钢材焊接。

③ 110kV 及以上电压等级且运行要求直接接地的中性点均应有两根接地线与接地网的不同接地点相连接，其每根规格应满足设计要求。

④ 变压器的铁芯、夹件与接地网应可靠连接，并应便于运行监测接地线中环流。

⑤ 110kV 及以上电压等级的重要电气设备及设备构架宜设两根接地线，且每一根均应满足设计要求，连接引线的架设应便于定期进行检查测试。

⑥ 成列安装盘、柜的基础型钢和成列开关柜的接地母线，应有明显且不少于两点的可靠接地。

⑦ 电气设备的机构箱、汇控柜(箱)接线盒、端子箱等，以及电缆金属保护管(槽盒)，均应接地明显、可靠。

(11) 避雷器、放电间隙应用最短的接地线与接地网连接。

(12) 干式空心电抗器采用金属围栏时，金属围栏应设置明显断开点，不应通过接地线构成闭合回路。

(13) 高频感应电热装置的屏蔽网、滤波器、电源装置的金属屏蔽外壳，高频回路中外露导体和电气设备的所有屏蔽部分及与其连接的金属管道均应接地，并宜与接地网连接。与高频滤波器相连的射频电缆应全程伴随 100mm^{2}以上的铜质接地线。

4. 接地线、接地极的连接

(1) 接地极的连接应采用焊接，接地线与接地极的连接应采用焊接。异种金属接地极之间连接时接头处应采取防止电化学腐蚀的措施。

(2) 电气设备上的接地线，应采用热镀锌螺栓连接；有色金属接地线不能焊接时，可用螺栓连接。螺栓连接处的接触面应按现行国家标准 GB 50149—2010《电气装置安装工程 母线装置施工及验收规范》的规定执行。

(3) 热镀锌钢材焊接时，在焊痕外最小 100mm 范围内应采取可靠的防腐处理。在做防腐处理前，表面应除锈并去掉焊接处残留的焊药。

(4) 接地线、接地极采用电弧焊连接时应采用搭接焊缝，其搭接长度应符合下列规定：

① 扁钢应为其宽度的 2 倍且不得少于 3 个棱边焊接。

② 圆钢应为其直径的 6 倍。

③ 圆钢与扁钢连接时，其长度应为圆钢直径的6倍。

④ 扁钢与钢管、扁钢与角钢焊接时，除应在其接触部位两侧焊接外，还应由钢带或钢带弯成的卡子与钢管或角钢焊接。

（5）接地极(线)的连接采用放热焊接时，其焊接接头应符合下列规定：

① 被连接的导体截面应完全包裹在接头内。

② 接头表面应平滑。

③ 被连接的导体接头表面应完全熔合。

④ 接头应无贯穿性的气孔。

（6）采用金属绞线作接地线引下时，宜采用压接端子与接地极连接。

（7）利用各种金属构件、金属管道为接地线时，连接处应保证有可靠的电气连接。

（8）沿电缆桥架敷设铜绞线、镀锌扁钢及利用沿桥架构成电气通路的金属构件，如安装托架用的金属构件作为接地网时，电缆桥架接地时应符合下列规定：

① 电缆桥架全长不大于30m时，与接地网相连不应少于两处。

② 全长大于30m时，应每隔20~30m增加与接地网的连接点。

③ 电缆桥架的起始端和终点端应与接地网可靠连接。

（9）金属电缆桥架的接地应符合下列规定：

① 宜在电缆桥架的支吊架上焊接螺栓，与电缆桥架主体采用两端压接铜鼻子的铜绞线跨接，跨接线最小截面积应不小于4mm^2。

② 电缆桥架的镀锌支吊架和镀锌电缆桥架之间无跨接地线时，其间的连接处应有不少于两个带有防松螺帽或防松垫圈的螺栓固定。

（10）发电厂、变电站GIS[1]的接地应符合设计及制造厂的要求，并应符合下列规定：

① GIS基座上的每一根接地母线，应采用分设其两端且不少于4根的接地线与发电厂或变电站的接地装置连接。接地线应与GIS区域环形接地母线连接。接地母线较长时，其中部应另设接地线，并连接至接地网。

② 接地线与GIS接地母线应采用螺栓连接方式。

③ 当GIS露天布置或装设在室内与土壤直接接触的地面时，其接地开关、金属氧化物避雷器的专用接地端子与GIS接地母线的连接处，宜装设集中接地装置。

④ GIS室内应敷设环形接地母线，室内各种设备需接地的部位应以最短路径与环形接地母线连接。GIS置于室内楼板上时，其基座下的钢筋混凝土地板中的钢筋应焊接成网，并和环形接地母线连接。

⑤ 法兰片间应采用跨接线连接，并保证良好的电气通路；当制造厂采用带有金属接地连接的盆式绝缘子与法兰结合面可保证电气导通时，法兰片间可不另做跨接连接。

（11）电动机的接地应符合下列规定：

① 当电动机相线截面积小于25mm^{2}时，接地线应等同相线的截面积；当电动机相线截面积为25~50mm^{2}时，接地线截面积应为25mm^2；当电动机相线截面积大于50mm^{2}时，

[1] GIS指气体绝缘变电站。

接地线截面积应为相线截面积的50%。

② 保护接地端子除作保护接地外，不应兼作他用。

第三节　电工作业安全

电工作业属于危险作业的一种，为了确保电工作业的安全性，必须在组织措施和技术措施均严格落实的情况下，才能进行电工作业。

一、组织措施

组织措施主要为制度及管理方面的措施。企业应制定特殊作业审批制度或作业票制度来保证危险作业的安全性。电工作业前，应对作业人员、作业环境、作业使用的设备等方面均进行风险评估、辨识，并针对性地制定安全措施后，由公司各相关负责人审批同意后，方可进场作业。审批过程应以作业票的形式留存，安全作业票一式三联，其持有和存档部门(人)参见表5-3-1，安全作业票应至少保存一年，作业过程影像记录应至少留存一个月。

表5-3-1　临时用电安全作业票的持有及保存的内容

第一联	第二联	第三联
监护人	作业单位(作业时)配送电执行人(结束作业后注销)	电气管理部门

临时用电安全作业票格式参见表5-3-2。

表5-3-2　临时用电安全作业票

编号：

<table>
<tr><td>申请单位</td><td colspan="2"></td><td colspan="2">作业票申请时间</td><td colspan="2">年　月　日　时　分</td></tr>
<tr><td>作业地点</td><td colspan="2"></td><td colspan="2">作业内容</td><td colspan="2"></td></tr>
<tr><td>电源接入点及许可用电功率</td><td colspan="2"></td><td colspan="2">工作电压</td><td colspan="2"></td></tr>
<tr><td>用电设备名称及额定功率</td><td></td><td>监护人</td><td colspan="2"></td><td>用电人</td><td></td></tr>
<tr><td>作业人</td><td colspan="2"></td><td colspan="2">电工证号</td><td colspan="2"></td></tr>
<tr><td>作业负责人</td><td colspan="2"></td><td colspan="2">电工证号</td><td colspan="2"></td></tr>
<tr><td>关联的其他特殊作业及安全作业票编号</td><td colspan="6"></td></tr>
<tr><td>风险辨识结果</td><td colspan="6"></td></tr>
<tr><td colspan="7">可燃气体分析(运行的生产装置、罐区和具有火灾爆炸危险场所)</td></tr>
<tr><td>分析时间</td><td>时　分</td><td colspan="2">时　分</td><td>分析点</td><td colspan="2"></td></tr>
<tr><td>可燃气体检测结果</td><td></td><td colspan="2"></td><td>分析人</td><td colspan="2"></td></tr>
<tr><td>作业实施时间</td><td colspan="6">自　年　月　日　时　分至　年　月　日　时　分</td></tr>
</table>

续表

序号	安全措施	是否涉及	确认人
1	作业人员持有电工作业操作证		
2	在防爆场所使用的临时电源、元器件和线路达到相应的防爆等级要求		
3	上级开关已断电、加锁，并挂安全警示牌		
4	临时用电的单相和混用线路按照 TN-S 三相五线制方式接线		
5	临时用电线路如架高敷设，在作业现场敷设高度应不低于 2.5m，跨越道路高度应不低于 5m		
6	临时用电线路如沿墙或地面敷设，已沿建筑墙体敷设，穿越道路或其他易受机械损伤的区域，已采取防机械损伤的措施；在电缆敷设路径附近，已采取防止火花损伤电缆的措施		
7	临时用电线路架空进线不应采用裸线		
8	暗管埋设及地下电缆线路敷设时，已备好“走向标志”和“安全标志”等标志桩，电缆埋深要求大于 0.7m		
9	现场临时用电配电盘、配电箱配备有防雨措施，并可靠接地		
10	临时用电设施已装配漏电保护器，移动工具、手持工具已采取防漏电的安全措施(一机一闸一保护)		
11	用电设备、线路容量、负荷符合要求		
12	相关特殊作业已办理相应安全作业票		
13	作业场所已进行气体检测且符合作业安全要求		
14	其他安全措施：		
安全交底人		接受交底人	
作业负责人意见 签字：　年　月　日　时　分			
用电单位意见 签字：　年　月　日　时　分			
配送电单位意见 签字：　年　月　日　时　分			
完工验收 签字：　年　月　日　时　分			

二、技术措施

停电、验电、放电、接地、悬挂标示牌和装设遮栏(围栏)是在电气设备及线路上安全作业的主要技术措施，上述措施由运行人员或有权执行操作的人员执行。

1. 停电

(1) 工作地点应停电的设备如下：

① 检修的设备；

② 与工作人员工作中正常活动范围的距离小于表 5-3-3 规定的设备；

表 5-3-3 工作人员工作中正常活动范围与带电设备的安全距离

电压等级/kV	≤10(13.8)	20、35	66、110	220	330	500
安全距离/m	0.35	0.6	1.5	3.0	4.0	5.0

注：表中未列电压按高一档电压等级的安全距离。

③ 在 35kV 及以下的设备处工作，安全距离虽大于表 5-3-3 规定，但小于表 5-3-4 规定，同时又无绝缘挡板、安全遮栏措施的设备；

④ 带电部分在工作人员后面、两侧、上下，且无可靠安全措施的设备；

⑤ 其他需要停电的设备。

(2) 当必须要不停电作业时，作业时人员与带电设备的距离应不小于表 5-3-4 规定。

表 5-3-4 不停电作业时人员与带电设备的安全距离

电压等级/kV	≤10	20、35	66、110	220	330	500
安全距离/m	0.7	1.0	1.5	3.0	4.0	5.0

(3) 检修设备停电，应把各方面的电源完全断开(任何运行中的星形接线设备的中性点，应视为带电设备)。禁止在只经断路器(开关)断开电源的设备上作业。应拉开隔离开关，手车开关应拉至试验或检修位置，应使各方面有一个明显的断开点(对于有些设备无法观察到明显断开点的除外)。与停电设备有关的变压器和电压互感器，应将设备各侧断开，防止向停电检修设备反送电。

(4) 检修设备和可能来电侧的断路器(开关)、隔离开关应断开控制电源和合闸电源，隔离开关操作把手应锁住，确保不会误送电。

(5) 对于难以做到与电源完全断开的检修设备，可以拆除设备与电源之间的电气连接。

2. 验电

(1) 验电时，应使用相应电压等级且合格的接触式验电器，在装设接地线或(和)接地开关处对各相分别验电。验电前，应先在有电设备上进行试验，确证验电器良好；无法在有电设备上进行试验时可用高压发生器等确证验电器良好。如果在木杆、木梯或木架上验电，不接地线不能指示者，可在验电器绝缘杆尾部接上接地线，但应经运行值班负责人或作业负责人许可。

(2) 高压验电应戴绝缘手套。验电器的伸缩式绝缘棒长度应拉足，验电时手应握在手柄处不得超过护环，人体应与验电设备保持安全距离。雨雪天气时不得进行室外直接验电。

(3) 对无法进行直接验电的设备，可以进行间接验电。即检查隔离开关的机械指示位置、电气指示、仪表及带电显示装置指示的变化，且至少应有两个指示已同时发生对应变化；若进行遥控操作，则应同时检查隔离开关的状态指示、遥测、遥信信号及带电显示装置的指示进行间接验电。

330kV 及以上的电气设备，可采用间接验电方法进行验电。

（4）表示设备断开和允许进入间隔的信号、经常接入的电压表等，如果指示有电，则禁止在设备上作业。

3. 放电

将被断开电源的设备或线路剩余的或感应的电荷放掉是安全技术措施之一。其主要内容包括以下几点：

（1）经验电确认已停电的大型电气设备和线路须进行放电操作，目的是将剩余的电荷或停电时感应的电荷放掉，以防止在设备及线路上操作的作业人员受到意外的电击伤害或由此发生的其他伤害。

（2）必须放电的设备及线路主要包括电力变压器、油断路器、高压架空线路、电力电缆、电力电容器、大容量电动机及发电机等容量较大或电感、电容较大的电气设备及线路。

（3）放电必须使用专用的导线，并用绝缘杆或开关进行。先将导线的接地端与接地网的端子接好，然后把另一端与绝缘棒顶端的金属工作部分接好，最后手持绝缘棒，将其金属工作部分分别与电气设备的进线和出线各相接线端子、线路的各相、电缆的各相及停电前带电部位接触，即可将电荷放掉。放电前必须遥测接地点的接地电阻，一般应小于4Ω。

（4）电力电容器应设置专用的放电装置，电容器停电后即可自行放电。

（5）放电操作，人体不得与放电导线接触或靠近。与设备端子接触时不得用力过猛，以免撞击端子导致损坏。放电的导线必须良好可靠，应使用专用的接地线。接地网的端子必须是已做好的接地网，并在运行中证明是接地良好的接地网。与设备端子的接触及与线路相的接触，应和验电的顺序相同。10kV以上放电操作时，应穿绝缘靴，戴绝缘手套。

（6）放电操作必须认真仔细，因为麻痹大意或怕费事在验电后不放电而直接进行作业导致发生触电事故并不是少数，作业负责人必须进行监督检查。

4. 接地

（1）装设接地线应由两人进行（经批准可以单人装设接地线的项目及运行人员除外）。

（2）当验明设备确已无电压后，应立即将检修设备接地并三相短路。电缆及电容器接地前应逐相充分放电，星形接线电容器的中性点应接地，串联电容器及与整组电容器脱离的电容器应逐个放电，装在绝缘支架上的电容器外壳也应放电。详见“3. 放电”具体内容。

（3）对于可能送电至停电设备的各方面都应装设接地线或合上接地开关，所装接地线与带电部分应考虑接地线摆动时仍符合安全距离的规定。

（4）对于因平行或邻近带电设备导致检修设备可能产生感应电压时，应加装接地线或作业人员使用个人保安线，加装的接地线应登录在作业票上，个人保安接地线由作业人员自装自拆。

（5）在门型架构的线路侧进行停电检修，如作业地点与所装接地线的距离小于10m，作业地点虽在接地线外侧，也可不另装接地线。

(6) 检修部分若分为几个在电气上不相连接的部分[如分段母线以隔离开关或断路器(开关)隔开分成几段]，则各段应分别验电接地短路。降压变电站全部停电时，应将各个可能来电侧的部分接地短路，其余部分不必每段都装设接地线或合上接地开关。

(7) 接地线、接地开关与检修设备之间不得连有断路器(开关)或熔断器。若由于设备原因，接地开关与检修设备之间连有断路器(开关)，在接地开关和断路器(开关)合上后，应有保证断路器(开关)不会分闸的措施。

(8) 在配电装置上，接地线应装在该装置导电部分的规定地点，这些地点的油漆应刮去，并划有黑色标记。所有配电装置的适当地点，均应设有与接地网相连的接地端，接地电阻应合格。接地线应采用三相短路式接地线，若使用分相式接地线，应设置三相合一的接地端。

(9) 装设接地线应先接接地端，后接导体端，接地线应接触良好，连接应可靠。拆接地线的顺序与此相反。装、拆接地线均应使用绝缘棒和戴绝缘手套。人体不得碰触接地线或未接地的导线，以防止感应电触电。

(10) 成套接地线应由有透明护套的多股软铜线组成，其截面积不得小于 $25mm^2$，同时应满足装设地点短路电流的要求。

(11) 禁止使用其他导线作接地线或短路线。接地线应使用专用的线夹固定在导体上，严禁用缠绕的方法接地或短路。

(12) 严禁作业人员擅自移动或拆除接地线。高压回路上工作，需要拆除全部或部分接地线后始能进行作业者[如测量母线和电缆的绝缘电阻，测量线路参数，检查断路器(开关)触头是否同时接触]，例如：拆除一相接地线；拆除接地线，保留短路线；将接地线全部拆除或拉开接地刀闸。

上述作业应征得运行人员的许可(根据调度员指令装设的接地线，应征得调度员的许可)方可进行，作业完毕后立即恢复。

(13) 每组接地线均应编号，并存放在固定地点。存放位置亦应编号，接地线号码与存放位置号码应一致。

(14) 装、拆接地线应做好记录，交接班时应交代清楚。

5. 悬挂标示牌和装设遮栏(围栏)

(1) 在一经合闸即可送电到作业地点的断路器(开关)和隔离开关的操作把手上，均应悬挂“禁止合闸，有人作业!”的标示牌。

如果线路上有人作业，应在线路断路器(开关)和隔离开关操作把手上悬挂“禁止合闸，线路有人作业!”的标示牌。

由于设备原因，接地开关与检修设备之间连有断路器(开关)，在接地开关和断路器(开关)合上后，在断路器(开关)操作把手上，应悬挂“禁止分闸!”的标示牌。

在显示屏上进行操作的断路器(开关)和隔离开关的操作处均应相应设置“禁止合闸，有人作业!”或“禁止合闸，线路有人作业!”以及“禁止分闸!”的标记。

(2) 部分停电的作业，安全距离小于表 5-3-4 规定距离的未停电设备，应装设临时遮栏，临时遮栏与带电部分的距离不得小于表 5-3-3 的规定数值，临时遮栏可用干燥木材、橡胶或其他坚韧绝缘材料制成，装设应牢固，并悬挂“止步，高压危险！”的标示牌。

35kV 及以下设备的临时遮栏，如因作业特殊需要，可用绝缘挡板与带电部分直接接触。但此种挡板应具有高度的绝缘性能。

（3）在室内高压设备上作业，应在作业地点两旁及对面运行设备间隔的遮栏(围栏)上和禁止通行的过道遮栏(围栏)上悬挂“止步，高压危险！”的标示牌。

（4）高压开关柜内手车开关拉出后，隔离带电部位的挡板封闭后禁止开启，并设置“止步，高压危险！”的标示牌。

（5）在室外高压设备上作业，应在作业地点四周装设围栏。围栏上悬挂“止步，高压危险！”的标示牌。

（6）在室外构架上工作，则应在作业地点邻近带电部分的横梁上悬挂“止步，高压危险！”的标示牌。在作业人员上下铁架或梯子上，应悬挂“从此上下！”的标示牌。在邻近其他可能误登的带电架构上，应悬挂“禁止攀登，高压危险！”的标示牌。

（7）严禁作业人员擅自移动或拆除遮栏(围栏)、标示牌。

第四节　电工安装要求

电气安装调试工程必须保证安全生产，在安装调试过程中，人的安全、设备的安全、线路的安全、电力系统的安全、环境安全等涉及的安全事宜永远是第一位的。因此，所有的安装单位及个人必须做到以下 11 点：

（1）建立完善、全面的安全生产管理体系，落实各个层次的安全生产责任制。

（2）建立实践型的安全生产培训教育体系，使每个参与生产的人员具备安全生产技能，时刻保持安全生产状态。

（3）编制并实施可行的各种电气安装调试作业的安全技术措施及安全设施设置的具体设置方法、材料的使用及其设施的维护保管等。

（4）建立并实施实实在在的安全生产管理及检查制度和安全设施验收制度，安全员时时在现场监督指导、企业安全机构天天讲安全生产。

（5）企业须增加保障安全生产的投入，每项工程投入的安全技术措施费及劳保用品费不得低于国家规定和实践需要，费用要专款专用。

（6）施工组织设计文件中的安全条款，项目经理必须落实，不得成为虚设。

（7）项目经理是电气安装调试工程安全生产的第一责任人，在施工过程中实施项目安全控制。详见第七章相关内容。

（8）安全生产管理体系各层次的人员在选用上要以热爱安全工作、对安全工作认真负责、兢兢业业、不辞劳苦、具有一定安装技能和权威性、秉公执正为准。

（9）操作人员不违章作业，管理人员不违章指挥。

（10）保证安全生产的基本条件：

① 严格的安全管理制度；

② 完善的电气作业安全措施；

③ 细致的电气安全操作规程；

④ 安装人员技术技能的培养和提高；

⑤ 确保电气设备、元件、材料产品质量；

⑥ 确保电气工程设计的质量；

⑦ 确保电气工程安装的质量；

⑧ 加强抵制自然灾害侵袭的能力及措施。

（11）严禁班前、班中饮酒。

第五节　电力系统自动化

电力系统自动化是指根据电力系统本身特有的规律，应用自动控制原理，采用各种具有自动检测、决策和控制功能的装置，通过信号系统和数据传输系统对电力系统各元件，局部系统或全系统进行就地或远方的自动监视、调节和控制，来自动地实现电力系统安全生产和正常运行，保证电力系统安全、经济、稳定地向所有用户提供质量良好的电能，并在电力系统发生偶然事故时，能迅速切除故障，防止事故扩大，尽快恢复系统正常运行，保证供电可靠性。

一、电力系统通信

1. 概述

电力系统覆盖面积辽阔，但各组成部分相互之间的联系十分密切，需要随时进行准确可靠的信息交互和数据共享。电力系统通信业务主要包括电力调度、远动自动化、语音通信、办公自动化及视频会议等。根据电力系统对通信的特殊需要，电力通信系统具有以下特点。

1）实时性

实时性即信息的传输延时必须很小。这是由电力系统事故的快速性所要求的。如果利用公用通信网通信，则常会遇到占线、不通的情况，显然不能满足电力系统的要求。

2）可靠性

可靠性即信息传输必须高度可靠、准确，否则，很可能会造成控制设备拒动或误动，这在电力系统中是不允许的。

3）连续性

由于电力生产的不间断性，电力系统的许多信息（如远动信息）需要占用专门信道，长期连续传送，这在公网通信中难以实现。

4）信息量较少

电力通信网主要是传送电力系统的生产、控制、管理信息，故网络传输的信息量比公网少。

5）网络建设可利用电力系统独特的资源

为实现跨区域、长距离电能输送，电力系统建设了遍及各地的高压输电线路；为满足城乡广大民众生产生活用电需求，又有纵横交错、密布街道村庄的输配电杆路和沟道。可以说，输配电线路是目前覆盖面最广的网络基础设施，而且基础坚固，较之其他网络，如电信、广电网络等，有着更高的可靠性，这是电力系统建设通信网的一个突出优势，因此，可以充分利用电力系统这一得天独厚的网络资源，比如利用高压输电线进行的载波通信，利用电力杆塔架设光缆等。

电力通信作为电力系统的重要组成部分，起着通信、远动、继电保护、办公自动化等诸多重要作用，它的自动化程度基本体现了电力系统的自动化程度稳定可靠，高效率的电力通信网络可以提高整个电力系统的安全管理和经营管理工作效率。

2. 光纤通信

光纤通信是一种以光波为信息载体、以光导纤维为传输媒介的通信方式。

1）光纤通信系统的基本组成

光纤通信系统和一般有线通信系统相似，光纤系统在线路上传送信息的运载工具是激光，有线通信是频率比光波低的电信号。光纤通信系统主要由光发送机、光纤光缆、中继器和光接收机组成，如图 5-5-1 所示(图中只画出了一个传输方向)。此外，系统中还包含了一些互连和光信号处理部件，如光纤连接器、隔离器、光开关等。

图 5-5-1 光纤通信系统构成

2）电力系统光纤通信

目前，电力系统光纤通信承载的业务主要有语音、数据、宽带业务、IP 等常规电信业务；电力生产专业业务有保护安全自动装置和电力市场化所需的宽带数据等。随着技术的进步，一些有别于传统光缆的附加于电力线和加挂于电力杆塔上的光电复合式光缆被开发出来，这些光被统称为电力特种光缆。电力系统光纤通信与其他光纤通信系统的最大区别之一，就是通信光缆的特别性。电力特种光缆受外力破坏的可能性小，可靠性高，虽然其本身造价相对较高，但施工建设成本较低。特种光纤依托于电力系统自己的线路资源，避免了在频率资源、路由协调、电磁兼容等方面与外界的矛盾和纠葛，有很大的主动权和灵活性。今后进一步大量使用高带宽、强稳定、便维护的光纤进行信息传输是电力系统通信发展的必然趋势。

3. 微波中继通信

1）微波中继通信的概念

微波中继通信是利用微波作为载波并采用中继(接力)方式在地面上进行的无线电通信，它作为一种成熟的无线通信技术，在国内外已获得广泛应用。微波频段的波长范围为 1~1000mm，频率范围为 0.3~300GHz，可细分为特高频(UHF)频段/分米波频段、超高频(SHF)频段/厘米波频段和极高频(EHF)频段/毫米波频段。微波中继通信是实现远距离通信，一般说来，通信距离往往长达数千米甚至上万米，或环绕地球曲面，由于地球曲面的影响以及空间传输的损耗，每隔 50km 左右，就需要设置中继站，将电波放大转发而延伸。这种通信方式，也称为微波中继通信或称微波接力通信。地面上 A、B 两地间远距离地面微波中继通信如图 5-5-2 所示。

图 5-5-2　微波中继通信示意图

2）数字微波通信系统的组成

数字微波通信系统组成可以是一条主干线，中间有若干支线，其主干线可以长达几百千米甚至几千千米，除了在线路末端设置微波终端站外，还在线路中间每隔一定距离设置若干微波中继站和微波分路站。数字微波通信系统设备由用户终端、交换机、终端复用设备、微波站等组成。

3）微波通信特点

微波频段占用的频带约 300GHz，而全部长波、中波和短波频段占有的频带总和不足 30MHz；一套微波中继通信设备可以容纳几千甚至几万条话路同时工作，或传输电视图像信号等宽带信号；通信稳定、可靠、抗干扰性强；通信灵活性较大；天线增益高、方向性强；投资少、建设快。

4. 电力线载波通信

电力线载波通信是电力系统特有的通信方式，用于电力调度所与变电所、发电厂之间的通信，它是利用现有电力线作为信息传输媒介，通过载波方式高速传输模拟或数字信号的一种特殊通信技术，具有信息传输稳定可靠、路由合理的特点，是唯一不需要线路投资的有线通信方式。电力线载波通信是先将数据调制成载波信号或扩频信号，然后通过耦合器耦合到 220V 或其他交/直流电力线甚至是没有电力的双绞线上。电力线载波通信具有物理链路现成、易维护、易推广、易使用、低成本等优点，显示出了良好的前景和巨大的市场潜力。

1）频分复用多路通信的基本原理

频分复用是指在一条公共线路或信道上利用不同频率来传送各路相互无关的信息，以实现多路通信的方式，适用于模拟通信系统。

实现频分复用多路通信，首先必须在发信端把各路原始话音信号的基带频谱 0.3～3.4kHz，通过“频率搬移”搬到适合线路传输的频带内依次排列起来且互不重叠，然后在线路上传输到收信端，在收信端利用各路信号所占用的线路传输频带的位置不同，通过“频率分割”把各路信号频带分割出来，再各自进行反“变换”，恢复其原来的基带频谱，之后分别由各自对应的用户接收，从而实现了频分复用多路通信。

2）电力线载波通信系统的组成

电力线载波通信系统的组成如图 5-5-3 所示，由此可见，整个系统主要由电力线载波机 ZJ、电力线路和耦合装置组成。其中，耦合装置包括线路阻波器 GZ、耦合电容器 C、结合滤波器 JL 和高频电缆 GL。通常将 A、B 用户间的部分称为电路，而将 A、B 两端载波机外线输出端 D、E 之间的各组成部分统称为电力线高频通道。

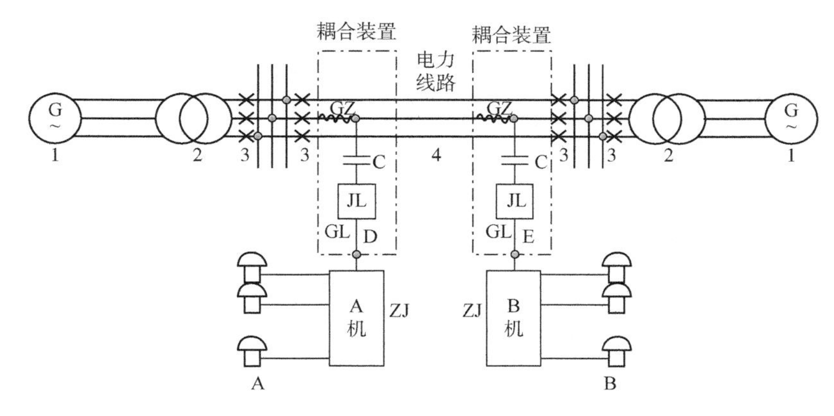

图 5-5-3　电力线载波通信系统组成示意图

1—发电机；2—变压器；3—断路器；4—电力线

图 5-5-3 中，电力线载波机的作用是对用户的原始信息信号实现调制与解调，并使之满足通信质量的要求。耦合电容器 C 和结合滤波器 JL 组成一个带通滤波器，其作用是通过高频载波信号，并阻止电力线上的工频高压和工频电流进入载波设备，确保人身、设备安全，线路阻波器 GZ 串接在电力线路和母线之间，又称为电力系统一次设备的“加工设备”。加工设备的作用是通过电力电流、阻止高频载波信号漏到电力设备(变压器或电力线分支线路)，以减小变电所或分支线路对高频信号的介入衰减，以及同母线不同电力线路上高频通道之间的相互串扰。在电力系统中，载波站一般设置在发电厂或变电所内。

5. 电力通信网络技术

1）混合通信网络

电力调度自动化系统的目的是保证电力系统安全、稳定、经济地运行，有大量信息要在端站、调度所和电力设备间传递。从地理覆盖范围及采用的网络技术来分，可把整个电力通信网络划分为主干网和本地网两种类型。

主干网主要承担长途通信的任务，连接国家电力调度中心和各网、省电力公司及特别重要的发电厂站的骨干通信网络，网、省电力公司与所辖地区电力局的通信干线也可视为主干网的一部分，或视其为主干网的末梢。

本地网则指局限于较小范围的通信网络，包括城域网和厂站通信系统等。

由于不同业务信息对通信的要求不同，电力调度自动化的通信功能往往需由多种通信系统组合在一起构成混合通信网络，共同完成相关功能。

2）通信网络管理与安全

网络管理系统功能有五类，即性能管理、故障管理、配置管理、安全管理和账目管理。性能管理负责对通信设备和网络单元的有效性能进行评价；故障管理是对设备和网络的故障进行检测、隔离和校正；配置管理负责系统设备和网络状态管理系统运行、配置系统升级扩容等；安全管理利用各种安全措施，保证网络的安全运行；账目管理旨在确定网络服务使用情况，并计算服务费用。

电力信息网络的安全问题包括电力通信网络的安全和电力信息系统的安全两个方面。为了保证电力信息网络的安全，应根据网络实际运行情况和条件，采取全面的技术措施，包括运用防火墙技术、认证加密技术、防病毒技术、入侵检测技术和漏洞扫描技术等。

二、电力系统调度自动化

1. 概述

电力系统调度自动化可概述为遥测、遥信、遥控、遥调、遥视这“五遥”功能，电力调度的主要任务就是控制整个电力系统的运行方式，使整个电力系统在正常运行状态下能满足安全生产和经济地向用户供电的要求，在事故状态下能迅速消除故障的影响和恢复正常供电。电力系统中各发电厂、变电所的实际运行状况，线路的有功、无功潮流，以及母线电压等信息，可通过装设在各厂站的运动装置送至调度所。信息送至调度所后，由调度中心的运行人员和计算机系统对当前系统运行状态进行分析计算，将计算结果和决策命令通过远动的下行通道送至各个厂所，从而实现电力系统的安全、经济运行。

2. 数据采集和监控(SCADA)

1）SCADA 主要功能

SCADA 是调度自动化系统的最基础的功能，也是地区或县级调度自动化系统的主要功能。它主要包括以下几个方面：

(1) 数据采集。采集的数据包括模拟量、状态量、脉冲量、数字量等。断路器状态、隔离开关状态、报警和其他信号等均用状态量表示，电压、功率、温度和变压器抽头位置等则用数字量表示。

(2) 信息的显示和记录。它包括系统或厂站的动态主接线实时的母线电压、发电机的有功和无功出力、线路的潮流、实时负荷曲线、负荷日报表的打印记录、系统操作和事件顺序记录信息的打印等。

(3) 命令和控制。它包括断路器和有载调压变压器分接头的远方操作，发电机有功和无功出力的远方调节。

(4) 越限告警。对需要报警的值设定上、下限，越限时即报警，同时越限数据变色，并根据需要打印记录。

(5) 实时数据库和历史数据库的建立。

(6) 数据预处理。它包括遥测量合理性的检验、数字滤波、遥信量的可信度检验等。

(7) 事故追忆。对事故发生前后的运行情况进行记录，以便分析事故的原因。

(8) 多种网络互联功能。可通过网桥或路由器与管理信息系统(MIS)互联，共享双方服务器中的数据，支持多种网络协议，可根据用户要求采用不同的网络通信协议与其他计算机网络互联。

(9) 性能计算和经济分析功能系统可以提供在线性能计算的功能计算机组，以及辅机的各种效率和性能值，如热耗、气耗、煤耗、厂用电、热效率等，给运行人员和管理人员提供操作和运行管理信息。

（10）开关量变态处理功能。开关量输入信号主要来自各种开关量变送器，如温度、压力、液位、流量、差压开关，以及反映辅机工作状态的继电器触点。开关量的处理主要是监测开关量的状态变化。

2）SCADA 主要控制组件

（1）控制服务器。控制服务器作为与低层控制装置通信的监控软件的主机。

（2）SCADA 服务器或主控端设备(MTU)。SCADA 服务器是作为 SCADA 系统主导者的设备。位于远程现场站点的 RTU 和 PLC 装置，通常作为从属设备。

（3）远程终端设备(RTU)。RTU 是设计用于支持 SCADA 远程站点的专用数据采集与控制设备。RTU 现场设备，往往配备无线射频接口以支持有线通信无法实现的远程情况。有时，PLC 被实现为现场设备用作 RTU，在这种情况下，PLC 常常被称为 RTU。

（4）可编程逻辑控制器(PLC)。PLC 是基于计算机的固态装置，已经发展成为具有控制复杂程序能力的控制器。RTU 广泛地应用于 SCADA 系统中，因为它经济、通用、灵活且可配置。

（5）智能电子装置(IED)。IED 是“聪明的”传感器/执行元件，具有采集数据、与其他装置通信及执行本地过程与控制所需的智能性。IED 可以在一个装置内组合模拟输入传感器、模拟输出，低级控制功能、通信系统和程序存储器。在 SCADA 中使用 IED 便于在本地实现自动控制。

（6）数据历史库。数据历史库是用于记录 SCADA 所有过程信息的集中数据库。存储在该数据库中的信息可以取出用于各种分析，从统计性的过程控制到企业级规划。

（7）输入/输出(I/O)服务器。I/O 服务器是负责收集、缓存并支持访问来自 PLC、RTU 和 IED 等次级控制组件过程信息的控制组件。I/O 服务器可以设置于控制服务器或单独的计算机平台。I/O 服务器还用于与第三方控制组件接口，比如人机界面和控制服务器。

3）计算机数据采集系统的基本结构及特点

（1）微型计算机具有较高的运算速度和处理能力，可以进行大量的、复杂的运算和数据处理；微型计算机具有比较强的外部设备驱动能力。因此，可以满足各种不同层次的数据处理要求。

（2）微型计算机数据采集系统的结构简单，容易实现，能够满足中小规模数据采集系统的要求；采用微型计算机的数据采集系统可以作为分布式数据采集系统的一个基本组成部分进一步扩充。

（3）分布式数据采集系统的适应能力强，无论是大规模的系统，还是中小规模的系统，分布式系统都能够适应；系统的可靠性高，实时响应性好。

4）SCADA 系统的基本流程

操作员或工程师用人机界面(HMI)来配置整定值、控制算法及调节和建立控制器中的参数，HMI 也显示过程状态信息和历史信息。远程诊断维护程序用于防止、识别故障和故障后的恢复。控制环包括用干测量的传感器、控制器硬件、控制阀等执行元件，断路器，开关和电动机，以及变量的通信控制量由传感器送到控制器。控制器解析信号并基于整定值产生相应的操纵量，将它传递给执行元件。扰动后的过程变化带来新的传感器信号，用以识别过程的状态，再传给控制器，整个流程如图 5-5-4 所示。

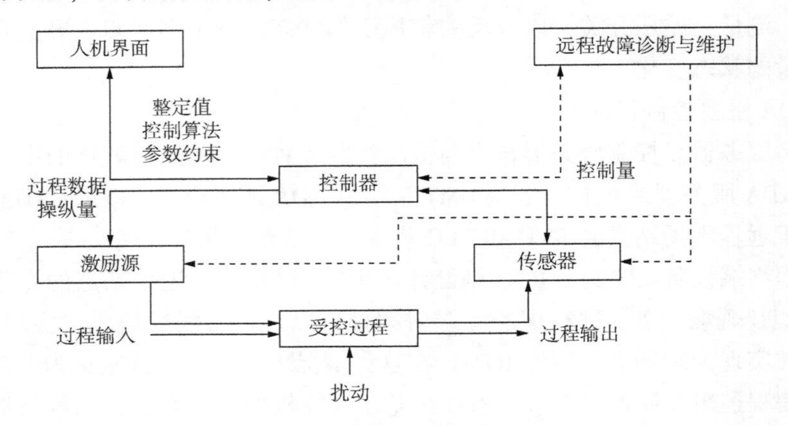

图 5-5-4　SCADA 系统基本流程

数据传送有两种方式：一是应主站要求的直接报告方式；二是在量测量变化(超过死区)或状态量变位时的例外报告方式。当前，数据收集普遍按两种形式进行：一是循环式，即现场发送端循环不断地将数据送给主站的接收端，需独占信道；二是应答式，由主站依次查询远程终端有无信息发送，几个终端可以共用同一信道。主站计算机系统分为集中式和分布式两大类，近年来分布式系统发展很快。

3. 自动发电控制(AGC)

1）AGC 的功能

AGC 的功能是以 SCADA 功能为基础而实现的，一般写成 SCADA+AGC。AGC 是为了实现下列目标：

(1) 对于独立运行的省网或大区统一电网，AGC 自动控制网内各发电机组的出力，以保持电网频率为额定值。

(2) 对路省的互联电网各控制区域，AGC 的功能目标是既要承担相互联电网的部分调频任务，以共同保持电网频率为额定值，又要保持其联络线交换功率为规定值。

(3) 对周期性的负荷变化按发电计划调整出力，对偏离预计的负荷，实现在线经济负荷分配。

2）AGC 的控制原理

电力系统对负荷变动导致的频率变动有三种调节方式，即一次调频、二次调频和三次调频。

一次调频即由调速系统来完成的自动调频，响应速度最快，但由于调节器为有差调节，当负荷变动幅度大时系统的频差也大，因此，一次调频不能满足频率质量的要求。为达到无差调频的目的，需要对系统进行二次调频。

二次调频主要是 AGC 通过计算全系统频率的高低并发出控制命令对频率进行调节，也就是通过区域调节控制使区域控制误差(Area Control Error，ACE)调整到零，从而达到无差调节要求。

三次调频是由经济调度程序对系统中所有按给定负荷曲线运行的发电机组分配调整任务，它通常以发电成本最小为目标。

目前，世界上安装了很多种不同形式的 AGC 系统。这些系统有相同点，也有很多不同之处。现代 AGC 控制仍在不断发展中。AGC 控制的总体框图如图 5-5-5 所示，调速器/汽轮机本身虽不属于 AGC 系统，但图中表示了它在 AGC 中的作用。AGC 包括三个回路，即机组单元控制、区域跟踪控制和区域调整控制。

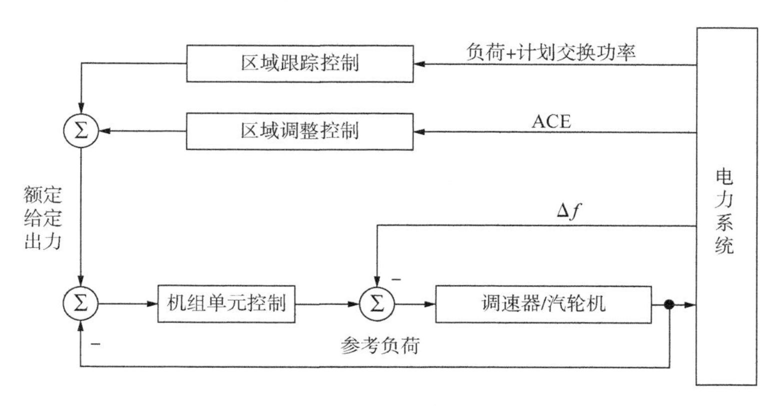

图 5-5-5 AGC 控制框图

Δf—频率的变化量

机组单元控制提供发电机输出的闭环控制，是基本的控制环节，其任务是调整机组的控制误差，使机组的实际出力与给定出力误差为零。

区域跟踪控制确定机组给定出力、确定机组出力基点及区域间交换功率等。

区域调整控制实现负荷频率控制功能，确定参与调频机组间的功率分配，使区域控制误差 ACE 为零，是 AGC 的核心。它在参与调频机组间按 ACE 大小分配定额。这个闭环控制系统可分为两个层次：一层为负荷分配回路，AGC 通过 RTU 通信通道及 SCADA 获得所需的实时量测数据，由 AGC 程序形成以 ACE 为反馈信号的系统调节功率，根据机组的实测功率和系统的调节功率，按经济分配的原则分配给各机组，并计算出各机组或电厂的控制命令，再通过 SCADA 通信通道及 RTU 送到电厂的机组调功装置；另一层是各机组的控制回路，它调节机组出力（二次调节）使之跟踪 AGC 的控制命令，最终达到 AGC 的控制目的。

3）国外自动发电控制的发展趋势

国外自动发电控制的发展趋势有以下几方面：

（1）与网络分析相结合，改进线损修正和安全约束调度（尤其是最优潮流）。

（2）在线机组耗热特性测试和电厂效率系统的建立，实时电价计算。

（3）基于现代控制理论的动态经济调度的研究。

（4）零散发电（小水电和风力发电）的预测和跟踪。

（5）综合燃料计划，控制环境污染。

4. 经济调度控制

经济调度控制(EDC)是在给定的电力系统运行方式中，在保证频率质量的条件下，以全系统的运行成本最低方式，将有功负荷需求分配于各可控的发电机组，并在调度过程中考虑电力系统安全可靠运行的约束条件。与 AGC 相配套的在线经济调度控制是实现调度自动化的一项重要功能。

5. 能量管理系统

能量管理系统(Energy Management System，EMS)是一套为电力系统控制中心提供数据采集、监视、控制和优化，以及为电力市场提供交易计划安全分析服务的计算机软硬件系统的总称，也可以说是现代电网调度自动化系统的总称，它是 SCADA 系统的扩充。电力调度自动化主站系统经过单纯的 SCADA 系统已经发展为能量管理系统(EMS)，EMS/SCADA 是以计算机为基础的电力系统的综合自动化系统。

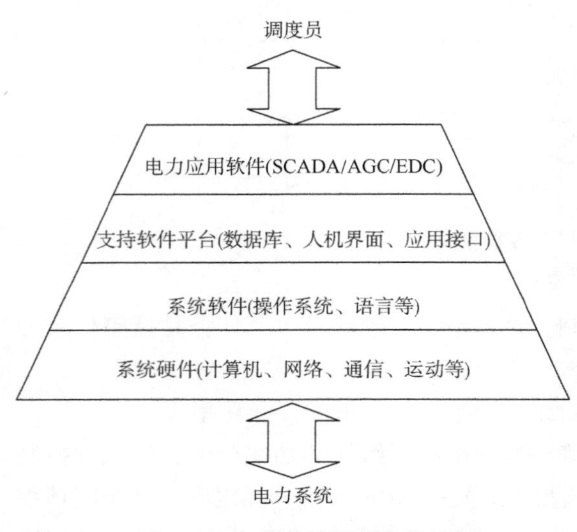

图 5-5-6　能力管理系统结构图

EMS 是一个复杂的计算机应用系统，其结构可用图 5-5-6 表示。它包括为上层电力应用提供服务的支撑软件平台，以及为发电和输电设备安全监视与控制、经济运行提供支持的电力应用软件，其目的是用最小成本保证电网的供电安全性。其基础部分包括计算机和网络设备等硬件、操作系统、EMS 支持系统；其应用部分除了包括 SCADA、AGC、EDC 外，还增加了状态估计、安全分析、调度员模拟培训等一系列功能。新增功能简介如下：

(1) 状态估计(State Estimator，SE)。电力系统状态估计是电力系统高级应用软件中的一个重要模块，许多安全和经济方面的功能都要用可靠数据集作为输入数据集，而可靠数据集就是状态估计程序的输出结果。因此，状态估计是一切高级软件的实现基础，真正的能量管理系统必须有状态估计功能。状态估计是根据有冗余的测量值对实际网络的状态进行估计，得出电力系统状态的准确信息，并产生可靠的数据集。状态估计从实时网络的冗余测量值中获取一组电力系统的母线电压幅值和相角，采用统计的估计方法进行计算。SE 包括下面一些必不可少的功能：网络模型生成器(Net Work Builder，NWB)、可观测性程序(Observability Routine，OR)、坏数据检出与辨识、变压器抽头处理和母线负荷预报。

(2) 安全分析(Security Analysis，SA)。安全分析分为静态安全分析和动态安全分析两类。

① 静态安全分析。一个正常运行的电网常常存在着许多潜在危险因素，静态安全分析的方法就是对电网一些可能发生的事故进行假想的在线计算机分析，校核这些事故发生

后电力系统稳态运行方式的安全性，从而判断当前的运行状态是否有足够的安全储备。当发现当前的运行方式安全储备不够时，就要修改运行方式，使系统在有足够安全储备的方式下运行。

② 动态安全分析。动态安全分析就是校核电力系统是否会因为一个突然发生的事故而失去稳定，校核因假想事故发生后电力系统能否保持稳定运行的稳定计算，由于精确计算工作量大，难以满足实施预防性控制的实时性要求，因此，人们一直在探索一种快速而可靠的稳定判别方法。

(3) 调度员模拟培训(Dispatcher Training Simulator，DTS)。DTS主要是使调度员熟悉本系统的运行特点，熟悉控制设备和电力系统应用软件的使用；培养调度员处理紧急事件能力；试验和评价新的运行方法和控制方法。

调度自动化系统随着电力系统发展的需要和计算机技术及通信技术提供的可能而变化，电网调度自动化技术的发展，可以使电网运行的安全性和经济性达到更高的水平。我国电力系统调度目前已基本实现主干通道光纤化、信息传输网络化、电网调度智能化、运行指标国际化和管理手段现代化，随着计算机技术的飞速发展，电力调度自动化也日新月异，更多新领域、新方向在开发研究之中。

(4) 网络拓扑(Network Topology，NT)。NT又称为网络状态处理器(Network Status Processor，NSP)，用以辨识电力系统每个独立网络中所有元件的连接情况。根据独立网络中现有电源和接地开关开合(一般为人工输入)的状况，网络状态处理器辨识该网络元件是否带电、无电或接地。

(5) 调度员潮流(Dispatcher Load Flow，DLF)。DLF又称为在线潮流(On Line Load Flow，OLLF)，可在实时或模拟状态下分析电力系统的运行工况，用于和调度员会话或供运行规划工程师研究。此潮流程序还用于建立事故预想的基本案例，以及在优化潮流(OPF)中作为子程序使用。

三、电厂自动化系统

1. 概述

对各类发电厂的安全生产和经济运行实现自动控制是现代电力系统的必然要求。电厂自动化系统是一个集计算机、控制、通信网络及电力电子为一体的综合系统，不仅可以完成对单个电厂，还可以进一步实现对梯级流域，甚至跨流域的电厂群的经济运行和安全监控。电厂自动化系统随电厂类型的不同而有所区别，火电厂的自动化系统主要有计算机监视和数据系统、机炉协调主控系统、锅炉自动控制系统、汽机自动控制系统、电气控制系统，以及辅助设备自动控制系统等。水电厂的自动化系统则需要控制水轮机、调速器及发电机励磁自动控制，以及辅助设备自动控制等。大型火电厂的监视和控制系统经过了对动力机械自动模拟控制、功能设备分散方式的数字控制、分层分散方式的数字控制三个阶段，其特征是各发电机组所用的计算机系统彼此孤立。今天已发展到采用分层开放式工业自动化系统构成火电厂综合自动化系统。水电厂自动化的控制对象分散，包括水轮发电机组、开关站、公用设备、阀门及船闸等。按控制对象为单元设置多套相应的装置，构成水电厂现场控制单元，完成控制对象的数据采集和处理、机组等主要设备的控制和调节，以及装置的数据通信等。水电厂采用分布式处理，一般与电厂分层控制相结合，形成水电厂分层、分布式控制系统。

2. 电厂自动化系统的构成

电厂自动化从生产到管理一般分为三个层次：下层的控制操作层，面向运行操作者；中间的生产管理层，面向生产和技术管理者；上层的经营管理层，面向行政和经营管理者。目前，我国许多电厂均建立了面向运行操作者的集散控制系统（DCS）和面向经营管理层的管理信息系统（MIS），而在 DCS 和 MIS 间还有必要建立一套面向电厂生产管理层的厂级监控信息系统（SIS），形成管控一体化的厂级综合自动化系统。这是当前电厂自动化发展的重点。

在安全保障、稳定发电、降低人员劳动强度等基本上已经满足的情况下，进一步改进电厂自动化水平，提高生产效率是电厂的重要任务，而优良的系统集成是电厂企业实现这一目标的必由之路。电厂计算机集成过程系统（CIPS）模型的体系结构可从总体上描述电厂自动化集成体系的基本内容、层次及相互关系。

CIPS 是指针对流程工业的特点，综合应用计算机技术、现代化管理技术、信息技术、控制技术、自动化技术和系统工程技术来改造传统意义上的流程工业。

实现生产环节集成，人员、技术、经营管理三要素的综合控制和管理，以及物料流和信息流有机集成，并优化运行的复杂大系统。从目前我国发电厂信息技术体系的现状出发，根据电厂生产管理、过程控制与总体优化、信息集成的需求，发电厂 CIPS 应该由管理信息系统（MIS）、厂级实时监控信息系统（SIS）、过程自动化系统[包括集散控制系统（DCS）、数据采集系统（DAS）、可编程控制器（PLC）及远动终端（RTU）等]和计算机网络/数据库支撑系统四个子系统组成。

电厂 CIPS 体系结构（图 5-5-7）可由一个三维模型表示。

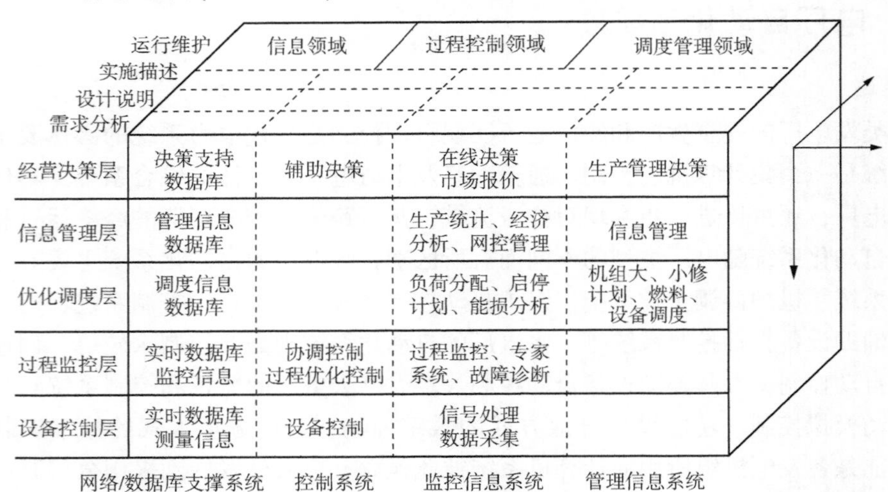

图 5-5-7　电厂 CIPS 的体系结构

一个火电厂的 CIPS 集成框架如图 5-5-8 所示。

电厂 CIPS 在计算机通信网络和分布式数据库的支持下，实现信息与功能的集成、管理与决策的综合，最终形成一个能适应生产环境不确定性和市场需求多变性的全局最优的高质量、高柔性、高效益的智能电力生产系统。

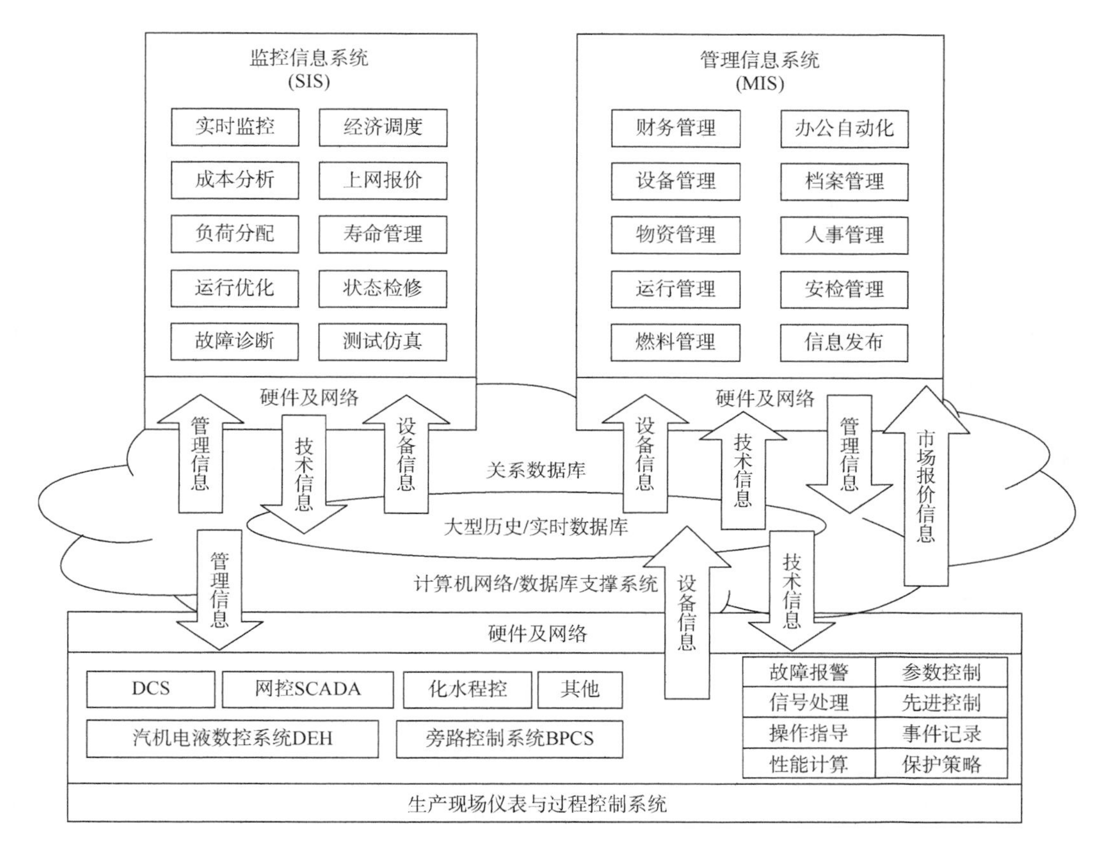

图 5-5-8　火电厂 CIPS 的集成框架

3. 电厂自动化系统的功能

电厂 SIS(厂级实时监控信息系统)的主要功能如下。

1）全厂各生产系统实时信息显示

该功能以画面、曲线、棒状图等形式显示机组及其辅助设备的运行状态、参数、系统图，为厂级生产管理人员提供实时信息。同时记录生产过程的主要数据，生成各职能部门需要的全厂各类生产、经济指标统计报表。

2）性能计算和经济性分析

该功能用于计算单元机组各主辅设备的效率等性能参数，主要有锅炉、汽轮机、凝汽器、给水加热器、锅炉给水泵及给水泵汽轮机、空气预热器、过热器、再热器、泵与风机等性能计算。它以获得最佳发电成本为目标，将机组和辅助设备的当前各性能参数与理想值进行计算比较，将偏差以百分数形式显示于屏幕，以使运行人员矫正偏差。

3）在线性能监测与分析

该功能的主要目的是通过收集和分析有用、实时的运行数据，实现对电厂运行条件的优化，以改善电厂的性能参数和经济性，系统能计算实际系统性能参数与性能参数的应达值之差，指出造成参数偏差的原因。还要计算这些偏差将造成的设备异常或损耗，发出警报，并能提供长期记录。系统根据性能参数的偏差值，在监视屏上显示运行人员可控参数，使运行人员通过调整设备减小偏差。

4. 预测与预防性维护

在生产过程中对设备的多种性能指标进行实时检测和评估，再根据预先确定的数学模型进行分析、计算和预测，实现机组寿命管理设备状态监视和故障诊断。

5. 全厂负荷优化调度

在出现电力市场交易中心后，传统的计划经济模式改为通过电厂或机组的电量竞价模式分配负荷，调度中心把实时负荷指令直接下达到电厂的监控系统，此时，利用 SIS 可改变电网总调对电厂负荷的控制方式，总调不再直接控制机组，而改为对全厂监控系统发出负荷指令。后者根据总调来的预测负荷曲线，结合机组负荷响应性能，实现各机组的负荷最优分配，以获取全厂最大的经济效益，并可根据需要分别制定出实时优化、短期优化和中期优化，有利于电厂的经济运行，也有利于厂网分开、竞价上网的商业化运行方式的实现。

四、变电站综合自动化

1. 概述

随着计算机、通信和电子技术的飞速发展，变电站自动化中必然会引入相关的新技术。变电站自动化设备和装置将向一体化、智能化方向发展。例如，一次设备和二次功能的一体化，变电站内变压器、断路器等一次主要设备和控制、保护、监视、数据采集、数据传输等二次功能的一体化。又如，以往二次功能中人工介入部分将由智能化元器件来代替。同时，由于变电站(尤其是高压、超高压变电站)中高电压、大电流的导线和设备，使周围环境处于强大的电磁场影响之下，加之上面提到的一次设备和二次功能的一体化，使强、弱电设备组成一体，造成控制、保护、自动化等二次设备深入现场，面临恶劣的电磁环境，突出了电磁兼容问题。以往由于开关操作和短路故障产生的暂态过程、雷电流的侵入等使保护误动作、自动化设备损坏等情况时有发生。因此，引入提高设备电磁兼容性的新技术，也将成为变电站自动化技术的发展热点。

2. 变电站综合自动化系统的构成

变电站综合自动化系统经历了集中式、分层分布式等几个发展阶段。

1）集中式变电站综合自动化系统结构

集中式是指用一台计算机(工控机)完成上述综合自动化的全部功能。对于大容量高压变电站，需要保护和控制的设备很多，用集中式结构时可靠性、灵敏性不能满足要求，随着计算机价格的不断下降，到 20 世纪末，变电站综合自动化向分层分布式结构发展。

2）分层分布式变电站综合自动化系统结构

分层分布式变电站综合自动化系统是将变电站信息的采集和控制分为管理层、站控层和间隔层三级分层布置。在结构上采用主从 CPU 协同工作方式，各个功能模块(通常是各个从 CPU)之间采用网络技术或串行方式实现数据通信，多 CPU 系统提高了处理并行多发事件的能力，解决了集中式结构中一个 CPU 计算处理的瓶颈问题，方便了系统扩展和维护，局部故障不影响其他模块(部件)正常运行。

3）分散与集中相结合的分布式变电站综合自动化系统结构

这是目前国内外最为流行、受到广大用户欢迎的一种综合自动化系统，如图 5-5-9 所示。

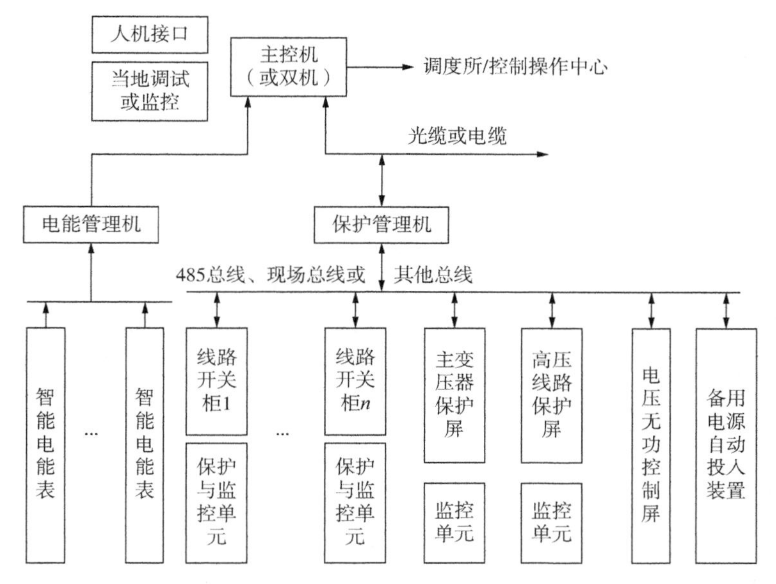

图 5-5-9　分散与集中相结合的分布式变电站综合自动化系统结构示意图

它采用面向对象，即面向电气一次回路或电气间隔(如一条出线、一台变压器、一组电容器等)的方法进行设计，间隔层中各数据采集、监控单元和保护单元制作在一起。设计在后一机箱中，并将这种机箱就地分散安装在开关柜或其他一次设备附近。这种间隔单元的设备相互独立，仅通过光纤或电线网络由站控机对它们进行管理和交换信息。这是将功能分布和物理分散两者有机结合的结果。通常，能在间隔层内完成的功能一般不依赖通信网络。

这种组态模式集中了分布式的全部优点。此外，还最大限度地压缩了二次设备及其繁杂的二次电缆，节省土地投资；这种结构形式本身配置灵活，从安装配置上除了能分散安装在自隔开关柜上外，还可以实现在控制室内集中组屏或分层组屏，即一部分集中在低压开关室内，而高压线路保护和主变压器保护装置等采用集中组屏的系统结构，称为分散与集中相结合的结构。它不仅适合应用在各种电压等级的变电站中，而且在高压变电站中应用更趋于合理，经济效益更好。

变电站综合自动化系统主要由保护系统、监控系统和信息管理系统三大部分组成，在结构上多为分布式结构，并引入计算机局域网(LAN)技术，将站内所有的智能化装置(IED)连接起来。网上节点可分成主站和子站两大类。其系统构成如图 5-5-10 所示。

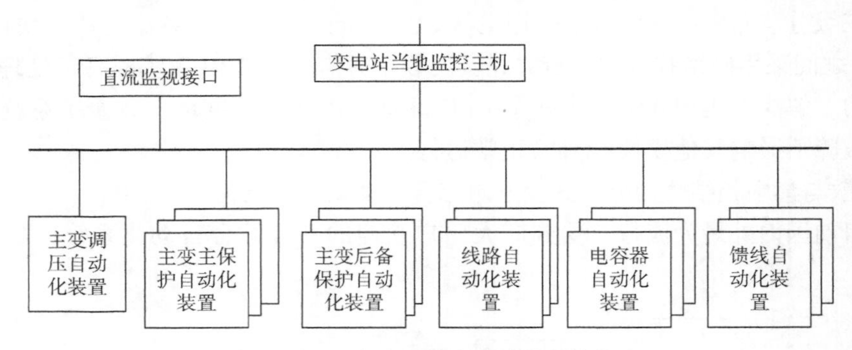

图 5-5-10 变电站综合自动化系统构成

变电站综合自动化系统采用分布式结构有两种组态方式，即全分散式和局部分散式。

(1) 全分散式。采用全分散式变电站综合自动化系统时，将各子站即多功能微机保护装置分散就地安装在一次设备上，各子站之间、子站与主战之间用通信电缆或光缆连成LAN，除此之外，几乎不再需要有连线。这种系统的优点是变电所二次接线简单清晰，节省大量电缆，大大减少控制室面积，比较适合城市变电站。

(2) 局部分散式。局部分散式即分布式结构集中组屏方式采用种方式，将多功能微机保护装置集中组屏安装，通常将组屏安装在保护小间内，保护小间设在一次设备附近，根据变电站的电压等级和规模可设几个保护小间，以便就近管理，节省电缆，比较适合220kV 及以上大型变电站。

3. 变电站综合自动化系统的功能

变电站综合自动化功能由电网安全稳定运行和变电站建设、运行维护的综合经济效益要求所决定。变电站在电网中的地位和作用不同，变电站自动化系统有不同的功能。具体可归纳为以下几点。

1）监控子系统的功能

监控子系统将取代常规的测量系统，取代针式仪表，改变常规的操作机构和模拟盘，取代常规的告警、报警、中央信号、光字牌等，取代常规的远动装置等。监控子系统的功能有数据采集、数据库的建立与维护、顺序事件记录及事故追忆、故障记录、录波和测距功能、操作控制功能、安全监视功能、人机联系功能、打印功能、数据处理与记录功能、谐波的分析与监视处理、画面生成及显示、在线计算及制表功能、电能量处理、远动功能、运行管理功能等。此外，还具有时钟同步、防误闭锁、同步、系统自诊断与恢复以及与其他设备接口等功能。

2）微机保护系统功能

微机保护系统功能是变电站综合自动化系统的最基本、最重要的功能，它包括变电站的主设备和输电线路的全套保护，高压输电线路保护和后备保护，变压器的主保护、后备保护及非电量保护，母线保护，低压配电线路保护，无功补偿装置保护，所用变保护等。

3）后备控制和紧急控制功能

当地后备控制和紧急控制功能包括人工操作控制、低频减负荷、备用电源自投和稳定控制等。

实现变电站综合自动化的主要目的不仅是用以微机为核心的保护和控制装置来代替传统变电站的保护和控制装置，其关键还在于实现信息交换。通过控制和保护互连、相互协调，允许数据在各功能块之间相互交换，可以提高它们的性能。

4. 变电站综合自动化系统的特点

从上述变电站综合自动化系统的概念、构成和功能中，可看出变电站综合自动化系统有以下几个突出的特点。

1）功能综合化

变电站综合自动化系统是一个技术密集、多种专业技术相互交叉、相互配合的系统，是以微电子技术、计算机硬件和软件技术、数据通信技术为基础发展起来的。传统变电站内全部二次设备的功能均综合在此系统中。监控子系统综合了原来的仪表屏、操作屏、模拟屏和变压器柜、远动装置、中央信号系统等功能；保护子系统代替了电磁式或晶体管式继电保护装置；还可以根据用户的需要，将微机保护子系统和监控子系统结合起来，综合故障滤波、故障测距、自动低频减负荷、自动重合闸和小电流接地选线等自动装置功能。这种综合性功能是通过局域通信网络中各微机系统硬、软件的资源共享实现的。

2）分层、分布化结构

综合自动化系统内各子系统和各功能模块由不同配置的单片机和微型计算机组成，采用分布式结构，通过网络、总线将各子系统连接起来。一个综合自动化系统可以有多个微处理器同时并行工作，实现各种功能。另外，按照各子系统功能分工的不同，综合自动化系统的总体结构又按分层原则来组成。

3）操作监视屏幕化

变电站实现综合自动化后，不论有人值班还是无人值班，操作人员可在变电站内或是在主控站、调度室内，面对彩色大屏幕显示器进行变电站的全方位监视与操作。

4）运行管理智能化

变电站综合自动化的另一个最大的特点之一是运行管理智能化。智能化不仅实现了许多自动化的功能，而且具有故障自诊断、自恢复和自闭锁等功能。这对于提高变电站的运行管理水平和安全可靠性具有非常重要的意义。

5）通信手段多元化

计算机局域网络技术和光纤通信技术在综合自动化系统中得到了普遍应用，因此，系统具有较高的抗电磁干扰能力，能够实现数据高速传送，满足了实时性要求，组态灵活、易于扩展、可靠性高，大大简化了常规变电站繁杂量大的各种电缆。

6）测量显示数字化

变电站实现综合自动化后，微机监控系统彻底改变了传统的测量手段，常规指针式仪表全被显示屏上的数字显示所取代，这不仅减轻了人员的劳动强度，而且大大提高了测量精度和管理的科学性。

第六节　电气工程安全要点

一、保证电气工程安全的主要措施

保证电气工程安全主要有组织管理措施和技术措施两种。

组织管理措施又分管理措施、组织措施和急救措施三种。其中，管理措施主要有安全机构及人员设置，制订安全措施计划，进行安全检查、事故分析处理、安全督察、安全技术教育培训，制定规章制度、安全标志以及电工管理、资料档案管理等。

组织措施主要是针对电气作业、电工值班、巡回检查等进行组织实施而制定的制度。

急救措施主要是针对电气伤害进行抢救而设置的医疗机构、救护人员以及交通工具等，并经常进行紧急救护的演习和训练。

技术措施包括直接触电防护措施、间接触电防护措施以及与其配套的电气作业安全措施、电气安全装置、电气安全操作规程、电气作业安全用具、电气火灾消防技术等。

组织管理措施和技术措施是密切相关、统一而不可分割的。电气事故的原因很多，有时也很复杂，如设备质量低劣、安装调试不符合标准规范要求、绝缘破坏而漏电、作业人员误操作或违章作业、安全技术措施不完善、制度不严密、管理混乱等都会造成事故发生，这里面有组织管理的因素，也有技术的因素。因此，电气安全工作中，一手要抓技术，使技术手段完备，一手要抓组织管理，使其周密完善，只有这样，才能保证电气系统、设备和人身安全。

二、电气安全组织管理的任务

(1) 经常组织员工，特别是单位领导干部学习国家对劳动保护、安全用电方面的方针、政策、法规以及当地供电部门、本行业的法规、条例等，并及时有力地贯彻执行。

(2) 经常组织电气技术人员、管理人员、电工作业人员及针对用电人员、电器操作人员，进行电气安全技术管理和电气安全技术的学习培训。

(3) 有计划、有针对性地组织电气安全专业性检查，及时发现和消除安全隐患和因素，同时对电气系统、电气管理和电气作业人员、电气操作人员的不安全行为、违章及误操作进行监督检查并及时纠正。

(4) 对电气工程的设计、安装调试进行电气安全督察，及时纠正和消除电气工程中的不安全因素，特别是电气设备元件本身的安全可靠性能，是安全督察的重点。

(5) 制订电气安全措施计划，搞好技改工作，改善员工劳动条件，治理尘、毒、噪声、电磁危害、静电、火灾爆炸等行业性职业危害，保障用电安全。

(6) 制定和修订电气安全的规章制度及组织措施中的电气作业、电工值班、巡回检查等制度以及电气安全操作规程等，并组织实施。

(7) 做好触电急救工作，及时处理电气事故，同时做好电气安全资料档案管理工作。

(8) 做好电气作业人员(电工)的管理工作，如上岗培训、专业技术培训考核、安全技术考核、档案管理等。

(9) 制定安全标志，并做好安装、维护、检查、宣传等。

(10) 做好综合管理工作，全力保证安全技术措施的实施。

三、电气安全管理机构的职责

电气安全管理机构是单位安全管理机构的组成部分，其职责的中心是完成上述安全组织管理的任务和组织安全技术措施的实施。

1. 单位的安全机构

单位的安全机构一般称安全委员会(或安全领导小组)，通常由单位负责人、安全科、车间或基层单位、班组四部分组成，其中安全科是负责安全工作的职能部门，有统筹、协调的职能，是单位领导安全工作的好参谋，又是基层安全工作的领导者、组织者，起着桥梁和纽带的作用。

2. 主持安全工作的单位负责人的职责

(1) 在生产过程中对国家财产和员工的安全健康负主要责任。各职能部门、车间工段小组负责人对其业务范围内的安全工作负直接责任。

(2) 将安全工作列为单位长远规划和年度计划，以及布置到承包、检查、总结、评比等工作中，做到“安全第一、预防为主”。

(3) 对单位的员工进行安全生产技术技能的培训和考核，总结交流安全生产经验，开展安全竞赛评比活动，对员工进行劳动安全奖惩，并实施劳动保险制度。

(4) 供给员工符合国家标准的劳动防护用品，并教育和监督员工正确使用。做好女工的特殊保护工作。对患有职业病和职业中毒的职工组织治疗、疗养和安置。

(5) 定期及不定期检查对国家颁布的各项安全法律、规范、标准的执行情况，及时解决生产中的有毒危害和事故隐患，改善作业条件，做好职业病的预防工作。

(6) 负责伤亡事故的调查和处理；做好并主持工伤事故、职业病、职业中毒的统计、分析、上报和技改措施的落实。

(7) 定期向职工代表大会和上级报告安全生产和工业卫生工作情况，执行职代会有关劳动安全、工业卫生的决议，接受工会、职代会及上级的监督。

(8) 保障劳动安全、工业卫生、技改项目资金的落实，督察项目的实施以及质量、工期。

3. 单位安全机构及安全工作人员的职责

(1) 协助单位负责人管理劳动安全及工业卫生工作，对有关安全生产、工业卫生的法律、法规、规程、标准及条例的执行情况进行检查和监督。

(2) 参与安全技术措施计划的制订，以及安全技术措施项目的设计审查、施工检查、竣工验收。

(3) 协助并督查各部门制定安全生产制度和安全技术操作规程，定期检查和不定期抽查各项制度和规程的执行情况。

(4) 制止违章指挥、违章作业，发现危及人身安全的紧急情况时，有权禁止、纠正作业，并及时向上级或负责人报告。

(5) 负责伤亡事故和劳动场所尘毒浓度的测定、统计、分析和报告，参加伤亡事故、职业病、职业中毒的调查和处理，对事故责任者提出处理意见，对有功人员提出奖励建议，对有职业病的职工建议调换工作或进行疗养。

(6) 定期或不定期地检查作业现场的安全状况，提出危及安全的隐患并制定技术措施，同时将现场安全状况及时报告上级。

四、电气工作人员(电工)的职责

(1) 认真做好本岗位的工作，如安装、调试、运行、维修等，并对所管辖区域内的电气设备、线路、电器元件的安全运行负责。

(2) 无证不得上岗操作，发现非电气工作人员或无证上岗者，应立即制止，并报告上级。

(3) 严格遵守安全法规、规程和制度，不得违章操作。

(4) 认真做好所管辖区域内的巡视、检查和隐患的消除及修复工作，认真填写工作记录和交接班记录。

(5) 宣传电气安全知识，拒绝违章指挥、制止违章作业行为，并报告上级。

(6) 勇于向一切不利于电气安全运行的行为和事情做斗争，维护电气系统的安全。

五、电气安全管理方面的主要规章制度

1. 岗位责任制

主要内容是各级电气人员、电器操作人员、安全管理人员的职责和任务。

2. 交接班制度

主要内容是安装调试人员、运行人员、维修人员、电器操作人员交班、接班的要求和注意事项以及必须交代说明的有关内容。

3. 巡视检查制度

主要内容是运行维修人员在工作中巡视检查电气设备、线路、元件的时间、路线、部位、要求及标准、记录、处理意见等有关内容。

4. 试验切换制度

主要内容是试验或调试人员对运行的设备、线路进行试验时，回路切换的有关规定。

5. 缺陷管理制度

主要内容是运行中的电气设备及线路虽没有碍于正常运行的缺陷，但必须随时严密监视缺陷的有关项目、要求、标准并记录等有关规定。

6. 作业验收制度

主要内容是对电气设备、线路安装或检修后对其合格与否进行验收的有关规定，如签字、认可等。

7. 运行分析制度

主要内容是根据运行的电气设备、线路的运行状况和记录数据进行定期或不定期的分析，以便判断其是否正常或带病运行，为设备检修提供可靠的依据。

8. 技术培训制度

主要内容是针对电气工作人员学习新技术、新设备进行培训以及提高理论水平而制定的，根据不同层次、不同水平、不同时期进行定期和不定期的、业余和专业的学习培训。

9. 保卫制度

主要内容是针对电气设备、线路、电气数据以及其他电气装置的安全保密而制定的，如出入、上下班、审核、保险柜、电网等。

10. 电气设备、线路运行和操作规程

主要内容是各种电气作业正确的操作方法(包括检修)和注意事项。

11. 设备检修制度

主要内容是各种电气设备检修的周期、检修项目、检修标准，以及检修程序、申请报批、批复签字等。

12. 设备分析制度

基本同运行分析制度。

13. 临时线路安装审批制度

主要内容是临时电气线路安装前申报程序、申请报批签字以及临时线路安装的条件，如图样、路径、容量、电压等级、用途、架设方式等。

14. 安全责任制

主要内容是各级电气人员、电器操作人员、安全管理人员安全方面的职责和任务。

15. 电气设备及线路安装、试验和质量标准

参照国家标准制定的企业标准。

16. 设备交接验收制度

主要内容是电气设备到货交接、安装调试完毕交接等有关程序、验收项目及其标准、签证等。

17. 安全措施编制和实施制度

主要内容是针对工程具体情况编制新的安全措施并付诸实施。

18. 安全施工检查制度

主要内容是对施工过程进行安全检查的制度以及纠正不安全因素的措施等。

19. 值班制度

主要内容是对运行或试运行的电气设备、线路值班监视运行，如巡视项目标准、记录数据、事故处理程序等。

20. 作业票制度

有关在电气设备上作业必须履行书面命令的规定及程序等。

21. 作业许可制度

进入电气作业前验证各种安全措施及注意事项的规定及程序等。

22. 作业监护制度

有关作业人员在作业过程中能完全受到监护人严密的监督和监护，并及时纠正不安全动作及错误作业，在靠近带电部位时受到提醒，以确保作业人员安全及作业方法正确的规定等。

23. 作业间断制度

作业间断是作业因时间、气候及其他原因中断，到复工时重新检查所有安全措施且得到许可后才能作业的制度。

24. 作业转移制度

作业地点转移后对安全措施、注意事项、带电范围交接检查的制度。

25. 作业终结制度

作业完毕清点现场，验收检查试验，签发时间、签名的制度。

26. 查活及交底制度

对作业内容、范围、标准、安全措施、注意事项等详细交底的制度。

27. 送电制度

对检修作业完毕、新工程或线路竣工、停电后等送电作业的规定、安全检查、注意事项、签发命令、试验结果、投切顺序而制定的制度。

28. 调度管理制度

对电气系统的运行、电气作业及检修、故障处理等进行控制、管理、签发命令、接受或发布命令等制定的有关程序、内容及要求。

29. 事故处理制度

为处理各种电气事故制定的程序、方法、安全措施、注意事项、质量要求、处理条件等。

30. 其他有关安全用电及电气作业的制度

根据具体情况制定的各种制度。

上述管理制度要根据本单位的实际情况制定。

六、保证电气工程安全的技术措施

（1）直接触电防护措施是指防止人体各个部位触及带电体的技术措施，主要包括绝缘、屏护、安全间距、安全电压、限制触电电流、电气联锁、漏电保护器等。其中，限制触电电流是指人体直接触电时，通过电路或装置，使流经人体的电流限制在安全电流值的范围内，这样既能保证人体安全，又使通过人体的短路电流大大减小。

（2）间接触电防护措施是指防止人体各个部位触及正常情况下不带电而在故障情况下才变为带电的电器金属部分的技术措施，主要包括保护接地或保护接零、绝缘监察、采用

Ⅱ类绝缘电气设备、电气隔离、等电位连接、不导电环境，其中前三项是最常用的方法。

（3）电气作业安全措施是指人们在各类电气作业时保证安全的技术措施，主要有电气值班安全措施、电气设备及线路巡视安全措施、倒闸操作安全措施、停电作业安全措施、带电作业安全措施、电气检修安全措施、电气设备及线路安装安全措施等。

（4）电气安全装置主要包括熔断器、继电器、断路器、漏电开关、防止误操作的联锁装置、报警装置、信号装置等。

（5）电气安全操作规程的种类很多，主要包括高压电气设备及线路的操作规程、低压电气设备及线路的操作规程、家用电器操作规程、特殊场所电气设备及线路操作规程、弱电系统电气设备及线路操作规程、电气装置安装工程施工及验收规范等。

（6）电气安全用具主要包括起绝缘作用的绝缘安全用具，起验电或测量作用的验电器或电流表、电压表，防止坠落的登高作业安全用具，保证检修安全的接地线、遮栏、标志牌和防止烧伤的护目镜等。

（7）电气火灾消防技术是指电气设备着火后必须采用的正确灭火方法、器具、程序及要求等。

（8）电气系统的技术改造、技术创新，引进先进科学的保护装置和电气设备是保证电气安全的基本技术措施。电气系统的设计、安装应采用先进技术和先进设备，从源头解决电气安全问题。

第六章　防 爆 电 气

防爆电气安全主要涉及爆炸危险物质和爆炸危险场所，识别防爆电气设备和防爆电气线路环境，完善电气防爆技术、防雷和静电防护技术，做好防爆电气设备的识别和选型、防爆电气装置安装、防爆电气设备检查和维护操作、防爆电气设备检修等。

防爆电气作业指从事防爆电气设备安装、运行、检修、维护的作业。防爆电气作业人员必须具备必要的电气专业知识、电气安全技术知识和防爆专业知识，熟悉有关安全规程，学会必要的操作技能，学会触电急救方法和灭火方法，具备事故预防和应急处理能力。

第一节　防爆电气技术应用现状及存在的问题

一、防爆电气技术的应用现状

防爆电气技术是指应用于存在爆炸性危险环境的电气设备上的安全技术，是保证安全生产、防止火灾和爆炸发生的关键技术措施。随着我国石油、化工、燃气等行业生产规模的日益扩大，防爆电气设备的需求和应用数量不断增长。为了确保以上高危行业的生产安全，我国颁布了防爆电气设备系列标准规范：GB/T 3836.1—2021《爆炸性环境　第1部分：设备　通用要求》、GB 50058—2014《爆炸危险环境电力装置设计规范》、AQ 3009—2007《危险场所电气防爆安全规范》等。

当前，防爆电气生产技术水平发展速度较快，产品更新换代速度也很快。产品品种增加，防爆类型增多，功能范围扩大，防爆电气各项标准亦趋于完善。我国防爆电气设备经过多年的发展，在一般领域生产过程中，各项性能已完全满足工艺要求，甚至在特殊领域也可以完全替代某些国外进口防爆电气。未来，随着各行业安全需求的提高，我国防爆电气设备还将迎来更大的发展。

二、防爆电气技术应用中存在的问题

防爆电气在应用过程中也出现了大量问题，主要包括以下几个方面。

1. *爆炸危险场所区域划分不明确*

防爆电气应用最基础的工作是对所涉及的爆炸危险场所区域进行划分，而划分爆炸危险区域，需要综合释放源、易燃物质特性、通风条件、空间地势等多种因素来确定，故应由具备相应资质的单位进行划分。但实际上，绝大多数企业自行直接在厂区平面图上划分

爆炸危险区域，而忽略了应为三维区域空间的划分。这种划分方式既不能体现不同空间区域的危险等级，又加大了企业对于防爆电气设备的资金投入，甚至可能为爆炸事故的发生留下安全隐患。

2. 防爆电气选型不匹配

防爆电气选型时，应根据爆炸危险区域的等级和爆炸危险物质的级别、类型和组别来确定相应防爆电气设备的三要素，即防爆形式、温度组别和气体级别，同时遵循安全可靠、经济合理的选型原则。防爆电气防爆形式与危险区域内危险物质的特性无关，而与使用场所危险区域有关系。确认设备温度组别和气体级别时，应首先确认爆炸危险场所可能存在的危险气体，再根据气体性质并依据风险最大化原则，找出最合适的温度组别和气体级别，即为最安全、合理的设备温度组别和气体级别。在防爆特种设备现场检验中，由于部分技术人员缺乏防爆设备选型的基本知识，导致存在众多现场防爆电气设备不适用于危险场所的现象，为爆炸事故的发生留下安全隐患。

3. 防爆电气安装不规范

正确、规范地安装防爆电气是确保其安全运行的重要环节。不规范安装将会使防爆电气的防爆性能失效。防爆电气的安装一般都委托给设备供应商，或者由企业自身的防爆技术人员进行操作。在现场检验过程中，因不规范安装引起的安全隐患及问题也尤为突出。

第二节　防爆电气基础知识

一、爆炸三角形原理

具有潜在爆炸危险的环境发生爆炸必须具备爆炸性物质(可燃气体或粉尘等)、助燃剂(氧气、空气)和点火源(电火花、热表面)三个条件。当这三个条件同时存在，而且爆炸性物质与空气的混合浓度处于爆炸极限范围(即处于爆炸下限和爆炸上限之间)时，将不可避免地发生爆炸。这就是爆炸三角形原理。

爆炸的“防”与“治”，通常基于风险控制理论，遵循“置换、控制和缓解”三个原则，落实相应的对策措施。“置换”就是用非可燃物质或非易燃物质替换或置换，以阻止形成爆炸性环境。所谓“控制”，首先要尽量减少可燃物质储存或在线总量，避免或控制释放，使释放减到最小，防止爆炸性环境的形成，必要时还应收集释放的可燃性物质；其次，必须避免点火源的产生，以避免爆炸的发生。“缓解”就是应尽量减少现场作业人员数量、防止爆炸传播、缓解和抑制爆炸压力、配置合适的个人防护设备(PPE)，以有效控制爆炸产生的后果。

根据爆炸三角形原理，在具体的实践中，为了有效地防止爆炸事故的发生，人们应设法避免上述三个条件同时存在，以达到防爆的目的。当然，最基本的技术思路应是将所有可能存在或产生点火源的设备安装在不具有爆炸危险的场所(即安全场所)，或者设法使安装有可能产生点火源的设备的场所不会出现爆炸性物质。这是着手进行化工厂设计或设备设计时首先应该考虑到的问题。但是，实践表明绝大多数的生产设备、设施中往往隐含着许多潜在的爆炸点火源，而且生产工艺和应用要求决定了这些设备、设施必须安装在具有爆炸危险的区域。因此，为了确保生产现场的安全，避免灾难性爆炸事故的发生，在进行爆炸危险场所设备、设施的选型时，必须全面辨识潜在的危险点火源，选用采取了特定防爆技术措施并经国家指定防爆检验机构认证的设备、设施。

二、常见爆炸点火源

根据目前科技水平所掌握的资料，有关涉及爆炸的点火源大致可分为电气设备相关的点火源和非电气设备相关的点火源两类。

电气设备相关的主要点火源有电火花、高温、电气设备的热表面、电弧、无线电电磁波辐射等。

非电气设备相关的主要点火源有机械(撞击/摩擦)火花、热表面、火焰及热气体、化学热、静电、光辐射、离子辐射、超声波、雷电、绝热压缩和冲击波、放热反应及粉尘自燃、明火等。

因此，专业从事电气防爆的技术人员应重点关注电气设备本身的防爆问题。应用技术人员应对防爆电气设备进行合理的选型，并依据国家防爆标准要求实施正确的安装、合理的维护和必要的检修，只有这样才能确保电气设备在全生命周期内不会成为爆炸点火源。工程项目总体设计技术人员在考虑电气设备防爆的同时，还必须分析研究相关设施存在非电气点火源的可能性，如工具的使用可能产生机械火花，必要时应选用防爆不发火工具或采用不发火材料包覆处理。

目前，我国在非电气设备防爆标准化工作方面取得了重要成果，发布了国家标准GB/T 3836. 28—2021《爆炸性环境　第28部分：爆炸性环境用非电气设备　基本方法和要求》。

三、爆炸性物质的分类、分级、分组

1. 爆炸性物质的分类

我国现行国家标准将爆炸性物质分为三类：Ⅰ类为矿井甲烷；Ⅱ类为爆炸性气体混合物(含蒸气、薄雾)；Ⅲ类为爆炸性粉尘和纤维。

我国现行标准所指的Ⅰ类爆炸性物质是指矿井甲烷，俗称“瓦斯”。造成煤矿爆炸的主要原因是矿井中甲烷气体浓度达到爆炸极限，遇到足够能量的点火源，引起爆炸。由于煤矿井下环境特殊、条件恶劣，故把矿井甲烷专门列为Ⅰ类。矿用防爆电气设备主要是能防止甲烷爆炸，其他可燃气体在矿井中含量甚少，在电气防爆性能方面不作专门考虑。因此，矿用防爆电气设备不适合在其他危险场所中使用。

Ⅱ类爆炸性物质包括爆炸性气体和爆炸性蒸气。爆炸性气体指可燃气体(氢、一氧化碳、环氧乙烷)等与空气混合，浓度达到爆炸极限的气体混合物。爆炸性蒸气指易燃液体(丙酮、汽油等)的蒸气或细小液滴与空气混合，浓度达到爆炸极限的气体混合物或薄雾。

需要指出的是，不同气体或蒸气之间接触能自动发生爆炸的气体，蒸气不在此列。例如，氟与氢、氯与乙炔、臭氧与乙醇蒸气等形成的爆炸性气体不属Ⅱ类。因为这些爆炸性气体相遇引起爆炸的原因与前述不同。

Ⅲ类爆炸性物质指能发生爆炸的粉尘、纤维，包括可燃性粉尘或纤维(如棉花纤维)与空气混合，浓度达到爆炸极限的混合物，包括爆炸性粉尘和爆炸性纤维。由于导电粉尘具有更大的危险性，因此爆炸性粉尘按其导电性能，分为导电粉尘(如铝粉等)和非导电粉尘(如淀粉等)。

炸药类粉尘(或纤维)爆炸时威力很大，电气设备须有足够强度，才不致被破坏。因此，炸药类物质不属于爆炸性粉尘、纤维之列。爆炸性粉尘环境用电气设备不适用于炸药生产场所。

2. 爆炸性物质的分级分组

1) 爆炸性气体的分级

Ⅰ类爆炸性物质(只有甲烷气体一种)不分级。Ⅱ类爆炸性气体可按其不同的点燃特性进行分级。

Ⅱ类爆炸性气体按其最大试验安全间隙[1]和最小点燃电流比[2]进一步分为A、B、C三级。其中，A级的代表气体是丙烷，B级的代表气体是乙烯，C级的代表气体是氢气和乙炔。

由此可见，两种不同的气体分级方法在形式上存在较大的差异。但是仔细分析后可以发现，它们在本质上有着一定的联系。表6-2-1给出了两者的对应关系，可以看出，甲烷需要的点燃能量最大，Ⅱ类C级气体则最易被点燃。

表6-2-1　不同气体分级体系对比

典型气体	最大试验安全间隙(MESG)/mm	最小点燃电流比(MICR)	分级	点燃特性
甲烷	1. 14	1. 0	Ⅰ	难 ↓ 易
丙烷	0. 9<MESG<1. 14	0. 8<MICR<1. 0	ⅡA	
乙烯	0. 5≤MESG≤0. 9	0. 45≤MICR≤0. 8	ⅡB	
氢气	MESG<0. 5	MICR<0. 45	ⅡC	
乙炔				

2) 爆炸性气体的分组

温度(热表面)是爆炸性气体发生爆炸的重要点燃源之一。每一种爆炸性气体都有一个特定的温度，在该温度下，即使没有任何其他外界点火源，它都将发生点燃。通常，

[1] 最大试验安全间隙指在标准规定的试验条件下，标准外壳内所有浓度的被试气体或蒸气与空气的混合物点燃后，通过25mm长的接合面均不能点燃壳体外部爆炸性混合物的外壳空腔两部分之间的最小间隙。

[2] 最小点燃电流(MIC)指采用火花试验装置，由电阻电路或电感电路引起爆炸性试验混合物点燃的最小电流。最小点燃电流比是相对于甲烷最小点燃电流而言的。

人们依据标准规定的方法进行试验时，能够引燃爆炸性气体与空气混合物的热表面最低温度，称为该气体的引燃温度。它是反映爆炸性气体点燃特性的又一个重要特征参数。

依据国家标准，爆炸性气体按其引燃温度分为T1—T6六个组别。表6-2-2给出了两种分组体系的对应关系。

表6-2-2　温度组别与引燃温度的关系

温度组别	引燃温度 t/℃	点燃特性
T1	>450	难 ↓ 易
T2	300<t≤450	
T3	200<t≤300	
T4	135<t≤200	
T5	100<t≤135	
T6	85<t≤100	

从表6-2-2可以看出，不同组别的爆炸性气体的引燃温度各不相同。温度组别为T1的气体引燃温度最高，而温度组别为T6的气体则最易被点燃。实践中，应严格控制电气设备的最高表面温度，并使之不能点燃设备使用环境中最易点燃的爆炸性气体混合物，即保证设备的最高表面温度不超过设备可能接触到的气体的最小引燃温度。就电气设备的最高表面温度而言，凡满足T6温度组别的气体环境用电气设备，它也必定能满足T1—T5组别的气体环境的应用要求。

3. 可燃性粉尘的分类、分级和分组

依据现行国家标准GB/T 3836. 1—2021《爆炸性环境　第1部分：设备　通用要求》，可燃性粉尘按其导电特性分为导电粉尘和非导电粉尘两种类型。凡电阻系数不大于1kΩ · m的粉尘、纤维或飞扬(絮)物可认定为导电粉尘，否则可认定为非导电粉尘。

国家标准GB/T 3836. 1—2021《爆炸性环境　第1部分：设备　通用要求》将爆炸性粉尘和纤维定义为Ⅲ类爆炸性物质，并将所有爆炸性粉尘和纤维粉尘分为ⅢA、ⅢB和ⅢC三个级别。其中，ⅢA为爆炸性纤维，ⅢB为非导电粉尘，ⅢC为导电粉尘。显然，ⅢC物质最危险，而ⅢB次之，ⅢA更次之。

关于可燃性粉尘的分组，依据现行国家标准的规定，可燃性粉尘按其最低点燃温度进行分组，分成T1—T6六个温度组别。具体分组方法同爆炸性气体引燃温度分组。

可燃性粉尘的点燃温度分为粉尘云最低点燃温度和粉尘层最低点燃温度。

四、爆炸危险场所区域划分

1. 爆炸性气体危险场所区域划分

依据国家标准GB 3836. 14—2014《爆炸性环境　第14部分：场所分类　爆炸性气体环

境》和 GB 50058—2014《爆炸危险环境电力装置设计规范》，爆炸性气体危险场所划分为三个区域，即 0 区、1 区和 2 区。它们对应的定义如下：

（1）0 区：在正常情况下，爆炸性气体混合物连续地或长时期地存在的场所。

（2）1 区：在正常情况下，爆炸性气体混合物有可能出现的场所。

（3）2 区：在正常情况下，爆炸性气体混合物不可能出现，或即使出现也是短时间存在的场所。

这里的“正常工作”是指正常开车、运转、停车、易燃物质产品的装卸，密闭容器盖的开闭，安全阀、排放阀以及工厂其他设备在规定要求范围内的工作状态。

从上述定义可知，三个区域中 0 区是最危险的场所，而 2 区相对来说较安全。这是一种传统的定性判断的概念。通常，对于一个具有潜在爆炸性危险气体的工厂，可基于区域的定义和相关的要素划分区域。划分时需考虑下列主要因素：

（1）存在危险气体的可能性。

（2）危险气体的释放量。

（3）危险气体的特性（如气体的密度等）。

（4）环境条件（如气压、温度、湿度及通风情况等）。

（5）远离释放源的距离。

在具体的区域划分实践中，通常还必须同时考虑爆炸后果的严重性。如果爆炸可能会导致大量人身伤亡，则危险区域的划分应提高一级。此外，对于装有自动控制的检测仪器，且当场所内任意地点的混合物浓度接近爆炸下限的 25%时，能可靠地发出报警并同时启动有效通风设施的场所可降低一级。

当符合下列条件时，可划分为非爆炸危险区域：

（1）没有释放源，且易燃物质又不可能侵入的区域。

（2）易燃物质可能出现的最高体积浓度不超过爆炸下限的 10%。

（3）在生产过程中，使用明火的设备附近或炽热部件表面温度超过区域内易燃物质引燃温度的设备附近。

（4）在生产装置区外，露天或开敞设置的输送易燃物质的架空管道地带（阀门等密封处除外）。

2. 爆炸性粉尘环境的场所划分

爆炸性粉尘的危险区域应根据爆炸性粉尘环境出现的频繁程度和持续时间分为 20 区、21 区、22 区，它们对应的定义如下：

（1）20 区：空气中的可燃性粉尘云持续地或长期地或频繁地出现于爆炸性环境中的区域。

（2）21 区：在正常运行时，空气中的可燃性粉尘云很可能偶尔出现于爆炸性环境中的区域。

（3）22 区：在正常运行时，空气中的可燃性粉尘云一般不可能出现于爆炸性粉尘环境中的区域，即使出现，持续时间也是短暂的。

第三节　防爆电气选型

一、爆炸性气体环境电气设备防爆形式

对于爆炸性气体环境，主要的电气设备防爆形式有隔爆型、增安型、本质安全型、正压外壳型、油浸型、充砂型、“n”型和浇封型。

1. 隔爆型“d”

由隔爆外壳“d”保护的电气设备称为隔爆型电气设备。隔爆型技术为1区防爆技术，适用于工厂爆炸性气体环境和矿井下用防爆电气设备。由隔爆外壳“d”保护的设备保护级别为Gb或Mb。图6-3-1为隔爆型电气设备的防爆原理示意图。

图6-3-1　隔爆型电气设备原理示意图

隔爆外壳指能够承受通过外壳任何接合面或结构间隙渗透到外壳内部的可燃性气体混合物在内部爆炸而不损坏，并且不会引起外部由一种、多种气体或蒸气形成的爆炸性环境点燃的外壳。

给电气设备制造一个坚固的外壳，外壳部件间的所有接合面具有足够的啮合长度且间隙小于相应可燃性气体的最大试验安全间隙，如果可燃性气体进入外壳之内被电火花点燃发生爆炸，则爆炸火焰被限制在外壳之内，不能点燃外壳外部环境中的爆炸性气体混合物，从而保证了设备周边环境的防爆安全。

隔爆外壳必须满足以下两个基本条件：

(1) 强度特性。外壳具有足够的机械强度，能承受内部的爆炸压力而不损坏，也不产生影响防爆性能的永久性变形。按照标准规定，隔爆外壳应至少能承受内部爆炸参考压力的1.5倍。通常，对于ⅡA和ⅡB隔爆外壳，应能承受1MPa内部压力；对于ⅡC隔爆外壳，应能承受1.5MPa内部压力。

(2) 不传爆特性。外壳部件间的接合面具有足够长度，且其间隙小于相应的最大试验安全间隙。GB/T 3836.2—2021《爆炸性环境　第2部分：由隔爆外壳“d”保护的设备》标准规定了各种隔爆接合面的结构参数。最常见的隔爆面形式有平面隔爆接合面、圆筒隔爆接合面、止口隔爆接合面和螺纹隔爆接合面。

2. 增安型“e”

增安型电气设备是一种在正常条件下不会产生电弧、火花或可能点燃爆炸性混合物高温的设备结构上，采取措施提高安全程度，以避免在正常和认可的过载条件下出现这些现象的电气设备。也就是说，它是一种依靠高质量的材料、设计和装配来消除电火花或局部过热的结构技术。图6-3-2为增安型电气设备的原理示意图。

增安型防爆设计最基本的技术措施包括：

（1）限制设备的种类。

（2）加大电气间隙、爬电距离。

（3）采用优良的绝缘材料。

（4）规定导体连接方法。

（5）降低温升。

（6）提高外壳的防护等级(至少 IP54)。

（7）配备合适的保护装置。

3. 本质安全型“i”

本质安全型电气设备指其内部的所有电路都是本质安全电路的电气设备，即该电路在标准规定条件(包括正常工作和规定的故障条件)下产生的任何电火花或任何热效应均不能点燃规定的爆炸性气体环境的电路。图 6-3-3 为本质安全型电气设备原理示意图。

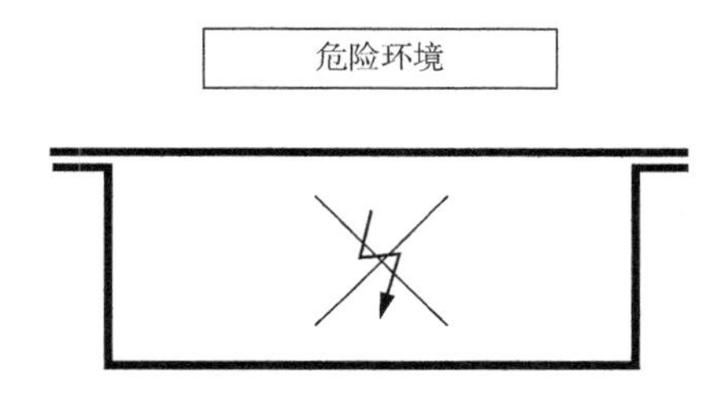

图 6-3-2 增安型电气设备原理示意图

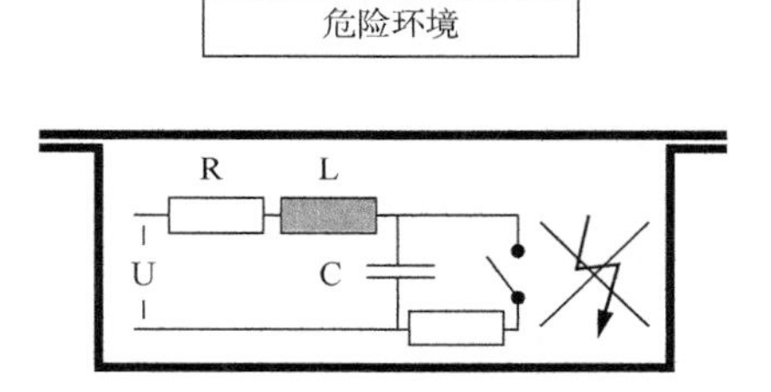

图 6-3-3 本质安全型电气设备原理示意图

本质安全技术，常简称为本安技术。它是一种以抑制点火源能量为防爆手段的安全设计技术。要求设备在正常工作和故障状态下可能产生的电火花和热效应分别小于爆炸性危险气体的最小点燃能量和引燃温度。

本质安全技术实际上是一种低功率设计技术，因此它能很好地适用于工业过程自动化仪表。

本质安全设计最重要的工具是最小点燃曲线(最小点燃电流曲线和最低点燃电压曲线)。本质安全设计最基本的技术措施包括：

（1）限制电路中的电压和电流。

（2）限制电路中的电容、电感等储能元件。

（3）本质安全电路与非本质安全电路的隔离。

（4）设计相应的可靠元件和组件。

（5）本质安全系统的配置应符合安全参数匹配原则。

4. 正压外壳型“p”

具有正压外壳的电气设备称为正压外壳型电气设备，即该外壳能保持内部气体的压力高于周围爆炸性环境的压力，且能阻止外部爆炸性气体混合物进入。

标准所指的正压技术是 1 区防爆技术，即通过换气使外壳内部的 1 区爆炸性环境置换为安全区域，并通过保持适当正压，使周围危险气体不能进入外壳。这样未经防爆设计和认证的普通电气设备可安全地安装在外壳内。

主要技术措施：用空气或惰性气体换气，在规定时间内进行换气后，当外壳内部压力高于设计规定值(最小 50Pa)时，外壳内部电气设备自动得电。当内部压力低于规定值时就切断主电源。

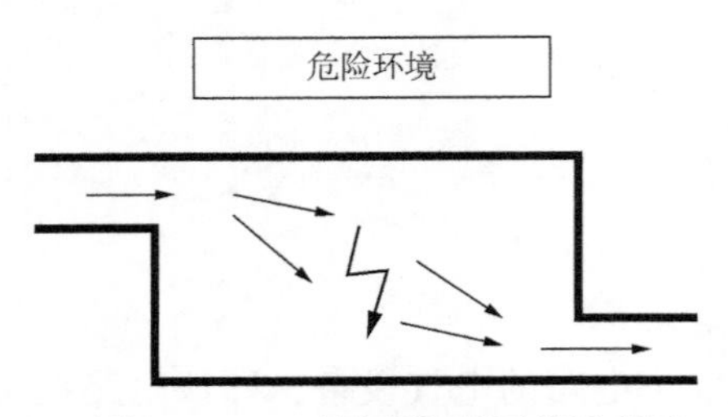

图 6-3-4　正压型外壳原理示意图

正压型是一种相对较复杂的防爆技术，但有时它是唯一的解决方法，它的设计思想是消除外壳内部的任何爆炸性气体，然后保持其内部为一个安全区域，此时未经认证的电气设备几乎不受任何约束地在外壳内部使用。图 6-3-4 为正压型外壳的原理示意图。

用正压型外壳保护的防爆形式可细分为 px 型正压、py 型正压和 pz 型正压三种形式。

(1) px 型正压：将正压型外壳内的危险分类从 1 区降至非危险区域或从 1 类(煤矿井下危险区域)降至非危险区域的正压保护。

(2) py 型正压：将正压型外壳内的危险分类从 1 区降至 2 区的正压保护。

(3) pz 型正压：将正压型外壳内危险分类从 2 区降至非危险区的正压保护。

正压型防爆设计最基本的技术措施包括：

(1) 外壳应具有相应的外壳防护等级和抗冲击能力。

(2) 用新鲜空气或惰性气体有效地置换爆炸性危险气体。

(3) 正压值应达到 50Pa 以上。

(4) 应有防止炽热颗粒吹入危险场所的结构措施。

(5) 对外壳的最高表面温度或内部零件的最高表面温度加以限制。

(6) 必要时，设置可靠的安全装置或相应的警告语。

(7) 规定保护气体的类型和温度。

显然，px 型和 py 型正压防爆技术是 1 区防爆技术，pz 型正压防爆技术是 2 区防爆技术。但需要注意的是，py 型正压防爆电气设备，其内部使用的电气设备和部件应满足 2 区防爆的要求。

一般情况下，换气的取风口和出风口均应设在安全场所。但在特殊情况下，取风口可设在危险场所，要求高于地面 9m 或超出爆炸危险区 1.5m 以上。

5. 油浸型“o”

油浸型防爆形式是将电气设备或电气设备的部件整个浸入保护液(油)中，使设备不能够点燃液面上或外壳外面的爆炸性气体。图 6-3-5 为油浸型电气设备的原理示意图。

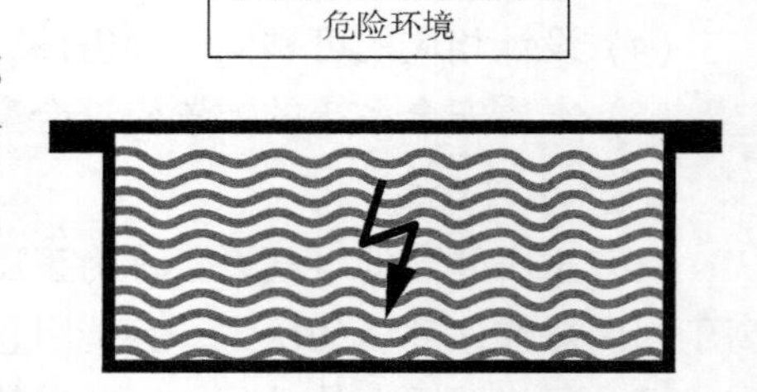

图 6-3-5　油浸型电气设备原理示意图

油浸型防爆设计最基本的技术措施包括：

(1) 保护液的着火点、闪点、动黏度、电气击穿强度以及体积电阻、凝固点和酸度等必须符合相应标准的规定。

（2）应有相应的结构措施防止保护液受到外部灰尘或潮气的影响而变质。

（3）应有可靠的保护液液面监控装置。

（4）应有可靠的保护液自由表面温度监控装置。

（5）油浸型防爆技术为 1 区防爆技术。

6. 充砂型“q”

充砂型防爆形式将能点燃爆炸性气体的导电部件固定在适当位置上，且完全埋入填充材料(石英或玻璃颗粒)中，以防止点燃外部爆炸性气体环境。

如图 6-3-6 所示，充砂型防爆电气设备实际上是基于阻止点燃源与爆炸性混合物相接触的防爆原理。

充砂型防爆设计最基本的技术措施包括：

（1）充砂型设备的外壳机械强度和外壳防护等级应符合相应标准的规定。

（2）规定填充材料的颗粒大小。

（3）规定的填充方法能确保填料内不留空隙，即充满全部自由空间。

充砂型防爆技术为 1 区防爆技术。

7. 浇封型“m”

浇封型电气设备是一种将整台设备或其中部分浇封在浇封剂中，在正常运行和认可的过载或认可的故障下不能点燃周围的爆炸性混合物的电气设备。

如图 6-3-7 所示，浇封型电气设备的基本设计思想实际上是一种典型的阻止点燃源与爆炸性混合物相接触的防爆原理，它是一种相对较新的保护方法，浇封设备以前被认证为特殊型防爆电气设备。浇封型技术通常也可与其他防爆技术一起使用，如与本质安全技术一起使用，用来处理储能组件或功率耗散元件。

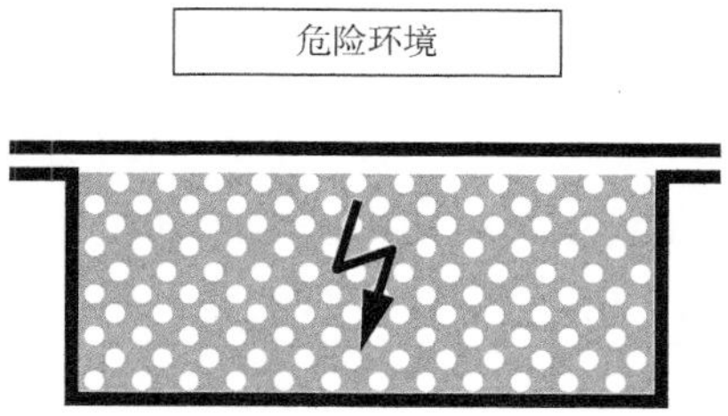

图 6-3-6 充砂型电气设备原理示意图

图 6-3-7 浇封型电气设备原理示意图

浇封型防爆设计最基本的技术措施包括：

（1）将电气元件用树脂浇封起来，浇封剂的自由表面与被浇封元件或导体件的浇封厚度不小于 3mm。

（2）浇封型的介电强度、吸水性、耐光照、耐寒及表面电阻等必须按照相应标准进行考核。

（3）限制浇封剂表面温度。

传统的浇封型防爆技术为 1 区防爆技术。

8. “n”型

“n”型是一种专门适用于2区爆炸性气体危险场所使用的电气设备防爆形式，具有这种形式的电气设备，应满足在正常运行时和相应标准规定的条件下不能点燃周围的爆炸性气体环境。

无火花型原来仅指正常工作中不产生火花或电弧的电气设备，例如交流异步电动机，在其基础上采取一些安全措施，例如风扇叶片采用无火花材料，外壳防护等级为IP44或IP54，电气间隙和爬电距离适当加大等。后来，这种防爆概念扩大到对正常工作中产生火花的电气产品，根据其情况采取气密封、简单通风或限制能量等措施，达到一定的安全程度。由于这种防爆类型的扩展，术语“无火花”已经不是很确切，现在被称为“n”型。

二、防爆电气设备的选型原则

1. 安全原则

这是设备选用的首要原则，选用的防爆电气设备须与爆炸危险场所的区域等级和爆炸性物质的级别、组别相适应，否则就不能保证防爆安全。

2. 法规原则

选用防爆电气设备必须遵守国家有关安全法规及相关标准。

3. 环境适应原则

设备选型应考虑设备使用场所的环境温度、湿度、大气压、介质腐蚀性及外壳防护等级等。例如，防爆电气设备规定的环境温度一般为-20~40℃，环境温度过高或过低都需特殊设计，并在通过防爆检验机构特别是试验验证后，方可使用。此外，还要考虑是户内使用还是户外使用，以及应防止外部因素(化学作用、机械作用和热、电气、潮湿等)对防爆性能的影响。对于户外使用的防爆电气设备，其外壳防护等级不得低于IP54。

4. 方便维护原则

防爆电气设备使用期间的维护和保养是确保安全可靠的重要保证。在相同的功能要求条件下，选择结构越简单越好。此外，还须考虑同一工程项目内使用防爆电气设备的互换性，便于维护管理。必要时，还应考虑系统运行要求，如连续运行的自动化系统应优先选用本质安全型产品。

5. 经济合理原则

选择防爆电气设备，不仅要考虑价格，还须对设备的可靠性、寿命、运转费用、耗能、维修时的备件等做全面分析平衡，才能选择最佳的防爆电气设备。

6. 其他附加要求

1区场所不宜选用壳体内经常会形成点火源的设备和高压设备，0区场所一般只能选用ia等级的本质安全型产品或ma等级的浇封型产品，必要时还可考虑选择双重防爆产品。此外，对于温升不稳定的设备一般不宜在1区爆炸危险场所使用，必要时应选择隔爆型或正压型防爆技术。

三、爆炸性气体环境用电设备的选型

根据上述原则，在选择防爆电气设备前，必须首先了解设备使用场所的危险介质及其所处的区域。然后，依次确定设备的防爆形式、类别、级别和温度组别。具体步骤如下：

（1）依据设备使用的区域选择防爆形式。

表 6-3-1 给出了适用于爆炸性气体危险场所的各主要防爆形式与适用区域的关系。1 区爆炸性气体危险场所用电气设备，可选择本质安全型(ib)、隔爆型(d)、正压型(p)、充砂型(q)、油浸型(o)、增安型(e)、浇封型(mb)或适用于 0 区的本质安全型(ia)、浇封型(ma)、专为 0 区设计的特殊型(s)的电气设备。

表 6-3-1 防爆电气设备按区域选型表

电气设备防爆形式	符号	适用区域
本质安全型(ia)	Ex ia	0 区
浇封型(ma)	Ex ma	
为 0 区设计的特殊型	Ex s	
本质安全型(ib)	Ex ib	1 区
隔爆型	Ex d	
增安型	Ex e	
正压外壳型	Ex px，Ex py	
油浸型	Ex o	
充砂型	Ex q	
浇封型(mb)	Ex mb	
为 1 区设计的特殊型	Ex s	
n 型	Ex nA、Ex nC、Ex nL、Ex nR、Ex nZ	
正压型	Ex pz	
为 2 区设计的特殊型	Ex s	

从表面上看，似乎会有很多可选择的防爆形式，但对具体的产品来说，可能只有其中的一种或两种才是市场可获得的。例如，要选择一台 1 区爆炸危险场所用的鼠笼式电动机，市场上可获得的产品可能有隔爆型和增安型两种产品，这时只要根据项目总体设计选型原则及经济性原则，即可选定其中一种产品。

（2）依据使用区域存在危险气体所属的类别与级别选择设备的类别和级别。

使用区域存在危险气体所属的类别与级别相关的信息通常可从爆炸危险场所区域划分图获得，因为一幅完整的区域划分图不仅要明示爆炸危险区域(0 区、1 区或 2 区)及其范围，同时还应标明具体区域中存在爆炸性物质的类别、级别和组别。但是，在区域划分图缺少爆炸性物质的类别、级别时，可向具体的客户或设备采购方了解设备使用区域中存在的所有爆炸性物质，然后确定该区域存在物质的类别和级别。

在设备使用场所爆炸性物质类别、级别确定的情况下，对照表6-3-2即可确定选用电气设备的类别、级别。例如，某爆炸危险场所物质的类别和级别为ⅡA，则可选择ⅡA、ⅡB或ⅡC设备。然后，按经济性原则和市场可获得性，宜优先选择ⅡA级设备。又如，如果物质的类别、级别为ⅡC，则必须选用ⅡC设备。

表6-3-2　气体/蒸汽类别、级别与设备类别、级别间的关系

爆炸性气体/蒸汽类别、级别	可选用设备的类别、级别
ⅡA	ⅡA、ⅡB、ⅡC
ⅡB	ⅡB、ⅡC
ⅡC	ⅡC

（3）依据危险气体温度组别确定设备温度组别。

与设备类别、级别的选择方法一样，可参照区域划分图或基于设备使用场所实际存在的爆炸性物质获知设备使用场所的爆炸性物质的组别，从而确定选用设备应该具有的组别。

表6-3-3给出了爆炸危险场所气体、蒸气组别与设备组别间的关系。由表6-3-3可知，假如设备使用场所爆炸性物质的组别为T5，则可优先选用T5设备，也可选用T6设备。

表6-3-3　气体/蒸气组别与设备组别间的关系

爆炸性气体/蒸汽组别	可选用设备的组别
T1	T1—T6
T2	T2—T6
T3	T3—T6
T4	T4—T6
T5	T5、T6
T6	T6

需要补充说明的是，当爆炸性危险场所存在多种爆炸性物质时，在确定该场所的类别、级别和组别时，应按较高等级选择电气设备。

四、爆炸性气体环境用电设备的选型

可燃性粉尘环境电气设备选型的依据为GB/T 3836.15—2017《爆炸性环境　第15部分：电气装置的设计、选型和安装》。选型的最终目标是确定选用设备的防爆标志，主要步骤如下：

（1）根据粉尘环境区域和粉尘类型选型。

表6-3-4给出了不同粉尘环境的防粉尘点燃电气设备的选型关系。

表 6-3-4 防粉尘点燃电气设备的选型

设备类型	粉尘类型	20 区	21 区	22 区
A	导电粉尘	DIP A20	DIP A21 或 DIP A20	DIP A21(IP6X)
	非导电粉尘	DIP A20	DIP A21 或 DIP A20	DIP A22 或 DIP A21
B	导电粉尘	DIP B20	DIP B21 或 DIP B20	DIP B21
	非导电粉尘	DIP B20	DIP B21 或 DIP B20	DIP B22 或 DIP B21

（2）根据粉尘点燃温度选型。

防粉尘点燃设备的最高表面温度（T_A 或 T_B）通常直接标温度值，或标温度组别（T1—T6）或两者都标。

对于 A 型设备，其最高表面温度应不超过相关粉尘云最低点燃温度的 2/3，且当粉尘层厚度至 5mm 时，其最高表面温度还应不超过相关粉尘层厚度为 5mm 的最低点燃温度减去 75K，取两者较小值。

对于 B 型设备，其最高表面温度应不超过相关粉尘云最低点燃温度的 2/3，且当粉尘层厚度至 12.5mm 时，其最高表面温度还应不超过相关粉尘层厚度为 12.5mm 的最低点燃温度减去 25K，取两者较小值。

例如，某面粉在粉尘云状态下测定的引燃温度为 380℃，在 5mm 堆积下测定的引燃温度为 300℃，如果选用 A 型设备，则允许的最高表面温度应同时满足：

$$T_{max} \leqslant 2/3 \times 380 = 253℃ \text{ 和 } T_{max} \leqslant 300 - 75 = 225℃$$

因此，选用设备允许的最高表面温度应不高于 225℃，即 T3（不高于 200℃）。

如果拟选用的 A 型设备将在 21 区使用，因为面粉为非导电粉尘，则选用设备的防爆标志为"DIP A21 T_A，T3"或"DIP A20 T_A，T3"。

需要补充说明的是，对于 20 区应用、粉尘层厚度可能超过 5mm 的 A 型设备或粉尘层厚度可能超过 12.5mm 的 B 型设备，设备允许的最高表面温度尚须进一步降低，并经试验验证确定。

（3）其他附加要求。

对于在危险场所使用的辐射设备和超声波设备，以及即使在安全场所使用，但其辐射或超声波可能进入危险场所的设备的选择还必须满足 GB/T 3836.15—2017《爆炸性环境 第15 部分：电气装置的设计、选型和安装》规定的要求。

需要特别注意的是，粉尘防爆电气设备的市场空间正在不断扩大。这对于中国市场也不例外。在进行防爆电气设备选型时，应正确识别粉尘防爆和气体防爆，避免爆炸性气体环境用防爆电气设备在爆炸性粉尘环境中直接应用。

总之，正确选型是设备安全运行的基础。在设备选型时，既要全面了解设备的工作环境和运行要求，又要考虑与国家标准、规范要求的符合性。只有这样，才能确保设备选型具有经济性、合理性和安全可靠性。

第四节　防爆电气设备安装基本要求

一、确保采购设备满足采购要求

通常，采购设备质量的好坏，将直接影响安装质量和工程项目的总体防爆安全技术水平。为了确保建设项目安全投运，首先必须从源头上对待安装的电气设备认真验货，以确保电气设备符合应用的要求。

采购设备的验收应至少包括以下活动：

（1）核查防爆合格证书的有效性和产品适用性。

（2）核对产品铭牌信息与证书的一致性。

（3）依据防爆标准和设备的外观特征以及部分可观察到的结构特征，判断是否满足防爆要求。

（4）设备正确安装必要的附件或配件是否齐全。

在设备验货环节，常见的质量问题如下：

（1）产品没有取得防爆合格证书或采购产品不在证书认可的范围内。

（2）产品不符合使用环境条件，如外壳防护等级不够。

（3）产品缺少必要的安装附件，如缺少电缆引入接头、缺少盲垫等。

（4）设备质量不满足防爆标准要求，如隔爆面有划痕、隔爆面涂有油漆等。

二、确保电气设备的配电和接地符合标准要求

根据防爆电气设备安装规范 GB/T 3836. 15—2017《爆炸性环境　第 15 部分：电气装置的设计、选型和安装》，防爆电气设备的供电电源可采用 TN、TT、IT 电源系统，其配置应符合相关国家标准规定的全部要求。

例如，如果使用 TN 型电源系统，应为危险场所中的 TN-S 型(具有单独的中性线和保护线)，即在危险场所中，中性线与保护线不应连在一起或合并成一根导线，从 TN-C 型到 TN-S 型转换的任何部位，保护线应在非危险场所与等电位连接系统相连，且危险场所内中性线和保护线间应采取适当的漏电监视措施。

危险场所安装要求等电位连接，对于 TN、TT 和 IT 系统，所有裸露的外部导体部件应与等电位系统相连接。该接地系统可以包括保护线、金属导管、电缆金属外皮、钢丝铠装和结构的金属部件，但不包括中性导线。所有连接应具有防松措施(如紧固件配置弹簧垫圈)。如果裸露导体用金属相连的方式固定在结构件或管道上，并且结构件或管道与等电位系统相连，则该导体不必再与等电位系统相连。总之，除本质安全设备的金属外壳不需要与等电位系统连接外，处于爆炸危险场所的电气设备外壳都应与等电位系统可靠连接。如果设备是安装在接地的金属构架上，或者设备采用接地良好的导管布线方式安装，则可视作已有外接地。保护地线的接地电阻应满足有关标准要求。

需要特别说明的是，不能用输送可燃气或液体的管道作为接地线。

通常，电气设备的供电应设置适当的保护装置，以免设备因过载、短路、断路或接地故障产生有害影响。例如，增安型鼠笼电动机应配反时限保护装置。此外，还必须关注设备防爆合格证书，如果防爆合格证书编号有后缀“X”，则表明该设备的认证有特殊使用条件，用户应通过阅读防爆合格证书附件或产品使用说明书了解产品使用注意事项，并在产品安装过程中予以落实。

三、确保电缆配线符合防爆安全要求

不同的爆炸危险区域，有不同的配线要求。根据现行安装标准规定，0 区场所只允许铺设本质安全电缆系统，并应考虑浪涌保护和防雷措施，在 1 区和 2 区场所既可采用电缆配线系统，也可采用导管配线系统。但采取芯线布线时，必须采用导管保护的配线系统。

按照标准规定，对于 1 区和 2 区的电缆配线系统，允许固定式设备使用塑料护套、橡胶护套或矿物绝缘护套电缆进行布线，要求移动式设备必须使用重型(加厚)橡胶护套电缆，导线截面大于 $1mm^2$。对于导管(保护的)配线系统，导管中允许使用绝缘单芯电缆或多芯电缆，但导管中电缆的总面积(含绝缘层)应不超过导管截面的 40%。当导管进入或离开爆炸危险区域交界的地方时应按要求配置密封附件，并做适当的堵封处理。

需要指出的是，要正确区分北美的导管安装方式和导管(保护的)配线系统间的差异。目前，国内生产的防爆产品一般采用密封圈压紧式电缆引入结构，在采取导管(保护的)配线安装方式时，必须首先使用产品配置的电缆引入装置部件，用原配的压紧螺母充分压紧电缆(或芯线)，要杜绝直接将导管用作压紧螺母与设备连接。对于必须采用导管保护(芯线布线)的情况，可选择可供布线导管或挠性管连接的带阴螺纹的压紧螺母。

此外，对于采用地沟或桥栈敷设的电缆或导管应靠近危险性较低的一侧或远离释放源，即当危险介质比空气重时，应在上侧布线，否则应在下侧。

第五节　防爆电气安装要点

不同形式的防爆电气设备具有不同的技术特征和应用要求。尤其是在应用层面，应在正确选型的基础上，确保其安装符合相应防爆形式规定的要求。下面就不同防爆形式电气设备分别介绍其主要安装要求。

一、隔爆型电气设备

(1) 隔爆面应涂防锈油，不允许涂油漆或胶。

(2) 隔爆型电气设备电缆引入装置的橡胶密封圈的内径应与引入电缆外径相适应，并用原配压紧螺母或压盘充分压紧(不能直接用钢管或挠性管取代)。

(3) 冗余电缆引入口应用符合标准规定的盲垫封堵。

(4) 隔爆面紧固件应设弹垫，并充分拧紧。

(5) 用于外部导线或电缆接线的接线盒的电气间隙和爬电距离应满足标准规定要求。

(6) 特别注意北美进口的防爆电气设备电缆引入口的处理。

二、增安型电气设备

（1）增安型设备引入电缆或导线应按规定的要求与接线端子可靠连接，并满足电气间隙和爬电距离要求。

（2）电缆引入装置内的橡胶密封圈应使用原配的压紧螺母或压盘充分压紧。

（3）冗余电缆引入口应用符合标准要求的盲垫封堵。

（4）增安型电动机应按产品铭牌或产品说明书规定参数要求，配用过载反时限保护装置，保证电动机堵转时在电动机铭牌规定的时间内断开电源。

（5）完成安装后，增安型电气设备的外壳防护等级应满足 IP54 要求。

三、本质安全型电气设备

（1）没有特别保护措施的关联电气设备必须安装在安全场所。

（2）关联设备的供电电源不应超过铭牌规定的最高允许电压 U_m。

（3）关联设备与本质安全型电气设备间连接电缆的分布电容和电感应满足产品说明书规定的要求，或满足回路安全参数评定准则的要求。

（4）关联设备应按规定要求接地，如齐纳安全栅应设两根接地线，且接地电阻应小于 1Ω。

（5）本质安全电路的电缆应与其他电路分开走线。

（6）连接电缆或导线截面应满足规定要求，并满足 500V 绝缘要求。

（7）不同本质安全回路的连接电缆或导线应采取屏蔽隔离措施，屏蔽层应在安全场所接地，且现场侧的屏蔽层应做适当的绝缘处理。

四、浇封型电气设备

（1）浇封型电气设备供电电源的配置应满足说明书规定要求，设备供电电源的预期短路电流应满足产品铭牌规定要求。

（2）产品的使用应遵守产品说明书规定的其他相关要求，包括对环境温度、湿度的要求以及可能的避免阳光照射的限制条件等。

（3）浇封表面存在龟裂、裂痕等现象的设备不能投入使用。

（4）浇封型电气设备连接电缆的延伸必须采用相应防爆等级的接线盒过渡连接。

五、正压型电气设备

（1）正压保护气体取气口应设在安全场所(使用罐装保护气体除外)。

（2）保护气体出气口一般应设在安全场所，否则应安装能阻止火焰和炽热颗粒的装置。

（3）所有正压管道、连接件和外壳应能承受 1.5 倍最大正常工作压力。

（4）进气、出气口的尺寸，保护气体流量，换气时间等参数应满足产品说明书规定的要求。

（5）正压保护系统的连锁保护功能应满足正压保护的要求。

六、粉尘防爆电气设备

（1）粉尘防爆电气设备的安装应依据 GB/T 3836.1—2021《爆炸性环境 第1部分：设备 通用要求》。

（2）设备的接地和地电位平衡的要求应满足 GB/T 3836.15—2017《爆炸性环境 第15部分：电气装置的设计、选型和安装》的要求。

（3）所有的安装活动应确保不削弱外壳防护等级，不装电缆的引入装置应合适地封堵。

（4）电气接线应满足电气间隙、爬电距离的要求，并确保设备的绝缘整体性。

（5）粉尘电气设备可采用电缆布线或钢管保护布线，布线系统应避免粉尘积聚，并采取措施避免产生静电危险。

（6）20区电气设备的安装需特别考虑，必要时可咨询防爆检验机构。

第六节 防爆电气设备的检查和维护

一、人员及文件要求

1. 人员要求

实施检查和维护作业的人员必须具有相关工作经验，并经防爆专业培训和持续培训，掌握防爆基本原理和各防爆形式技术特征，了解防爆电气设备安装规则、爆炸危险场所分类及相关的法律、法规和标准。

2. 文件要求

开展防爆电气设备的检查和维护工作应具有下列文件资料：

（1）危险场所区域划分图。

（2）危险气体类别、级别和组别。

（3）设备清单，包括防爆标志、位号。

（4）防爆合格证书复印件。

（5）产品使用说明书等。

二、检查周期及等级

一般情况下，防爆电气设备完成初始检查投运后，除需由专业人员进行连续巡检外，还应安排定期检查。通常，对于固定安装的设备，定期检查周期应不超过3年；对于移动式设备，应不超过12个月。具体的检查可视实际情况，采取目视检查、一般检查或详细检查。但初始检查必须采取详细检查。

（1）目视检查：用肉眼而不用检测设备和工具来识别明显缺损的检查，如螺栓丢失。

（2）一般检查：包括目测检查以及使用检测设备和工具才能识别明显缺陷的检查，如螺栓松动；仔细检查和目测检查一样，一般不开盖、不断电。

（3）详细检查：包括目测检查以及只有打开外壳或采用工具与检测设备才能识别明显缺陷的检查，如接线端子松动。

三、检查的实施

具体的检查活动，应主要抓住三个环节，即对设备本身的检查、对安装质量的检查和对设备环境适应性核查。

（1）对于电气设备本身，应重点核查以下内容：

① 电气设备是否适用于危险场所区域；

② 电气设备级别是否正确；

③ 电气设备温度组别是否正确；

④ 电气设备、电路标志是否正确；

⑤ 电气设备、电路标志是否有效；

⑥ 外壳、透明件及透明件与金属密封垫和(或)胶黏剂是否符合要求；

⑦ 是否存在可见的非授权的修改；

⑧ 螺栓、电缆引入装置(直接或间接引入)和堵板的类型是否正确并完整紧固；

⑨ 隔爆面表面是否清洁、有无损坏，衬垫是否良好；

⑩ 隔爆面间隙尺寸是否在允许的最大尺寸范围内；

⑪ 灯具光源额定值、型号和安装位置是否正确；

⑫ 电气连接是否牢固；

⑬ 外壳、衬垫状态是否良好；

⑭ 封闭式断路装置和气密式断路装置是否损坏；

⑮ 限制呼吸外壳是否良好；

⑯ 电动机风扇与外壳和外罩之间是否有足够的间距；

⑰ 呼吸和排液装置是否符合要求；

⑱ 安全栅单元、继电器和其他限能装置是否为批准的防爆形式，并按证书规定的要求安装和牢固接地；

⑲ 安装的本质安全型电气设备是否是文件所规定的设备(仅指固定式设备)；

⑳ 本质安全型电气设备的印刷电路板是否清洁、无损坏；

㉑ 浇封外壳材料是否有裂痕等缺陷。

（2）对于电气设备的安装，应重点核查以下内容：

① 电缆类型是否合适；

② 电缆有无明显损坏；

③ 线槽、管道、管线和导管的密封是否良好；

④ 填料盒和电缆盒装配是否正确；

⑤ 导管系统及与混合系统的接口是否保持完整；

⑥ 接地连接(包括附加的屏蔽接地连接)是否良好(如连接牢固、导线截面足够)；

⑦ 电气自动保护装置是否在允许范围内工作；

⑧ 电气自动保护装置的设置是否正确(不能自动复位)；

⑨ 是否符合特殊使用条件；

⑩ 不用的电缆或电缆延伸是否得到正确处理；

⑪ 各种电压、频率是否符合文件要求；

⑫ 本质安全电路电缆是否按文件安装，屏蔽是否按文件规定接地；

⑬ 本质安全型系统的点与点的连接是否正确；

⑭ 本质安全型接地连接是否满足要求(如连接牢固、导线截面足够)；

⑮ 对地连接是否保持防爆形式的完整性；

⑯ 本质安全电路对地隔离或仅在一处接地；

⑰ 在共用的配线盒或继电器盒内，本质安全电路和非本质安全电路之间是否保持隔离；

⑱ 如果适用，电源短路保护是否符合文件要求；

⑲ 正压用惰性保护气体温度是否低于规定的最高值；

⑳ 正压系统管道、管线和外壳是否处于良好状态；

㉑ 保护气体是否基本未受污染；

㉒ 保护气体压力或流量是否足够；

㉓ 压力流量指示仪、报警器和联锁装置功能是否正确；

㉔ 预先换气时间是否足够；

㉕ 处于危险场所的排气管中火花和炽热颗粒屏障是否满足要求。

以上列举了电气设备的主要检查内容，企业应结合工程项目的特点，制订详细的检查和维护的计划，确定检查和维护的内容、周期和等级，做好检查的实施和记录工作。除初次检查必须详细检查外，定期检查、连续监督检查等可依据标准以及被检查对象的现状选用不同的检查等级(目视检查、一般检查、详细检查)。

最后，特别需要说明的是，任何时候，如果危险场所的分类有了改变或电气设备位置发生了变化，则应进行检查，以保证其防爆形式、设备类别、级别和温度组别与已改变的条件相适应。

第七节 防爆电气设备的修理

一、相关的基本术语介绍

可使用状态：考虑合格证的要求后，允许更换或修复所用零件而不会损害使用这类零件的电气设备的电气性能和防爆性能的一种状态。

修理：使发生故障的电气设备恢复到完全可使用状态并符合有关标准要求的活动。

大修：把损伤程度较大，但不一定发生故障的电气设备恢复到完全可使用状态的活动。

维护：维持安装的电气设备处于完全可使用的例行活动。

修复：是修理的一种，对已经损坏的待修零部件去除或增加材料，根据有关标准使零部件恢复到完全可使用状态。

改造：对电气设备结构、材料、形状或功能的变动。

修理单位：承担防爆设备修理的制造厂、用户或第三方(修理部门)。

检验：设备修理后，由检验部门评定其性能并颁发修理合格证的检查和试验工作。检验内容包括电气绝缘强度试验、绝缘电阻试验和其他补充试验。

修理标志：显示电气设备修理后特征的标牌和符号。

修理合格证：证明修理后的电气设备符合有关标准要求并达到可使用状态的证明。

二、防爆电气设备修理的基本方法

防爆电气设备修复的基本方法包括金属喷涂法、金属合压法、电镀法、旋转电机定转子铁芯机加工法、安装套筒法、紧固件的螺孔修理法(例如：加大钻孔、重新攻丝；加大钻孔、封堵、重新攻丝；堵死螺孔、另钻孔、重新攻丝；焊死螺孔、另钻孔、重新攻丝等)、硬钎焊或熔焊法及重新机加工法。

需要注意的是，上述修复方法的使用还必须同时遵守相应防爆形式检修的补充要求。其次，并非所有的防爆电气设备缺陷或损坏都可以修复，特别是对于玻璃、塑料或其他尺寸不稳定的材料制成的零件、紧固件以及制造厂说明不能进行修复的零件(例如浇封组件)等一般不允许修复，应通过更换新的原配部件来完成设备的修复工作。

三、防爆电气设备修理的合格证

防爆电气设备在修理后应粘贴合格证，修理合格证由修理单位检验部门颁发。修理合格证应包括设备名称、型号规格、防爆标志、修理厂名及认证编号、修理合格证编号、日期等。

修理合格证是关系到追溯修理防爆电气设备使用安全责任的重要文件。修理单位应将修理合格证视作其修理服务符合标准规定的社会承诺。作为修理服务的采购单位，应把修理合格证视作采购服务验收合格的重要依据、安全投运的前提条件。

国家标准 GB/T 3836.13—2021《爆炸性环境　第 13 部分：设备的修理、检修、修复和改造》对各类防爆电气设备修理的具体技术要求、检验项目和合格判据都做出了具体规定。更进一步的技术信息可参阅该标准，这里不再详述。

最后，再次提醒防爆电气设备使用企业应充分认识到修理质量对企业安全的重要性，保证防爆电气设备在使用中的有效性，确保安全生产平稳有序进行。

第七章　矿 山 电 气

随着人类对电力能源的重视与不断应用，电力设施与设备已与现代人类的工作与生活密不可分，电力也成为矿山主要的动力能源。由于种种原因，电力能源在提高矿山开采现代化水平的同时，矿山电气设备产生的问题也给广大矿区从业者和管理者带来不少烦恼与损失，甚至引发安全生产事故。因此，电气安全不仅已成为各矿区电气操作与维护人员消除安全生产隐患、防止伤亡事故、保障职工健康及顺利完成各项任务的重要工作内容，同时也是矿区电气专业工作者首要面临并着力解决的问题。一方面要研究各种矿山电气事故的机理、原因、构成、特点、规律和防护措施，另一方面要研究使用电气的方法解决各种安全问题。

第一节　矿山电气概述

矿山企业在国民经济建设中起着重要作用，是电能的重要用户。随着生产的迅速发展，机械化和自动化水平不断提高，矿山企业对供电的要求也就更加严格。从安全的角度上讲，由于矿山生产是井下作业，工作面不断移动，生产场所空间狭小，空气潮湿，顶板有压力，井下有涌水，而且还有瓦斯和煤尘。特别是采掘工作面，电气设备移动频繁，负荷变化大，大型采掘设备直接启动时强大的电流冲击着电网，生产中还存在着各种自然灾害，而这些灾害的预防、预报和排除，也直接或间接地取决于矿山供电的正常与否。由此可见，矿山供电工作不仅直接影响矿山企业的高效生产，而且关系着矿井工作人员的人身安全。因此，矿山对供电工作提出了严格的供电安全要求，既要防止人身触电，还要防止由于电气设备的损坏和故障引起的电气火灾及瓦斯、煤尘爆炸事故。

与一般供电场所相比，井下空间狭窄、空气潮湿，存在着顶板冒落、片帮等危险，因此电气设备受损害的因素多，矿区井下供电电路和电气设备发生故障的概率大，而且会引起更严重的后果。如果保护装置不完善、不可靠，发生故障时不能迅速、可靠地将故障电路切断，就可能引起瓦斯和煤尘爆炸，造成人身伤亡事故，也存在着引起电气火灾、煤层着火等重大事故的危险性。在用电过程中，必须在电路中设置相应的保护装置，当电路发生故障时，通过保护装置迅速可靠地将故障电路切断，以保证非故障电路的正常工作。目前，矿区井下使用的配电开关和控制开关，在设计和制造时都设置了短路保护、过载保护、漏电保护和漏电闭锁保护，一些开关还采用了隔爆兼本质安全型防爆措施。

由于矿区矿井内甲烷等易燃易爆气体或粉尘的存在，矿区的工作区普遍在爆炸性气体环境或可燃性粉尘环境中，人们采取了多种防爆技术方法，防止爆炸危险性环境形成，其中很重要的举措就是采用防爆电气设备。

本章将从矿山供电系统、矿山井下供电系统和矿用防爆电气安全三个方面对矿山电气安全技术进行介绍。

第二节　矿山供电系统

一、矿山供电系统常见供电模式

矿山供电可分为地面供电系统和井下供电系统。地面供电系统包括地面变电所和高低压配电网。井下供电系统包括井下中央变电所、采区变电所、工作面配电点或移动变电站和高低压电缆网。

地面变电所有两回路电源进线，任一回路因故障停止供电时，另一回路应仍能担负矿井的全部负荷，以保证可靠供电。进线电压一般为35kV和6kV(或10kV)，大型矿井也有110kV的。变电所内一般设两台主变压器，一台停止运行时，另一台必须保证安全生产的用电负荷。在高压绕阻侧采用桥式接线方式，低压绕阻侧采用单母线分段，以保证提升机、主扇、井下中央变电所等重要负荷的供电。地面高压配电电压为6kV，低压为380V/220V。在大型矿井和选矿厂，正在发展高压10kV和低压660V供电。在工业广场内的高低压配电网，一般采用电缆。远离工业广场的用户，如扇风机房，采用架空线供电。

井下中央变电所由两回路或更多高压电缆供电，并引自地面变电所的不同母线段。任一回路停止供电时，其余回路能担负全部负荷。馈电电缆一般沿副井井筒敷设，使用钢丝铠装不滴流电缆。中央变电所一般设在井底车场附近靠水泵房的硐室内，经高压配电箱，用橡套电缆向井下水泵房、变流站、采区变电所供电，并经降压变压器供应车场附近的低压动力及照明。井下多水平开采时，需在每一水平设一中央变电所。

采区变电所一般设在靠近采区的上山或石门运输巷中。变电所硐室内设有高压防爆配电箱、变压器和低压馈电开关，向采区各低压负荷供电。

在回采工作面附近，负荷比较集中，一般设工作面配电点，以便于操作、移动并少用橡套电缆，从采区变电所到配电点一般采用低压橡套电缆，经总的馈电开关和各自的防爆磁力启动器用橡套电缆分头向各负荷供电。对于装备容量大的采掘工作面，可借助移动变电站将6kV高压直接深入负荷中心，缩短低压供电距离，改善供电电压质量。移动变电站放在工作面附近的平巷里，它由高压开关、干式变压器和低压馈电开关组成，可借助轨道或单轨吊车沿平巷移动。高压侧用屏蔽电缆、高压电缆连接器和进线连接，移动时拆装方便。高低压的屏蔽电缆都配有漏电保护装置，确保供电安全。

按变压器中性点接法不同，井下供电分为中性点直接接地系统、中性点经阻抗接地系统和中性点绝缘不接地系统三种。

（1）中性点直接接地系统：单相接地故障电流大，容易引起火灾、瓦斯爆炸和人身触电危险，煤矿中不宜采用。

（2）中性点经阻抗接地系统：可将单相接地电流限制在适当值内，英国、美国、加拿大、澳大利亚等国采用。

（3）中性点绝缘不接地系统：发生单相接地或人身触电时，电流自电源经接地点或人身流入大地，再经其他两相的对地绝缘电阻和分布电容回到电源。分布电容较小和绝缘电阻较高时，接地电流小，安全性较好。但容易产生单相接地过电压，导致严重的相间短路，故须采用适当的漏电保护，及时切除单相接地事故。我国就采用这种系统。

二、矿山电力用户的分类和供电电压等级

1. 矿山电力用户分类和供电要求

在矿山企业中，各种电力负荷对供电可靠性的要求是不同的，为了能在技术经济合理的前提下满足不同负荷对供电可能性的要求，把电力负荷分为三类。

（1）一类用户。凡因突然停电造成人身伤亡事故或重要设备损坏，给企业造成重大经济损失者，均是一类用户，如矿山主通风机、井下主排水泵、副井提升机等。这类用户采用来自不同电源母线的两个回路供电，无论是电力网在正常或事故时，均应保证供电。

（2）二类用户。凡因突然停电造成较大减产和较大经济损失者，如矿山集中提煤设备、地面空气压缩机、采区变电所等。这类用户一般采用双回路供电或环形线路供电。

（3）三类用户。这类用户突然停电时对生产没有直接影响，如矿山井口机、修理厂用电设备等。对三类负荷供电一般采用单回路供电方式，不考虑备用电源，根据需要各负荷还可用一条输电线路。

对电力负荷分类的目的是便于合理地供电。供电系统运行时，确保一类负荷供电不间断，保证二类负荷用电，而对三类负荷则更多地考虑供电的经济性。因此，当电力系统因故障必须拉闸限电时，首先停三类负荷，必要时再停二类负荷，但必须保证一类负荷用电。

2. 矿井供电电压等级

我国习惯上仍以 1kV 为划分界限。尤其是近年来在矿山采用 660V 作为低压配电电压以后，煤矿井下电网与地面三相四线制电网不同，其电压等级有特殊的规定。凡工频交流对地电压大于 1000V 者称为高压，凡工频交流对地电压为 1000V 及以下者称为低压。目前，矿山井下采用交流电压等级有交流 35kV、10kV、6kV、3kV、1140V、660V、380V、127V、36V 和直流 550V(660V)、250V(275V)。

（1）35kV——矿井地面变电所变电电压。

（2）10kV 或 6kV——井下高压配电电压和高压电动机的额定电压。

（3）3kV 或 1140V——综合机械化采煤工作面电气设备的额定电压。

（4）660V——井下低压电网的配电电压。

（5）380V——地面和小型矿井井下低压电网的配电电压。

（6）220V——地面和井下新鲜风流大巷的照明电压。

（7）127V——照明、手持式电气设备、电话、信号装置的最高额定电压。

（8）36V——井下设备控制回路的电压。

（9）直流 550V(660V)、250V(275V)——直流架线电机车常用额定电压。

三、矿山供电安全的基本要求和措施

1. *矿山供电安全的基本要求*

1）供电的可靠性

对矿山企业的重要负荷，如主要排水、通风与提升设备，一旦中断供电，可能发生矿井淹没、有毒有害气体积聚，甚至坠罐等事故。对于采掘、运输、压气及照明等设备中断供电，会造成不同程度的经济损失和人身事故。另外，煤矿井下的空气中含有瓦斯和一氧化碳等有害气体，并且有水不断涌出，突然停电，将会使排水和通风设备停止运转，可能造成水淹矿井，工作人员窒息死亡和引起瓦斯、煤尘爆炸，危及矿井和人身安全。因此，要严格按照前面所讲的一级、二级、三级用电负荷的供电要求供电。一级负荷应由两个电源供电，且两个电源间允许无联系和有联系，当两个电源有联系时，应同时符合下列规定：

（1）当发生任何一种故障时，两个电源的任何部分应不致同时受到损坏。

（2）当发生任何一种故障且保护装置动作正常时，应有一回路电源不中断供电；当发生任何一种故障且主保护装置失灵，以致两电源均中断供电后，应能在有人值班的处所完成各种必要的操作，迅速恢复一个电源的供电；二级负荷宜由两回路电源供电，无一级负荷的小型矿山工程可由专用的一回路电源供电；采用两回及两回以上供电线路时，当任一回线路停止运行时，其余回路的供电能力应能担负煤矿矿井的全部用电负荷，露天矿和其他矿山工程的供电能力应能承担一级和二级用电负荷。

2）供电的安全性

煤矿安全供电的三大任务是防爆、防火、防触电。必须按照安全生产规程的有关规定供电，满足矿山生产的特殊环境，确保安全生产。电能有它的特殊性，使用中稍有疏忽，就会导致人身触电、电火灾等事故的发生。矿山主要是地下作业，工作环境和地面有很大的差别，特别是存在有爆炸危险的瓦斯和煤尘，因而不仅发生人身触电和电火灾的可能性比地面大，而且会导致瓦斯、煤尘爆炸严重后果。因此，矿山供电必须保证安全，严格遵守各项有关规定。

3）供电的质量

供电的质量主要是衡量供电的电压和频率是否在额定值和允许偏差范围内，因为用电设备的确在额定值下运行性能最好。这主要是指供电频率和供电电压偏离额定值的幅度不超过允许的范围；否则，电气设备的远行情况将会显著恶化，甚至损坏电气设备。

我国规定一般电力设备使用的交流供电标准频率为 50Hz，偏差控制在±(0.2～0.5Hz)。电压幅度变化不超过±5%。

4）供电的能力

这不仅要求电力系统或发电厂能供给矿山充足的电量，而且要求矿井供电系统的各项供电设施具有足够的供电能力。

5）供电的经济性

在以上四项基本要求的基础上，尽量做到建设成本和使用成本最低。尽量降低企业变电所与电网的基本建设投资，尽可能降低设备、材料及有色金属的消耗量，尽量降低供电系统的电能损耗及维护费用。

2. 矿山供电安全的基本措施

（1）绝缘和屏护。绝缘就是用绝缘物质和材料把带电体包括并封闭起来，以隔离带电体或不同电位的导体，使电流按一定的通路流通。良好的绝缘是保证电气线路和电气设备正常运行的必要条件，也是防止电气事故的重要措施。通常，在电工技术上将电阻系数为 $10^9 \sim 10^{22}\Omega \cdot cm$ 的物质所构成的材料称为绝缘材料。一般要求绝缘材料具有以下性能：

① 良好的介电性能、较高的绝缘电阻和耐压强度。

② 不发生漏电、爬电或击穿等事故。

③ 耐热性能好，在长期受热状态下性能无显著变化。

④ 良好的导热、耐潮和防霉性能。

⑤ 较高的机械强度，且便于工艺加工。

为防止人体接近或触及带电体，用遮栏、护罩、护盖等将带电体隔离开来，就是屏护。用金属材料制成的屏护装置应与带电体良好绝缘并接地或接零。

（2）安全距离。为了防止意外的人和车辆等接近带电体及防止电气的短路和放电，规定带电体与别的设备和设施之间，带电体相互之间均需保持一定的安全距离，简称间距。在露天矿场内，高压输电线架设高度与各种机械设备的最大高度之间不得小于2m，低压输电线不得小于1m。工频交流电压的最小安全距离是10kV及以下0.70m，20kV和35kV 1.00m，63kV 和 110kV 1.50m，220kV 3.00m，330kV 4.00m，500kV 5.00m，750kV 8.0m。直流电压的最小安全距离是±50kV 1.5m，±500kV 6.8m，±660kV 9.0m，±800kV 10.1m。

（3）载流量。载流量是指导线或设备的导电部分通过电流的数量，假若通过的电流数量超过了安全载流量，就会导致严重发热，以致损坏绝缘，损伤设备(电线)，甚至可能引起火灾。因此，在选用和装设线路和设备时必须使正常工作时的最大电流不超过安全载流量。例如，铜线的额定最大电流是2.5mm^2铜电源线的安全载流量28A，4mm^2铜电源线的安全载流量35A，6mm^2铜电源线的安全载流量48A，10mm^2铜电源线的安全载流量65A，16mm^2铜电源线的安全载流量91A，25mm^2铜电源线的安全载流量120A。如果是铝线，线径要取铜线的1.5~2倍。如果铜线电流小于28A，按每平方毫米10A来取肯定安全；如果铜线电流大于120A，按每平方毫米5A来取。

（4）安全标志。安全标志分为禁止标志、警告标志、指令标志和提示标志四类。禁止标志的含义是不准或制止人们的某种行动；警告标志的含义是提醒人们注意可能发生的危险，一般是警告牌，如“有人工作、禁止送电”等。指令标志的含义是必须遵守的意思；提示标志的含义是示意目标的方向。

（5）接地措施。矿山供电系统的电源变压器中性点采用何种接地方式，对于电气保护方案的选择和电网的安全运行影响极大。低压供电系统一般有两种供电方式：一种是将配电变压器的中性点通过金属接地体与大地相接，称为中性点直接接地方式(图7-2-1)；另一种是中性点与大地绝缘，称为中性点不接地方式(图 7-2-2)。这两种接地方式各有短长，适合于不同的使用场所，并要有相应的电气保护装置才能保证电网的安全运行。

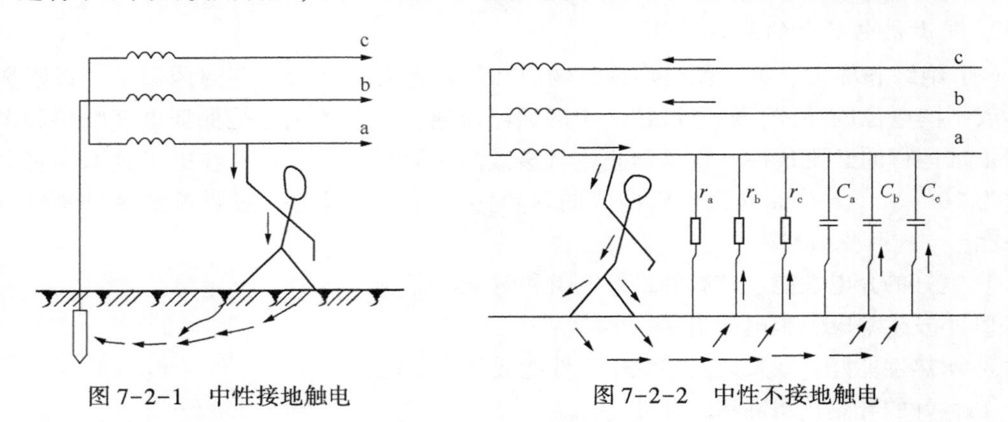

图 7-2-1　中性接地触电　　　　图 7-2-2　中性不接地触电

① 当人触及电网一相时，中性点接地系统危险性较大，中性点不接地系统只要保持较高的对地绝缘电阻和限制过大的电容电流，对人体触电的危险就小得多。

② 当电网一相接地时，中性点接地系统即为单相短路，短路点将产生很大的电弧，短路电流在大地流通时，易引起电雷管爆炸事故。中性点不接地系统接地电流较小，相对较安全。

③ 以架空线路为主，比较分散的低压电网要维护很高的绝缘电阻是很困难的，尤其是雨雪天。当线路绝缘降低到一定程度后即失去中性点不接地的优点。由于矿山井下环境恶劣，对安全用电要求特别高，井下配电变压器及金属露天矿山的采场内不得采用中性点直接接地的供电系统。地面低压供电系统及露天矿采场外地面的低压电气设备的供电系统，一般采用中性点直接接地的系统。

④ IT 系统如图 7-2-3 所示。这种系统主要用于 10kV 及 35kV 的高压系统和矿山、井下的某些低压供电系统，电力系统的带电部分与大地间无直接连接(或经电阻接地)，而受电设备的外露导电部分则通过保护线直接接地。

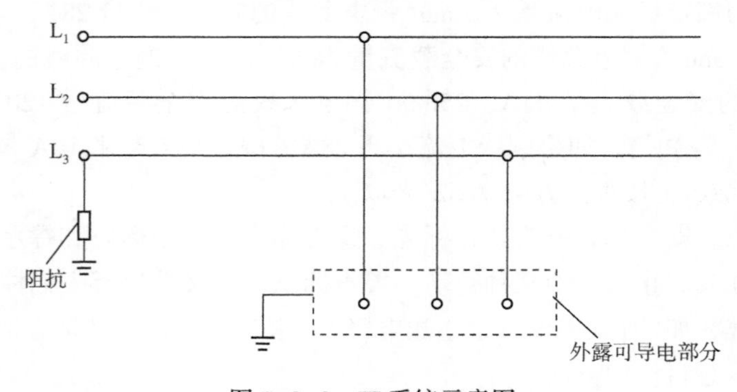

图 7-2-3　IT 系统示意图

IT 方式供电系统中，I 表示电源侧没有工作接地，或经过高阻抗接地；T 表示负载侧电气设备进行接地保护。IT 方式供电系统在供电距离不是很长时，供电的可靠性高、安全性好。一般用于不允许停电的场所，或者是严格要求连续供电的地方，例如大医院的手术室、地下矿井等处。地下矿井内供电条件比较差，电缆易受潮。运用 IT 方式供电系统，即使电源中性点不接地，一旦设备漏电，单相对地漏电流仍小，不会破坏电源电压的平衡，因此比电源中性点接地的系统还安全。但是，如果用在供电距离很长时，供电线路对大地的分布电容就不能忽视了。在负载发生短路故障或漏电使设备外壳带电时，漏电电流经大地形成架路，保护设备不一定动作。只有在供电距离不太长时才比较安全。许多小矿山，井上下共用一台变压器，为了能满足用电安全的要求，采用中性点不接地的方式，并要保持网路的绝缘性能。为了避免和减轻高压窜入低压的危险，将中性点通过击穿保险器同大地可靠地连接起来，或在三相线路上装设避雷器。

(6) 矿井应有两回路电源线路。当任一回路发生故障停止供电时，另一回路应能担负矿井全部负荷。年产 60000t 以下的矿井采用单回路供电时，必须有备用电源，备用电源的容量必须满足通风、排水、提升等要求。矿井的两回路电源线路上都不得分接任何负荷。正常情况下，矿井电源应采用分列运行方式，一回路运行时另一回路必须带电备用，以保证供电的连续性。10kV 及其以下的矿井架空电源线路不得共杆架设。矿井电源线路上严禁装设负荷定量器。

(7) 对井下各水平中央变(配)电所、主排水泵房和下山开采的采区排水泵房供电的线路，不得少于两回路。当任一回路停止供电时，其余回路应能担负全部负荷。主要通风机、提升人员的立井绞车、抽放瓦斯泵等主要设备房，应各有两回路直接由变(配)电所馈出的供电线路。受条件限制时，其中的一回路可引入同种设备的配电装置。上述供电线路应来自各自的变压器和母线段，线路上不应分接任何负荷。上述设备的控制回路和辅助设备，必须有与主要设备同等可靠的备用电源。

(8) 井下低压配电系统同时存在两种或两种以上电压时，低压电气设备上应明显地标出其电压额定值。严禁井下配电变压器中性点直接接地。严禁由地面中性点直接接地的变压器或发电机直接向井下供电。

(9) 经由地面架空线路引入井下供电线路(包括电机车架线)，必须在入井处装设避雷装置。由地面直接入井的轨道、露天架空引入(出)的管路，必须在井口附近将金属体进行不少于两处的良好的集中接地。通信线路必须在入井处装设熔断器和避雷装置。

(10) 矿井必须备有井上、下配电系统图，井下电气设备布置示意图和电力、电话、信号、电机车等线路平面敷设示意图，并随着情况变化定期填绘。图中应注明以下各项：

① 电动机、变压器、配电设备、信号装置、通信装置等装设地点。

② 每一设备的型号、容量、电压、电流种类及其他技术性能。

③ 馈出线的短路、过负荷保护的整定值、熔断器熔体的额定电流值以及被保护干线和支线最远点两相短路电流值。

④ 线路电缆的用途、型号、电压、截面和长度。

⑤ 保护接地装置的安设地点。

(11) 电气设备不应超过额定值运行。井下防爆电气设备变更额定值使用和进行技术改造时，必须经国家授权的矿用产品质量监督检验部门检验合格后，方可投入运行。

（12）防爆电气设备入井前，应检查其"产品合格证""防爆合格证""矿山矿用产品安全标志"及安全性能；检查合格并签发合格证后，方准入井。

（13）矿山供电施工中的安全技术措施。

① 在施工现场必须有一名班队长现场指挥，起吊设备前，仔细检查顶板及受力部位的牢固情况，确认起吊工具完好，起吊锚杆牢固可靠，方可施工。在起吊过程中，施工人员严禁站立在起吊设备下方向范围内。

② 回收的电气设备及配件，必须列出回收明细，否则不得回收。回收电缆时，严禁用钢锯锯电缆，电缆装矿车时必须盘置码放。装花车时，两端必须用破皮带进行防护。回收的电气设备装矿车时，严禁倒置、倾斜。回收设备入库时，应轻抬轻放，将设备归类码放整齐。

③ 搬运电气设备时，要步调一致，轻抬轻放，严禁损坏设备。装车的设备必须捆牢扎实，严禁超高、偏载。

④ 拆除的螺栓螺母、密封圈、挡板等小件物品，必须放在专用袋子内，防止丢失。

3. 矿山供电安全的防雷措施

矿山变电所遭受雷击事故的类型分为三类：一是输电线路受雷击时沿线路向变电所入侵的雷电波；二是雷击输电线路附近地面的感应雷；三是雷直击变电所内线路和设备的直击雷。雷电波与感应雷的陡度大、幅值高，危害严重，不采用防雷措施就使变电所的电气设备绝缘击穿。据统计，我国 110~220kV 的变电所因雷电波引起的年事故率约 0.5 次/百所，直配电动机的年损坏率约 1.25 次/百所。

对付雷电的对策主要是泄放、堵截、疏导。采取的手段主要是接地、绝缘、均压、屏蔽。为了防止地面雷电波及井下引起瓦斯、煤尘及火灾等灾害，必须遵守下列规定：

（1）经由地面架空线路引入井下的供电线路(包括电机车架线)，必须在入井处装设避雷装置。装设的避雷器的接地电阻不得大于 5Ω。

（2）由地面直接入井的轨道、管路、铠装电缆的金属外皮，都必须在井口附近将金属体进行不少于两处的可靠接地，接地极的电阻不得大于 5Ω，两接地极的距离应大于 20m。

（3）通信线路必须在入井处装设熔断器和避雷装置。避雷器的接地极电阻不得大于 1Ω。

（4）提升用的钢丝绳提升机、罐笼用的钢丝绳罐道，都必须在井口附近将绞车提升机和钢绳可靠接地，其接地电阻不得大于 4Ω。

（5）为防止避雷针(线)起接收雷电天线的作用，井口不应设针式避雷器，最好采用阀型避雷器或其他方式的避雷措施。

（6）加强矿井通风管理和洒水降尘，防止瓦斯和煤尘积聚。

（7）废弃井巷或采空区封闭前，应将巷道中或封闭区域中所有金属导体拆除，排除传入雷电的通道和产生火花的线路。

（8）矿山变电所对直击雷的防护措施。变电所防范雷电波和感应雷是防雷的首要任务，对直击雷要采取合理的防雷措施，对高压输电线路要用耐雷水平和雷击跳闸率来衡量防雷性能优劣，确保矿山变电所安全正常运行。变电所防护直击雷的有效措施就是在变电所安装避雷装置。避雷装置由接闪器、引下线和接地装置三部分组成。接闪器采用避雷针、带、线和网。引下线要保证接闪器与大地间有良好连接，接地装置的电阻应不大于10Ω。

在避雷针高于被保护设备时，它的保护范围包括变电所厂房及室外所有设备。避雷针就像一把伞，只要把被保护设备置于伞盖的范围内，它就能将雷电吸引到自身上，就能把极大的雷电流通过引下线引入地下的接地装置，尽快散逸到大地并与异种电荷中和，可以保护设备雷击概率小于0.1%。要防止它们之间造成反击事故。在采用滚球法计算时，避雷针保护范围缩小，可在建筑物上安装避雷带(网)。

(9) 矿山变电所对雷电波的防护措施。变电所内的主变电压器最重要，应重点保护。变配电站的防雷措施主要有设避雷针，高压侧装设阀型避雷器或保护间隙，当低压侧中性点不接地时，也应装设阀型避雷器或保护间隙。利用变电所母线安装阀型避雷器，把它接在主变压器旁边。在雷电波入侵到主变压器时，产生全反射使它们身上的电压升高，雷电波电压曲线与阀型避雷器较平坦的伏秒特性曲线相交，使避雷器动作。对有正常防雷措施的110~220kV变电所，流过避雷器的雷电流不大于5kA，在主变压器冲击耐压大于避雷器冲击放电电压时，主变压器得到可靠保护。选择好安装避雷器的位置，它与主变压器及其他设备的距离都应小于最大允许电气距离。一组不满足要求时可再增一组。

(10) 输电线路防护雷电波措施。35~110kV无避雷线的输电线路，当进线段遭雷击时，雷电波的幅值和陡度会超过变电所设备的耐压值。在接近变电所1~2km的进线段处安装避雷线就能降低雷电波的陡度，限制流过变电所阀型避雷器中的雷电流不大于5kA，使进线段内出现雷电波的概率大为减小，即使出现也只能在进线段外。对重雷区及雨季经常合闸的情况，还应在进线段保护的首端各安装一组管型避雷器。架空线路可设避雷线防雷，提高线路自身的绝缘水平，用三角形顶线做保护线，安装自重合熔断器等措施。

(11) 各种变压器防护雷电波措施：

① 三相绕组变压器只需在低压绕组某相出口处加装一只避雷器。

② 自耦变压器可在高压、中压侧与断路器之间各安装一组避雷器。

③ 35kV变压器中性不用保护，110kV变压器中性接避雷器。

④ 3~10kV配电变压器采用阀型避雷器，对雷电频发区域还要在低压侧安装一组氧化锌避雷器。

4. 矿用小发电机的电气安全措施

1) 操作前的电气安全技术

(1) 发电机使用前，操作人员应熟悉掌握所操作发电机的结构、性能、工作原理等技术特征。使用前操作人员必须认真阅读机组使用说明，严格按照说明书的操作程序进行。

(2) 保持机组干净整洁，详细检查机组各紧固部位有无松动，是否处在正常状态。检查一切防护装置和安全附件是否处于完好状态。

(3) 开机前清理机组附近一切障碍，先试听设备有无障碍或异常声响，严格检查各仪表、开关以及其他附属装置是否齐全、灵敏、可靠。

2）使用发电机的电气安全措施

（1）发电机环境必须放在顶板完好，巷道无偏帮、无积水的巷道一侧，严禁放在巷道中间，避免影响运输及行人。附近20m范围内无易燃易爆物品，对工作区域施工前必须洒水防尘。作业现场必须备有两台合格的灭火器，灭火器材应放置在进风侧。

（2）现场负责人必须佩戴多功能气体检测仪，随时检测施工地点及附近空气中有毒有害气体浓度变化情况，发现超标，立即停止作业，停止发电机运行，并撤出人员，采取措施进行处理。

（3）正常运转期间，值班人员要注意发电机运行完好情况，发现异常立即停机。

（4）发电机必须由专人负责管理、维修，维修人员和操作人员在设备运转时，不得进行发电机的维修与保养。

第三节　矿山井下供电系统

井下事故统计资料表明，许多重大事故是由电气引起的。究其原因，有相当一部分是人为因素造成的：或是制度不严，或是管理不善，或是有章不循，粗心大意。井下的电气设备大体上可分为设备、电缆、安全保护装置、小型电器四大类。按系统分别成立了设备管理、防爆检查、低压电气管理、小型电器和电缆管理等专业组织进行设备管理。

一、井下预防触电伤亡电气安全技术

井下触电事故有以下三个规律：

（1）低压设备触电事故率高。井下使用的机电设备及供电设备多数为低压设备，其分布广，与作业者接触机会多、时间长，作业者往往由于管理不严、思想麻痹，同时又缺乏一定的安全用电知识，触电事故率较高。

（2）移动式设备与手持设备触电事故率高。在井下生产和作业中这些设备数量多、移动性大，且又不是专人使用，故不便管理，安全隐患较多。同时，这些设备是被作业者紧握在手中工作，一旦漏电，往往难以摆脱。

（3）违章作业或误操作的触电事故率高。矿山井下常见的触电事故表现形式有7种：

① 人身触及已经破皮漏电的导线或由于漏电而带电的设备金属外壳，造成触电伤亡。

② 停电检修时，由于停错电或维修完毕后送错电而造成维修人员触电伤亡。

③ 误送电造成触电伤亡。

④ 违反规定，进行带电作业，造成触电伤亡。

⑤ 在停车场乘坐罐车或违章爬乘煤车时触及带电的架空线而触电伤亡。

⑥ 在设有电车架空线的巷道中行走，肩扛金属长钎子或撬棍并高高翘起碰到架空线而触电。

⑦ 高压电缆在停电以后，由于电缆的电容量较大，必定储有大量电能，如果没有放电就有人去触摸带电的火线，容易造成触电伤亡。

为了防止触电事故的发生，在电气设备设计、制造、使用和维护过程中，应严格执行

有关规定，做到安全用电。预防触电的主要措施有以下6种：

（1）使人体不能接触或接近带电体，如采取栅栏门隔离，设置闭锁机构等。

（2）井下电气设备必须设置保护接地。

（3）在井下高低压供电系统中装设漏电保护装置。

（4）井下电缆的敷设符合规定，并加强管理。

（5）操作高压电气设备，必须遵守安全操作规程，使用保安工具。

（6）手持式电气设备的把手应有良好绝缘，电压不得超过127V，电气设备控制回路电压不得超过36V。

二、井下预防漏电电气安全技术

1. 井下常见的漏电故障原因

矿区井下巷道中相对湿度高达95%以上，在此条件下运行的电气设备，虽然对其绝缘采取了一些特殊措施，但漏电故障仍然时有发生。特别是有的采区低压电缆，还时常被脱落的岩石或煤块砸坏，更会造成漏电事故。主要漏电故障原因如下：

（1）运行中的电气设备绝缘部分受潮或进水，电缆长期浸泡在水中，使与地之间的绝缘电阻下降到危险值以下，造成一相接地漏电。

（2）铠装电缆受机械或其他外力的挤压、砍砸、过度弯曲等而产生裂口或缝隙，长期受潮气或水分侵蚀，使绝缘损坏而漏电。

（3）电缆与电气设备连接时，由于火线接头压接不牢、封堵不严、接线嘴压板不紧、移动时接头脱落，造成一根火线与外壳搭接，或接头发热烧坏而漏电。

（4）电气设备内部的连接头脱落，由于长期过负荷运行使绝缘损坏造成一相火线接外壳而漏电。

（5）电气设备内部任意增设其他部件，使带电部分与外壳之间的电气距离小于规定值，造成某一相对外壳漏电接地。

（6）铠装电缆受到机械损伤或过度弯曲而产生裂口或缝隙，长期受潮或遭水淋使绝缘损坏而发生漏电。

（7）电气设备内部遗留导电物体，造成某一相碰壳而发生漏电。

（8）设备接线错误，误将一相火线接地或接头刺太长而碰壳，造成漏电。

（9）移动频繁的电气设备，电缆反复弯曲使芯线部分折断，刺破电缆绝缘与接地芯线接触而造成漏电。

（10）操作电气设备时，产生弧光放电造成一相接地而漏电，设备维修时，因停、送电操作错误，带电作业或工作不慎，造成人身触及一相而漏电。

2. 预防漏电的主要措施

井下漏电保护装置的主要部分是漏电继电器，其动作电阻值的整定是依据电网漏电时，通过人体的极限电流作参考计算出来的。对于不同的电网电压，漏电继电器动作电阻值不同。井下漏电继电器一般安装在采区变电所或采场附近的配电点，对电网绝缘进行监视。当电网绝缘下降(漏电)到一定数值或接地时，漏电继电器就动作，并在极短的时间内将电源总开关自动切断。当人身触电时，漏电器也将动作。预防漏电的主要措施如下：

(1) 漏电继电器必须合理、可靠，正常使用，并且每天进行一次漏电跳闸试验和检查。

(2) 电缆必须按标准吊挂，避免挤、砸、碰、压、受潮、淋水。

(3) 防止电缆过度弯曲或折断而损坏电缆。

(4) 电缆与电缆连接、电缆与设备连接时，接头一定要牢靠，按标准接线，不准出现毛刺或压皮子现象。

(5) 电气设备内部不得随意增加电器元件，需要加入时，必须安排好固定点，并且做好绝缘防护，还要经过国家指定检验部门检验通过。

(6) 电缆要正确、合理、经济、可靠选择，避免电缆和电气设备长期过负荷运行。

(7) 定期检查、检修电气设备，电缆运行情况、绝缘情况，并且要定期检查电缆接头、电气设备接线柱接线情况。

(8) 加强对电工的培训。在操作电气设备时，必须两个人以上参加，做到一人操作一人监控。防止误接线、误操作，避免漏电事故发生。

三、井下预防过电流电气安全技术

凡是流过电气设备的电流值超过了额定值，都称为过电流。引起过电流的原因很多，如短路、过载和电动机单相运转等。无论发生短路还是过载事故，都将使电气设备或电缆发热超过允许限度，从而引起绝缘损坏，甚至引起井下火灾及瓦斯、煤尘燃烧或爆炸。

井下常见的过电流事故及产生原因有5个方面：

(1) 电缆放炮(爆炸)。电缆放炮或爆炸，就是发生了两相或三相短路，这时将发出较大的爆裂声。产生这种短路事故的主要原因是：制作电缆接头时工艺质量不合格，常在三岔口发生短路；由于矿车掉道等机械性撞、压、挤，放炮崩等原因，使芯线绝缘损坏击穿而发生短路；铠装电缆由于弯曲过度使铠装层和铅包层发生裂纹、受潮气侵入后发生短路。

(2) 变压器、电动机、开关等电气设备内部发生短路。产生这种短路事故的原因有：产品质量不合格；检修质量低劣；由于金属工具遗忘在设备内部造成相间短接或长期闲置绝缘受潮，投入运行前又没有按规定做必要的绝缘性能试验，一送电就使绝缘击穿而造成短路事故。

(3) 三相短路接地线没有拆除就送电造成三相短路。电气设备停电进行维修或处理有关问题时，为了安全，按规程要求，必须将三相短路接地以后才能在设备上工作。如果忘记拆除这种短路接线就送电，会立即发生短路事故。

(4) 不同相序的两路电源线或两台变压器如果并联运行，立即造成相间短路。两路电源线或两台变压器并联时，必须按相序相同的原则连接，连接前必须找好同相序，如果相序不同，必然造成相间短路。

(5) 加在电器上的电压过高(即过电压)，使电气设备的绝缘击穿而发生短路。

预防过电流故障的主要措施有6个方面：

（1）使用过电流保护装置。

（2）用配电网路的最大三相短路电流校验开关设备的分断能力、动热稳定性和电缆的热稳定性。

（3）用最小两相短路电流校验保护装置的可靠动作系数。

（4）对所使用的过流保护装置严格按规定定期进行校验和调整。

（5）当负荷发生变化时，及时调整过流保护装置的整定值，以确保其可靠性。

（6）加强日常检修和巡回检查。

四、井下预防设备失爆电气安全技术

电气设备在瓦斯和煤尘爆炸事故中，由于电火花等电气设备失爆引起的瓦斯和煤尘事故占有较大比例。为使电气设备在正常工作状态和故障状态产生的火花或电弧以及过度发热不致点燃矿井中的瓦斯、煤尘，可以采取以下措施：

（1）对于开关电器和电动机等动力设备，可采取隔爆外壳防爆。外壳具有足够的强度，即使在壳内发生瓦斯爆炸，也不致变形，并且从间隙逸出壳外的火焰应受到足够的冷却，不足以点燃壳外的瓦斯、煤尘。

（2）采用本质安全电路和设备。

（3）采用超前切断电源，使电气设备在正常和故障状态下产生的热源或电火花在引起瓦斯爆炸之前，即自行切断电源达到防爆目的。

（4）严格按照防爆电气设备标准，进行日常检查和巡回检查。

五、矿山井下电气安全保护技术

井下电气设备的三大保护包括过电流保护、漏电保护和保护接地。

1. 过电流保护

过电流简称过流。电气设备和电缆出现过流后，一般会引起过热，当过流倍数较低时，引起电气设备和电缆的温升超限，缩短设备使用寿命；当过流倍数较高时，将导致电气设备烧毁，甚至引起火灾和瓦斯、煤尘爆炸事故；过流倍数很高时，会在电网上造成很大的压降，影响电网的正常运行。过流保护要求做到有选择性、可靠性，动作迅速，经济合理。由此可见，电气设备和电缆的过流是一种不正常状态。井下常见的过流故障为短路、过负荷和断相。

（1）短路。短路是指电流不经过负载，而是经过电阻很小的导体直接形成回路，其特点是电流很大，可达到额定电流的几倍、十几倍、几十倍，甚至更大。因为电流很大，发热剧烈，如不及时切除，不仅会迅速烧毁电气设备和电缆，甚至引起绝缘油和电缆着火酿成火灾，还会引起瓦斯、煤尘爆炸。

（2）过负荷(过载)。过负荷不仅是指它们的电流超过了额定数值，而且过电流的延续时间也超过了允许时间。电气设备和电缆过流后，绝缘绕组和绝缘导体的电流密度增加，发热加剧。如果过流的延续时间很短，不超过允许时间，电气设备和电缆的温度不会超过它们所用绝缘材料的最高允许温度，因而不会被烧毁，允许继续运行，这种情况称为允许的过载。但是，如果延续时间超过了允许时间，电气设备和电缆的温度将升高到足以损坏它们的绝缘，如不及时切断电源，将会发展成漏电和短路故障，因此也要加以预防和保护。引起电缆和电气设备过负荷的原因主要有两个方面：一是电气设备和电缆的容量选择过小；另一个是对生产机械的错误操作。此外，电动机的端电压过低或电动机堵转时，将长期通过电动机的启动电流，因而是最严重的过负荷。

（3）断相。三相电源断一相或三相绕组断一相，称为断相或缺相、跑单相。

2. 漏电保护

电网漏电又分为集中性漏电和分散性漏电。集中性漏电是指在变压器中性点不接地的电网中，由于某处(或某点)的绝缘损伤而发生的漏电。分散性漏电则是由于整个电网或整条线路的绝缘水平降低，而沿整条线路或整个电网发生的漏电，从而增加人身触电的危险，增加引起瓦斯、煤尘爆炸的危险，还可能造成电雷管先期爆炸事故，甚至可能引起电火灾。

漏电保护的类型有漏电闭锁和漏电跳闸。漏电闭锁指在开关合闸之前对电网的绝缘电阻进行检测，如果电网的对地绝缘电阻值低于规定的漏电闭锁动作电阻值，则使开关不能合闸，起闭锁作用。其多装在用于直接控制和保护电动机的磁力启动器上。漏电跳闸保护通常是由检漏保护装置配合自动开关来实现，在电网的对地绝缘电阻值降低到规定的跳闸动作电阻值或人触及一相线路时，能使线路开关跳闸，切断电源。

3. 保护接地

保护接地就是把电气设备的金属外壳和框架用导线与埋在地下的接地极连接起来的一种保护措施，主要起分流作用，可以减少通过人体的电流和产生电火花的能量，从而避免人身触电事故和瓦斯、煤尘爆炸事故的发生。

从保护接地的原理可以得知，保护接地装置的保护作用是否可靠，关键在于是否能将它的电阻值降低到规定的范围以内。通常把单个电气设备的接地极称为局部接地极。安装时也要采取一些措施降低接地极的电阻，但仍往往降低不到需要的数值，使它满足规定的要求(不超过 2Ω)。因此，为可靠地预防人身触电和瓦斯、煤尘爆炸事故的发生，对井下电气设备要求建立保护接地网。通过保护接地网可以确保接地极的电阻低于规定值，使保护接地装置能可靠地起到保护作用，还可以避免不同两相漏电的对地短路。

矿井保护接地的具体做法有 6 个方面：

（1）矿井内所有电气设备的金属外壳及电缆的配件、金属外皮等必须接地，巷道中接近电缆线路的金属构筑物等均应接地。

（2）矿井电气设备保护接地系统的规定如下：

① 所有需要接地的设备和局部接地极都应与接地干线连接。接地干线应与主接地极连接，形成接地网。

② 移动和携带式电气设备应采用橡套电缆的接地芯线，并与接地干线连接。

③ 矿井所有接地的设备必须有单独的接地连接线。禁止将几台电气设备的接地连接

线串联。

④ 矿井所有电缆的金属外皮都必须有可靠的电气连接，以构成接地干线。

（3）接地极应符合以下规定：

① 设备在水仓或水坑内的主接地极，应采用面积不小于 0.75m^2、厚度不小于 5mm 的钢板制成。

② 设置在排水沟中的局部接地极，应采用面积不小于 0.6m^2、厚度不小于 0.4mm 的钢板，或具有同样面积和厚度不小于 3.5mm 的钢管制成，并应平放于水沟深处。

③ 设置在其他地点的局部接地极，应采用直径不小于 35mm、长度不小于 1.5m 的钢管制作，并直埋入地下，钢管上至少应有 20 个直径不小于 5mm 的孔。

（4）接地干线应采用截面积不小于 100mm^2、厚度不小于 4mm 的扁钢，或直径不小于 12mm 的圆钢制成。电气设备的外壳与接地干线的连接线（采用电缆芯线者除外）、电缆接线盒两头的电缆金属连接线，应采用面积不小于 48mm^2、厚度不小于 4mm 的扁钢或直径不小于 8mm 的圆钢。

（5）接地装置的所有钢材必须镀锌或镀锡。接地装置的连接线应采取防腐措施。

（6）每个主接地极的接地电阻由主接地极起至最远的就地接地装置上，不得大于 2Ω。每台移动电气设备至接地干线的接地电阻值不得大于 1Ω。高压系统的单相接地电流大于 20A 时，接地装置的最大接触电压不应大于 40V。

第四节　矿用防爆电气安全

爆炸指物质从一种状态经过物理变化或化学变化，突然变成另一种状态，释放光、热或机械巨大能量的过程。由于矿区矿井内甲烷等易燃易爆气体或粉尘的存在，矿区的工作区普遍处在爆炸性气体环境或可燃性粉尘环境，人们采取了多种防爆技术方法，防止爆炸危险性环境形成，其中很重要的举措就是采用防爆电气设备。

防爆电气设备指不会引起周围爆炸性混合物爆炸的电气设备，如防爆电动机、开关等。爆炸危险场所使用的防爆电气设备，在运行过程中必须具备不引燃周围爆炸性混合物的性能。满足上述要求的电气设备可制成隔爆型、增安型、本质安全型等类型。

一、防爆电气设备选用原则

1. 设备选型原则

选择防爆电气设备必须与爆炸性混合物的危险程度相适应。选用的防爆电气设备必须与爆炸性混合物的传爆级别、组别、危险区域的级别相适应，否则就不能保证安全。此外，如同一区域内存在两种以上不同危险等级的爆炸性物质时，必须选择与危险程度最高的爆炸等级及自燃温度等级相适应的防爆结构。

2. 环境适应原则

防爆设备有户内使用与户外使用之分。户外使用的设备要适应露天环境，要求采取防日晒、雨淋和风沙等措施，部分防爆设备在有腐蚀性或有毒、高温、高压或低温环境中使用时，也应考虑适应这些特殊环境的特殊要求。

二、矿用隔爆型设备电气安全

1. 矿用隔爆型设备的防爆原理和主要附件

1）防爆原理

隔爆型电气设备的标志为“d”。隔爆型电气设备的防爆形式是把设备可能点燃爆炸性气体混合物的部件全部封闭在一个外壳或几个外壳内，隔爆外壳使设备内部空间与周围的环境隔开，不会引起由一种、多种气体或蒸气形成的外部爆炸性环境点燃；隔爆外壳存在间隙，因电气设备的呼吸作用和气体渗透作用，当进入壳内的爆炸性气体混合物被壳内的火花、电弧引爆时，外壳可以承受所产生的爆炸压力而不损坏。同时，外壳结构间隙可冷却火焰、降低火焰传播速度或终止加速链，使火焰或危险的火焰生成物不能穿越隔爆间隙点燃外部爆炸性环境，从而达到隔爆目的。具有隔爆外壳的电气设备称为隔爆型电气设备。

隔爆型电气设备除电气部分外，主要结构包括隔爆外壳及一些附在壳上的零部件，如衬垫、透明件、电缆(电线)引入装置及接线盒等。

2）主要附件

隔爆型电气设备主要由壳体与盖组成，常带有一些附属其壳上的部件，主要有电缆及导线的引入装置、接线盒、透明件、衬垫等。

（1）接线盒。

接线盒是电气设备间接引入的中间环节。隔爆型电气设备的接线盒可采用隔爆型、增安型或其他防爆形式。接线盒的空腔与主腔之间采用隔爆或胶封结构，对于Ⅱ类电气设备可采用密封结构。接线盒内的电气间隙和爬电距离应符合规定的数值。

（2）透明件。

透明件主要指照明灯具的透明罩、仪器窗口和指示灯罩，它们是隔爆外壳的一部分。透明件一般采用玻璃和钢化玻璃制成。透明件必须能承受国家规定的机械冲击和热冲击试验。灯具透明件与外壳之间可以直接胶封。观察窗透明件可采用密封结构，密封垫应既有密封作用，又有隔爆作用，密封垫厚度不小于2mm，一般采用硅橡胶或氟橡胶等离火能自动熄灭的材料制成。

（3）通气与排液装置。

通气与排液装置是隔爆外壳内的电气设备或元件在正常运行或停机泄压时向壳外环境通气或排液的重要装置。通气、排液装置要与外壳可靠连接，并要保证良好的隔爆和耐爆性能。由于煤矿井下空气中粉尘多、湿度大，含有腐蚀性气体，因此通气、排液装置要用防腐蚀金属材料制成，并要有防尘措施，以防止通气孔或排液孔被堵塞，失去通气和排液功能。

2. 矿用隔爆型设备的失爆原因

隔爆外壳失去了耐爆性或隔爆性就称为失爆。已经失爆的防爆设备，如果其内部发生爆炸，可能因外壳炸坏而引起壳外爆炸；或从缝隙中喷出的高温气体会引起壳外爆炸，这是十分危险的。矿用隔爆型电气设备矿井下常见的失爆原因有以下几种：

（1）隔爆外壳严重变形或出现裂纹、焊缝开焊及连接螺钉不齐全、螺扣损坏或拧入深度少于规定值，致使它们的间隙超过规定值，其机械强度达不到耐爆性的要求而失爆。

（2）因矸石冒落砸伤、支架变形挤压、搬运过程中严重碰撞等而使外壳严重变形；因隔爆外壳上的盖板、连接嘴、接线盒的连接螺钉折断，螺扣损坏，连接螺钉不全等，使其机械强度达不到规定的要求而失爆。

（3）隔爆接合面严重锈蚀，由于机械损伤，间隙超过规定值，有凹坑、连接螺钉没有压紧等，达不到不传爆的要求而失爆。

（4）电缆进出线口没有使用合格的密封胶圈或根本没有密封胶圈；不用的电缆接线孔没有适用合格的密封挡板或根本没有密封挡板而造成失爆。

（5）在设备外壳内随意增加电气元、部件，使某些电气距离小于规定值，或绝缘损坏，消弧装置失效，造成相间经外壳弧光接地短路，使外壳被短路、电弧烧穿而失爆。

（6）外壳内两个隔爆腔由于接线柱、接线套管烧毁而连通，使两个空腔连通，内部爆炸时形成压力叠加，导致外壳失爆。

三、矿用增安型防爆设备电气安全

1. 矿用增安型设备的防爆原理和电气安全措施

1）增安型电气设备防爆原理

增安型电气设备标志是“e”。增安型防爆形式是一种对在正常运行条件下不会产生电弧、火花的电气设备上增加一些附加措施以提高其安全程度，包括降低或控制工作温度、保证电气连接的可靠性、增加绝缘效果及提高外壳防护等级等措施，防止其内部和外部部件可能出现危险温度、电弧和火花可能性的防爆形式。增安型防爆结构只能应用于正常运行条件下不会产生电弧、火花或可能点燃爆炸性混合物的高温热源的设备上，像电动机、变压器、照明灯具等一些电气设备。在正常运行时产生电弧、电火花和过热等现象的电气设备及部件不可制成增安型结构。

2）电气安全措施

增安型电气设备的外壳应采用耐机械作用和热作用的金属制成。对有绝缘带电部件的外壳，其防护等级应达到IP44，对于有裸露带电部件的外壳，其防护等级应达到IP54。

为了保证电气设备正常运行，增大电气间隙与爬电距离是制造增安型电气设备采取的重要措施之一。煤矿井下的电气设备处在空气潮湿、粉尘散落的环境中工作，这种环境会降低电气设备的绝缘性能，绝缘表面易发生炭化，导致短路击穿现象发生。为提高增安型电气设备的绝缘性能和安全性能，就需要增大其爬电距离。

3）增安型电气设备的保护控制装置

增安型电气设备常用的保护装置有两种。

一种是电源式保护装置，也称为间接控制装置，它是由熔断器、空气开关和限流继电器（热继电器）组成的。该种保护装置与电气设备接在同一主回路中，并根据电气设备的额定电流进行整定(一般为85%的额定值)。当电气设备的电流超过整定值时，热继电器就会自动切断电路，保证电气设备的安全性能。

另一种是温度式保护装置，也称为直接式保护装置，这种保护装置由热敏元件组成，将热敏元件埋置于电气设备的内部，通过引线接到电气设备的控制电路。当电气设备绕组温度上升时，热敏元件的电阻值会迅速上升，相当于处于开路状态。这时温度开关和中间继电器动作控制了主回路的空气开关，实现了对电气设备的保护作用。

2. *矿用增安型设备的使用与维护*

1）矿用增安型电气设备的使用

为确保增安型电气设备的防爆性能符合要求，在安装使用中应注意保持外壳防护等级不低于标准的规定；在搬运中，应轻搬轻放，不得发生碰撞；安装使用地点支护应可靠，防止煤、矸对设备碰砸；内装裸露带电体的外壳须用特殊紧固件进行紧固，只有使用专用工具才能开启外壳；外壳上密封用的橡胶密封垫必须完好无损，凡有损坏或老化，影响密封性能的必须更换，防护漆必须完好。

2）矿用增安型电气设备的维护

增安型电气设备与隔爆型电气设备相比具有结构简单、维修方便、造价低廉等优点，因此在煤矿井下应用较多，但是增安型电气设备的防爆性能较隔爆型的防爆性能差。因此，煤矿井下对增安型电气设备的正确使用和加强维修管理，是保证增安型电气设备的防爆性能、充分发挥其效能的重要环节。

矿用增安型电气设备的日常维护、检修内容主要是：加强对导体连接情况、绝缘绕组的温升、绝缘水平及正常工作时会出现电火花或电弧的部位的检查，对保护装置应正确地整定并定期调整和试验。

四、矿用本质安全型防爆电气设备安全

1. *矿用本质安全型防爆电气设备的防爆原理和分类*

1）矿用本质安全型防爆电气设备的防爆原理

本质安全型电气设备的标志是“i”。本质安全型的防爆形式是在设备内部的所有电路都是由在标准规定条件(包括正常工作和规定的故障条件)下，产生的任何电火花或任何热效应均不能点燃规定的爆炸性气体环境的本质安全电路。本质安全型是从限制电路中的能量入手，通过可靠地控制电路参数将潜在的火花能量降低到可点燃规定的气体混合物能量以下，导线及元件表面发热温度限制在规定的气体混合物的点燃温度之下。本质安全型防爆结构的电气回路必须与其他电路相隔离，以防止混线电磁感应或静电感应，特别是结构外部的配线，要采取周密的措施，才能确保电气设备和配线的防爆性能。

本质安全型电气设备不需要专门的防爆外壳，本质安全型电气设备的传输线可以用胶质线和裸线，因此，本质安全型电气设备具有安全可靠、结构简单、体积小、重量轻、造价低、制造维修方便等优点，是一种比较理想的防爆电气设备。但由于本质安全型电气设备的最大输出功率为25W左右，因而使用范围受到了限制。本质安全型防爆结构仅适用

于弱电流回路，如测试仪表、控制装置等小型电气设备。

2）本质安全型电气设备的分类

本质安全型电气设备分为单一式和复合式两种形式。单一式本质安全型电气设备指电气设备的全部电路都是由本质安全电路组成的，如携带式仪表多为单一式。复合式本质安全型电气设备指电气设备的部分电路是本质安全电路，另一部分是非本质安全电路，如调度电话系统。

本质安全型电气设备根据安全程度的不同分为 ia 和 ib 两个等级。ia 级指电路在正常工作、一个或两个故障时，都不能点燃爆炸性混合物的电气设备。当正常工作时，安全系数为 2；一个故障时，安全系数为 1.5；两个故障时，安全系数为 1。ib 级指正常工作和一个故障时，不能点燃爆炸性气体混合物的电气设备。当正常工作时，安全系数为 2；一个故障时，安全系数为 1.5。

2. *矿用本质安全型防爆电气设备的电气安全*

为了确保矿用本质安全型电气设备在使用中的性能，应定期性的检查、维护和保养。

1）矿用本质安全型防爆电气设备的使用

（1）验收时应核对产品是否具有有效的矿用产品安全标志和产品出厂合格证；产品铭牌中反映的相关信息是否与安全标志证书中标注的内容(包括产品名称、规格型号、安全标志编号、生产单位及地址等)一致；安全标志证书中标注与本产品关联的部件是否具有有效安全标志，且名称、规格型号、安全标志编号、生产单位与安全标志证书中标注的一致；产品安全警示牌板是否齐全、清晰、完整。

（2）注意辨别本质安全电路的端子(蓝色)和非本质安全电路的端子，避免将本质安全电路接到非本质安全电路的端子上，也避免将非本质安全电路接到本质安全电路的端子上。不得将地线做本质安全电路回路(接地保护除外)。

（3）使用中对于导线的布置和连接不得随意进行变更、改造。应测量该产品的工作电压、工作电流是否符合说明书要求的参数。确定该产品的关联设备或配接设备是否符合规定要求，并正确接线。

（4）本质安全电路的外部电缆或导线应单独布置，不允许与高压电缆一起敷设。本质安全电路的外部电缆或导线的长度应尽量缩短，禁止盘卷以减小分布电感。不得超过规定的最大值。

（5）设有内外接地端子的本质安全型电气设备应可靠接地。内接地端子必须与电缆的接地芯线可靠连接。运行中的本质安全型电气设备应定期检查保护电路的整定值和动作可靠性。

（6）原设计单独使用的本质安全型电气设备，不得多台并联运行，以免造成电气参数叠加，破坏原电路本质安全性能。由两台以上本质安全型电气设备组成的本质安全电路系统，只能按原设计配套安装使用，不得取出其中一台单独使用或与其他电气设备组成新的电气系统，除非新系统经重新检验合格。

（7）不经防爆检验单位检验，不得将设计范围以外的电气设备(不管是本质安全型，还是非本质安全型)接入本质安全电路，也不得将不同型号的本质安全型电气设备或其中的部分电路自由结合，组成新的电气系统。

（8）产品使用单位不得随意改变本质安全型产品的关联设备、配接设备，否则会改变产品的本质安全性能，造成产品失爆。产品制造商改变关联或配接设备时，必须及时向安标国家中心提出变更申请，经重新审查检验合格后方可进行。

2）矿用本质安全型防爆电气设备的维修

（1）更换本质安全电路及关联电路中的电气元件时，不得改变原电路的电气参数和本质安全性能，也不得擅自改变电气元件的规格、型号，特别是保护元件更应格外注意。更换的保护元件应严格筛选。特殊的部件(如胶封的防爆组件)如遇损坏，应向厂家购买，或严格按原方式仿制。

（2）在危险场所使用的本质安全型电气设备，原则上只可带电开盖进行内部简单的检修、调整，但不允许使用电烙铁检修。禁止用非防爆仪表进行测量或用电烙铁检修，检修时应切断前级电源。

（3）在非危险场所使用的本质安全型关联设备，需要维修时必须切断接至危险场所的本质安全电路的接线才能进行检修。

（4）维修本质安全型电气设备和本质安全型关联设备时，不得对电路的参数和电路元件、导线的布置连接进行变更和改造。

（5）必须替换本质安全型电气设备和本质安全型关联设备的固定部件或元件时，只能按照检验单位批准的设计图纸及说明书中规定的同一规格的部件或元件进行替换，并要做到不改变原电路参数、漏电距离及电气间隙。

（6）在本质安全型电气设备或本质安全型关联设备中，所采用的保护性元件、组件或安全栅是保证本质安全性能的可靠措施，要求定期检查其保护性能是否可靠。维修时不得随意拆除或更换。

（7）更换本质安全型仪器或设备中的电池时，要用同型号电池，不得随意使用其他型号电池。

（8）原设计单独使用的本质安全型电气设备，不得几台并联运行，以免造成电气参数叠加，破坏本质安全性能。同时要尽量远离大功率电气设备，以避免电磁感应和静电感应。

（9）本质安全电路的外部电缆或导线应单独布置，不允许与高压电缆一起敷设。外部电缆或导线的长度应尽量缩短，不得超过产品使用说明书中规定的最大值。本质安全电路的外部电缆或外导线禁止盘卷，以减小分布电感量。

五、矿用防爆电气设备的安全管理

矿井在生产过程中存在瓦斯、煤尘等具有爆炸性的物质。防止瓦斯、煤尘发生爆炸事故，一方面要加强通风设施的管理，控制瓦斯、煤尘含量；另一方面要杜绝一切能够点燃瓦斯、煤尘的点火源和高温热源。在有瓦斯析出并可能积聚达到爆炸含量的地方，应防止因电气设备正常运行或故障状态下可能出现电火花、电弧、热表面和灼热颗粒等热源而引发事故。

1. 矿用防爆电气设备的适用环境

防爆电气设备适用于-20～60℃、气压为(0.8～1.1)×10^5Pa的工厂爆炸性气体环境和矿井井下环境。

2. 矿用防爆电气设备的温度要求

1）设备最高表面温度

设备最高表面温度指电气设备在允许范围内的最不利条件下运行时，暴露于爆炸性混合物的任何表面的任何部分，不可能引起电气设备周围爆炸性混合物爆炸的最高温度。例如，对于隔爆型电气设备是指外壳表面，其余各防爆类型电气设备是指可能与爆炸性混合物相接触的表面。

（1）Ⅰ类电气设备。在矿井井下，电气设备运行环境恶劣，而且电气设备表面易堆积粉尘。因此，规定最高表面温度不得超过150℃。如果能采取一系列措施，而且还能防止粉尘堆积，则不得超过450℃。

（2）Ⅱ类电气设备，主要在工厂中应用。由于爆炸危险场所具有各种不同性质的爆炸性混合物，这些爆炸性混合物都有不同的引燃温度。因此，就有各种不同的组别，所以它们的最高表面温度不得超过表7-4-1的规定。

表7-4-1　Ⅱ类电气设备最高表面温度

组别	最高表面温度/℃	组别	最高表面温度/℃
Tl	450	T4	135
T2	300	T5	100
T3	200	T6	85

2）设备运行环境温度

电气设备运行环境温度指电气设备在正常运行情况下的环境温度。一般为-20～40℃，如果环境温度范围不同，需要在铭牌上标明，并以最高环境温度为基准计算电气设备的最高表面温度。

3）电气设备局部最高表面温度

电气设备局部最高表面温度指对于总表面积不大于10mm^2的部件(如本质安全电路使用的晶体管或电阻)，其最高表面温度相对于实测引燃温度具有下列安全裕度时，该部件的最高表面温度允许超过电气设备上标志的组别温度，T1、T2、T3组设备为50℃，T4、T5、T6组设备为25℃。

六、矿山防爆电动机的电气安全

防爆电动机是一种可以在易燃易爆场所使用的一种电动机，运行时不产生电火花。防爆电动机主要用于煤矿、石油天然气、石油化工和化学工业。此外，在纺织、冶金、城市煤气、交通、粮油加工、造纸、医药等部门也被广泛应用。防爆电动机作为主要的动力设备，通常用于风机、鼓风机、破碎机、输送系统、工厂、起重机和其他应用领域需要设防爆电动机的场合。

1. 防爆电动机的分类及特点

1）防爆电动机的分类

（1）按电动机原理，可分为防爆异步电动机、防爆同步电动机及防爆直流电动机等。

（2）按使用场所，可分为煤矿井下用防爆电动机及工厂用防爆电动机。

（3）按防爆原理，可分为隔爆型电动机、增安型电动机、正压型电动机、无火花型电动机及粉尘防爆电动机等。

（4）按配套的主机，可分为煤矿运输机用防爆电动机、煤矿绞车用防爆电动机、装岩机用防爆电动机、煤矿局部扇风机用防爆电动机、阀门用防爆电动机、风机用防爆电动机、船用防爆电动机、起重冶金用防爆电动机及加氢装置配套用增安型无刷励磁同步电动机等。

此外，还可以按额定电压、效率等技术指标来分，如高压防爆电动机、高效防爆电动机、高转差率防爆电动机及高启动转矩防爆电动机等。

2）按防爆原理分类及其特点

（1）隔爆型电动机。

它采用隔爆外壳把可能产生火花、电弧和危险温度的电气部分与周围的爆炸性气体混合物隔开。但是，这种外壳并非是密封的，周围的爆炸性气体混合物可以通过外壳的各部分接合面间隙进入电动机内部。当与外壳内的火花、电弧、危险高温等引燃源接触时就可能发生爆炸，这时电动机的隔爆外壳不仅不会损坏或变形，而且爆炸火焰或炽热气体通过接合面间隙传出时，也不能引燃周围的爆炸性气体混合物。

我国当前广泛应用的低压隔爆型电动机产品的基本系列是 YB 系列隔爆型三相异步电动机，它是 Y 系列(IP44)三相异步电动机的派生产品。

（2）增安型电动机。

它是在正常运行条件下不会产生电弧、火花或危险高温的电动机结构上，再采取一些机械、电气和热的保护措施，使之进一步避免在正常或认可的过载条件下出现电弧、火花或高温的危险，从而确保其防爆安全性。

我国当前应用的低压增安型的基本系列是 YA 系列增安型三相异步电动机，它是 Y 系列(IP44)三相异步电动机的派生产品。

低压增安型电动机派生系列主要有 YASO 系列小功率增安型三相异步电动机(机座中心高度为 56~90mm)，YA-W、YA-WF1 系列户外、户内防腐增安型三相异步电动机(机座中心高度为 80~280mm)。

（3）无火花型电动机。

无火花型电动机指在正常运行条件下不会点燃周围爆炸性混合物，且一般又不会发生点燃故障的电动机。与增安型电动机相比，除对绝缘介电强度试验电压、绕组温升、t_E (在最高环境温度下达到额定运行最终温度后的交流绕组，从开始通过启动电流时计起至上升到极限温度的时间)及启动电流比不像增安型那样有特殊规定外，其他方面与增安型电动机的设计要求一样。

目前，国内已研制、生产了 YW 系列无火花型电动机产品（机座中心高度为 80～315mm）。防爆标志为 nⅡT3，适用于工厂含有温度组别为 T1—T3 的可燃性气体或蒸气与空气形成的爆炸性混合物的 2 区场所。

（4）粉尘防爆电动机。

粉尘防爆电动机指其外壳按规定条件设计制造，能阻止粉尘进入电动机外壳内或虽不能完全阻止粉尘进入，但其进入量不妨碍电动机安全运行，且内部粉尘的堆积不易产生点燃危险，使用时也不会引起周围爆炸性粉尘混合物爆炸的电动机。目前，已用于国家粮食储备库的机械化设备上。

2. 矿山防爆电动机的使用与维护

随着我国采煤作业自动化程度的不断提高，安全问题显得特别重要。近几年来，连续不断发生矿井的爆炸事故，给人身安全和国家财产造成严重损失。国家煤矿安全监察局下大力度进行煤矿安全大检查，力争消除不安全因素，减少事故的发生。在有瓦斯和煤尘爆炸危险的矿井内，根据煤矿安全规程的规定，必须使用防爆电气设备。

1）矿山电动机的保护种类及措施

我国矿山大量使用中小型低压交流电动机，由于与之配套的防爆开关保护措施不完善，加之井下环境恶劣，使得井下电动机烧损严重，不仅直接造成了较大的经济损失，影响了正常生产，而且危及人身安全。

电动机保护就是给电动机全面的保护，即在电动机出现过载、缺相、堵转、短路、过压、欠压、漏电、三相不平衡、过热、轴承磨损、定转子偏心时，予以报警或保护。为电动机提供保护的装置是电动机保护器，包括热继电器、电子型保护器和智能型保护器。

由于绝缘技术的不断发展，在电动机的设计上既要求增加出力，又要求减小体积，使新型电动机的热容量越来越小，过负荷能力越来越弱；再由于生产自动化程度的提高，要求电动机经常在频繁启动、制动、正反转及变负荷等多种方式下运行，对电动机保护装置提出了更高的要求。矿山电动机工作于环境极为恶劣的场合，如潮湿、高温、多尘、腐蚀等场合。所有这些，造成了现在的电动机比过去更容易损坏，尤其是过载、短路、缺相等故障出现频率最高。传统的电动机保护装置以热继电器为主，但热继电器灵敏度低、误差大、稳定性差，保护不可靠。事实也是这样，尽管许多设备安装了热继电器，但电动机损坏而影响正常生产的现象仍普遍存在。目前，电动机保护器已由过去的机械式发展为电子式和智能型，可直接显示电动机的电流、电压、温度等参数，灵敏度高，可靠性高，功能多，调试方便，保护动作后故障种类一目了然，既减少了电动机的损坏，又极大方便了故障的判断，有利于生产现场的故障处理和缩短恢复生产时间。

（1）过载现象及保护措施。

过载指电动机的实际负荷电流超过了额定值，而且过载时间也超过了允许值的运行状态。频繁启动、超载运行、电网电压下降过大等，都是造成电动机过载的因素。电动机长时过载伴随着绕组和绝缘的过热，将严重缩短电动机的电气寿命，表现如下：

① 由于定子、转子温度增加，导致损耗和转矩相应变化。

② 由于定子、转子发热不同，使气隙减小，引起电动机所有特性变化。

③ 由于转子温度增加，使鼠笼条与铁芯之间的过渡电阻增加，改变了转子的附加损耗。

电动机过载具有以下特点：

① 过载时间越长，电动机发热越严重。

② 过载电流倍数越高，则电动机损耗越大，发热越重，因此过载保护采用反时限动作原理。

电动机过载保护必须能保护电动机由于过载或启动失败而造成的温度过高。电动机过载就是电动机在运行过程中的过电流，当电流超过一定时间后会引起电动机过热或损坏。

电动机过载时间越长，其温升越高，电动机长时间处于过载高温状态如不保护，将对其绝缘材料及其他性能造成损坏。因此要加以保护，保护特性曲线必须是一条反时限特性曲线。它表明电动机过载电流越大，保护时间就越短。

（2）断相现象及保护措施。

断相指电动机三相电流严重不平衡，乃至相电流为零。它可能是由一相缺电、电动机一相断线、开关一相接触不好引起的。

断相运行时，绕组内流过不平衡电流，该电流可分解为相等的正序分量与负序分量。正序电流在电动机磁路中产生一个与转子转动方向相同的正序旋转磁场；负序电流产生转向相反的负序旋转磁场，这个磁场产生的转矩要求转子沿相反的方向转动，即负序转矩是制动转矩。电动机稳定运行时，其转矩与负载转矩相平衡。电动机断相后，由于正序磁场比原磁场有所减弱以及负序转矩的制动作用，电动机合成转矩必然减小。为了与负载转矩保持平衡，电动机电流势必增大，使转矩增大。当电动机电流大于额定电流时，会使定子线圈过热而烧毁。电动机断相运行时，负荷越大，电流增加越多，烧毁电动机所需时间就越短。更为严重的是断相运行时，各相绕组的发热情况相差悬殊，因此会引起电动机温升过高，造成绝缘损坏。为此，要对电动机的断相故障进行保护。

当电网的两相短路、电动机相间短路、电动机断相运行及绕组的匝间短路，发生不对称故障时，根据对称分量法，除正序分量外，总有负序分量同时出现。负序保护原理就是把反映负序分量的电流或电压作为保护依据，从而达到对不对称短路及断相故障进行保护的目的。由于只考虑故障时出现的相序分量，因而故障整定值可选得很小，灵敏度比较高。

在正常运行时，负序电流很小或基本为零。一旦出现较大幅值的负序电流，一定是发生了不对称故障。在实际运行中，供电电源总存在着某种程度的不对称。由供电电压不对称引起的负序电流取决于电动机的负序阻抗与正序阻抗的比值，此比值大致是额定电流与启动电流之比。按国家有关规程，供电电压不对称度要求小于5%，电动机的启动电流一般为5~7倍，取启动电流为6倍，则不平衡故障时负序电流的整定值可这样确定：$I_2=30\%$，$I_2=0.3I_n$，I_2为负序电流，I_n为额定电流。由此式计算出的负序电流值可作为正常和不平衡故障的分界值。

（3）短路现象及保护措施。

短路是由线路或电动机的绝缘损坏造成的。由于井下的工作环境恶劣，电动机或线路的绝缘易受损害，短路故障也比较多，其中主要有三相短路和两相短路。短路的特点是短路电流大，通常可达到工作电流的几倍到十几倍。如不及时切除，可造成回路中设备绝缘损坏、电缆着火，甚至引起井下火灾。短路故障的存在，还会引起电网电压下降，影响电网其他负荷的正常工作。因此，必须设置性能良好的短路保护。

对于三相对称性短路故障，虽然在井下电网发生的概率并不高，但由于其故障能量高，对线路和设备的危害极大，而且可能引发进一步的事故，因此必须对对称性短路采取妥善保护措施。传统的短路保护一般采用鉴幅式，即以线路电流的幅值作为判据，根据短路时通过保护装置的电流来选择动作电流的大小，以动作电流的大小来控制保护装置的保护范围。鉴幅式的问题在于：若要保护全线路，则应按保护范围末端最小两相短路电流整定，要求整定值小，因而在大容量电动机启动时易造成保护的误动作；若要躲过启动电流，则要求整定值必须大，此时将不能保护线路全长，而且灵敏度也非常低。由上述分析可以看出，仅以电流幅值的大小来区分电动机的启动电流与短路电流是困难的。理论分析与实验证明，煤矿井下供电系统中的负载均为感性负载，在电动机直接启动时，其功率因数很低（一般 $\cos\alpha$ 为 0.3～0.5），而线路出现短路时功率因数则很高（$\cos\alpha$ 可以达到 1）。因此，若在检测电流大小的同时，再检测功率因数，把电流与功率因数的乘积 $I\cos\alpha$ 作为短路保护的动作参数，就可以十分明显地区别启动电流和短路电流，这就是相敏保护的原理。

相敏特性为鉴幅值和鉴相值相乘后所构成的保护特性，即

$$I\cos\alpha = C$$

由上式可见，只要选择合适的常数 C，就能获得躲过电动机启动电流的保护特性。但相敏保护仍存在一定的“死区”。为了消除这一弊端，需要采取另外一种附加措施，即当线路电流特别大（如大于动作整定值的 3 倍以上）时，不管相位角（功率因数）如何，短路保护都应立即动作。综上，相敏保护的动作条件概括为：

$$I_d > KI_{dz} \text{ 或 } I_d\cos\alpha > I_{dz}$$

式中，I_d 为实测短路电流；K 为按实际设定的整定电流的倍数；I_{dz} 为动作整定电流。

(4) 过压、欠压现象及保护措施。

异步电动机的转矩、定子电流与电压关系密切。定子电压高或低于额定电压时，电磁转矩与定子电流发生显著变化。与过电压相比，通常欠电压（即低电压）运行更成问题。当电动机机械负荷一定时，电网电压降低，定子电流将显著上升，于是损耗与温升也将因此而增加。当供电系统或配电电路出现短路故障时，供电电压将短时下降或消失。当供电电压恢复时，接在电路中的电动机有可能自启动。如果供电电压恢复得较慢，则电动机将长时间处于启动状态。这时，电动机将受相当大的启动电流的作用，在这个电流的作用下，往往导致电动机绝缘过热，甚至损坏。在电网电压恢复过程中，当供电电压降低到一定电压时，会造成电动机停转，使供电电路出现过大的电流，甚至短路，从而使故障迅速扩大，造成巨大损失。为此，对不需要自启动的电动机应装设低电压保护。

过压保护采用鉴幅式结合定时限动作原理，当检测到供电电压长时高于 1.1 倍额定电

压时，延时 3min 跳闸。欠压保护采用鉴幅式结合定时限动作原理，当检测到供电电压长时间低于 75%的额定电压时，延时 3min 跳闸。

（5）防爆电动机外壳的接零保护。

一般是接地保护，如果矿井由于低电压网（380V/220V）中性点不接地只有个别场合，而一般低压电网都采用中性点接地的三相四线制供电系统。在这种电网中工作的设备，其金属外壳要与零线紧密相接，当设备发生一相碰壳时，则造成单相短路，使保护装置迅速动作，切断故障设备。保护接零分以下三种情况：

① 整个系统中性线与保护线是合一的，通常适用于三相负荷比较平衡且单相负荷容量较小的场所。

② 整个系统中性线与保护线是分开的，即将设备外壳接在保护线上，在正常情况下保护线上没有电流流过，因此设备外壳不带电。

③ 系统中的一部分中性线与保护线是合一的，局部采用专设的保护线。

保护接零应注意如下问题：

① 由同一台发电机或同一台变压器供电的线路，不允许有的设备保护接地，有的设备保护接零。

② 沿零线上把一点或多点再行接地，即重复接地，以确保接地装置可靠，但重复接地只能起到平衡电位的作用。因此，中性线尽量避免断裂，对中性线要求精心施工，注意维护。

2）煤矿井下防爆电动机在使用维护和检修方面存在的问题

（1）在矿井巷道内淋水，电动机受潮后，绝缘下降，隔爆面锈蚀严重，没有干燥而继续使用。

（2）采掘工作面刮板运输机使用的防爆电动机经常被煤尘覆盖，造成电动机散热不良。

（3）煤矿井下搬运不注意，造成电动机风扇罩、零件损坏；岩石块或煤石块落下把电动机风罩压扁，使风扇与风罩相互摩擦；煤石块落入电动机风罩内，电动机运转时风扇损坏。

（4）机巷运输机安装不稳，运转时发生剧烈振动。

（5）电动机接线盒电缆引入装置内橡胶密封圈老化，失去弹性，接线斗压紧后，电缆与密封圈之间有缝隙；紧固螺栓弹簧垫圈丢失，电动机出线盒与机座接合面之间不紧密结合，失去防爆性能。

（6）电动机轴承磨损，轴向、径向间隙增大，运转时转轴窜动，同时转轴与内盖接合处的隔爆间隙增大，最小单边间隙不符合防爆标准的要求。

以上存在的问题应引起主管部门的高度重视，只有加强科学管理，合理使用防爆电动机，经常维护、检修，使电动机始终处于完好状态下工作，才能确保防爆电动机在煤矿井下安全可靠地运行。

3）煤矿井下防爆电动机正确选型

煤矿井下作业，工作条件复杂艰苦、环境恶劣，负载随地质条件变化而变化，作业范围限制多，有碰撞与冒落等危险，有潮湿、淋水、油、乳化液等对电动机的影响，又有瓦斯、煤尘的爆炸危险，设备运行中振动大等不利条件。如何保证电动机在运行中不出事故，电动机的正确选型至关重要。电动机选型必须充分考虑上述工作环境与条件，使电动机本身在结构、性能等方面适用于工作环境与条件的要求。因此，选用电动机时应考虑以下原则：

（1）防爆电动机应根据传动机械的工作特点和环境条件，选用匹配的功率、电压、转速、启动转矩和过载能力。采煤机由于截割的煤层有时夹矸石且煤层硬软不均，因此，电动机运转时过载现象经常发生。机巷运输机，特别是回转工作面刮板运输机，经常过载启动，在运转中又突然堆积煤块或滚入煤块，因此，过载现象也经常发生。故应选取高启动转矩防爆电动机。

（2）防爆电动机必须是国家认可的检验单位检验合格，并取得防爆合格证和生产许可证的产品，同时具备国家煤矿监察局煤安办发放的下井证。

（3）根据运行安全、维修方便、技术先进、经济合理的原则进行综合分析，科学选定。

4）煤矿井下防爆电动机的使用与维护

（1）防爆电动机使用前的检查。

① 新安装和长期搁置未使用的电动机，在使用前必须测量绕组对机壳的绝缘电阻不低于标准规定，否则电动机必须进行干燥处理，直到绝缘电阻达到要求后才能使用。

② 仔细检查所有紧固螺栓是否拧紧，弹簧垫圈是否丢失，防爆外壳各零部件连接是否妥当，接地是否可靠，电动机接线端子与电缆的连接是否可靠，如发现不妥之处应及时处理。

③ 检查电动机所配用的防爆启动设备规格、容量是否符合要求，接线是否正确，启动装置操作是否灵活，触头接触是否良好，启动设备的金属外壳是否可靠接地。

④ 检查三相电源电压是否正常，电压是否过高、过低或三相电压不对称等。

⑤ 根据电动机电流的大小、使用条件，正确选择矿用橡套电缆。依据电缆外径，将引入装置中的橡胶密封圈剥出大小接近的孔径，再将电缆依次穿入压盘—金属垫圈—密封圈—金属垫圈内。将电缆芯线接在接线柱上，接线时电缆芯线应置于两个弓形垫圈或压线板之间，接地芯线应置于接地螺钉的弓形垫圈之间，并应可靠连接，以保证接触完好和电气间隙的需要。接好线后，应检查接线盒内有无杂物、灰尘，接法是否符合电源电压及电动机铭牌上的规定，确定无误方可紧固接线盒盖。引入接线盒的电缆用卡板将其固定在接线盒斗上，以防电缆拔脱。

（2）防爆电动机使用中的检查。

维修人员应经常注意电动机温升，不得超过温升使用，也不要超负载运行。电动机运行时，应经常检查轴承温度，轴承运行 2500h 至少检查一次，润滑脂变质必须及时更换。清理轴承内外盖注、排油装置内的废油，达到干净、畅通，轴承需用汽油清洗干净，润滑脂采用 3 号锂基润滑脂。

（3）防爆电动机的检修。

防爆电动机在试制和定型时由防爆检验单位进行防爆检验，图纸文件经过防爆审查、样机经过防爆试验，并取得防爆合格证和生产许可证后才允许投产和销售。防爆电动机制造商生产的防爆电动机经规定的出厂检验、性能检验合格后才允许出厂。因此，一般说来，防爆电动机的防爆安全性能是满足标准要求的。但是，防爆电动机在使用中由于受到机械、化学等作用，会受到不同程度的损坏。如果在运行中其隔爆外壳会受到冲击产生裂纹或变形，轴承由于润滑不良会磨损或损坏，定子绕组由于长时间受热和化学介质的作用而老化，或者受到高电压的冲击被击穿，电动机长时间过载而使绕组过热甚至烧坏，其隔爆外壳的防爆接合面会因煤矿井下潮湿发生锈蚀和损坏等。因此，对有故障的电动机应进行修复或修理。由于防爆电动机的防爆结构与普通电动机相比有许多特殊性，如果在修复和修理时使防爆结构受到破坏，就会使防爆电动机失去防爆性能，给煤矿井下造成隐患。

（4）防爆电动机在检修时的特殊要求。

① 防爆电动机不得随意拆卸；拆卸检修时，不能用零件的防爆面作撬棒的支点，更不允许敲打或撞击防爆面。

② 拆卸电动机时，应先取下风罩、风扇，再用套管扳手拆卸端盖和轴承盖的螺栓，然后用圆木或铜棒沿轴向撞击轴伸，使端盖和机座分开，最后取下转子。拆除零件，防爆面应朝上搁置，并用橡皮或布衬垫盖上，紧固螺栓、弹簧垫等，注意不要丢失。

③ 浸漆和组装时，应将防爆面附着的绝缘漆或污物清洗干净，不得用铁片等硬物刮划，但可以用油石研磨不平整的地方。

④ 若防爆面损伤，必须用铅锡焊料 HISnPb58-2，焊剂为 30%浓度的盐酸（对钢制零件）或含锡 58%~60%的锡锌焊料，焊剂为氯化铵 30%、氯化锌 70%，加水 100%~150%混合溶液（对铸铁件）进行焊补，焊料与零件的结合要牢固，凸起部分要磨平，达到规定的光洁度。

⑤ 为防止防爆面生锈，应在防爆面上涂抹机油或 204-1 置换型防锈油。

（5）防爆电机常见的故障及原因。

① 电动机振动。可能出现问题的现象：转子不平衡；风扇不平衡；轴弯曲；机壳强度、刚性差；气隙不均；铁芯变形、松动；轴承磨损，游隙超差；定子绕组断路、短路、接地；基础强度、刚度不够等。

② 轴承过热。可能出现问题的现象：油脂过多或过少；油质污染，有杂质；轴承内外环配合过紧；油封过紧；轴承内外盖同轴度超差；轴承本身故障；对接同轴度超差；轴承选型不当；轴承磨损，游隙超差；滑动轴承甩油环旋转不灵活，供油不良。

③ 转子窜动。可能出现问题的现象：定、转子铁芯变形，定、转子装配位置未对齐；内部结构不对称；轴承轴向游隙超标；零部件轴向尺寸链工艺控制有误；联轴器装配不良；电动机工艺参数变化。

（6）防爆振动电动机常见的几种故障。

① 通电后不转。此故障可能是电缆芯线与接线柱连接不好或电动机线圈烧损，须拆开接线盒修理或更换线圈。

② 启动时有较大的电磁噪声但不转。此故障可能是三相中一相断线，应找出故障点进行修理。

③ 运转时有强烈的噪声或局部发热。此故障可能是地脚螺栓松动，应及时紧固。也可能是绕组有匝间短路或电力线路有一相断开，须找出故障点修理。

④ 电动机起火。由于一相断线，其余两相电流升高 1.732 倍，使电动机过负荷，引起线圈升温，绝缘损坏，造成起火。

定子线圈发生匝间短路，使线圈局部过热，绝缘破坏，可能引起对外壳放电，从而引起电弧和火花，造成起火。

由于机械原因，转子被卡不能转动，使电动机行程短路，导致火灾。

接线端子处接头松动，接触电阻过大引起发热，产生高温或火花而造成起火。

电动机的防火措施如下：

① 在潮湿、多尘的场所，应选用封闭式的电动机；在干燥、清洁的场所，可选用防护型电动机；在易燃易爆的场所，应采用防爆型电动机。

② 电动机不允许安装在可燃的基础上或结构内。电动机与可燃物应保持一定的安全距离。

③ 电动机应安装短路、过载、过电流、断相等保护装置。

④ 电动机的机械转动部分应保持润滑和良好的状态。

七、矿用防爆灯具和防爆工具的电气安全技术

1. 防爆灯具的电气安全技术

1）防爆灯具耐潮湿安全基本要求

（1）工作环境。矿区工业环境中，总伴有工业蒸气和易燃易爆气体的存在，空气湿度相当高，防爆灯具在这样的环境中长期工作，开灯，灯腔温度升高，腔内气体膨胀，气压升高，腔内空气会沿着空隙流出；关灯，灯腔温度下降，腔内气体收缩，气压降低，环境中的潮湿空气和腐蚀性气体会随气流沿着空隙进入灯腔。经过这样长期循环，灯腔内的电气元件和绝缘材料会受潮和腐蚀，有的甚至会在灯腔内凝露积水。在这样的环境中，防爆灯具如要确保安全可靠地工作，必须具有良好的耐潮湿和耐腐蚀性能。

（2）绝缘电阻和介电强度。用 500V 兆欧表测量其不同极性的带电部件之间以及带电部件与灯具壳体之间的绝缘电阻。其值均须不小等于 2MΩ。在不同极性的带电部件之间以及带电部件与灯具壳体之间施加 $2U+1000$V（U 为工作电压）的试验电压 1min，不应发生火花或击穿现象。

（3）泄漏电流。将灯具置于环境温度为 25℃的室内，测量灯具正常工作时出现在电源各极与灯具壳体之间的泄漏电流，不应超过 1.0mA。

2）防爆灯具电气结构安全要求

（1）在正常或异常工作时均不会对人和周围环境产生不安全的因素。

（2）提供优良的电参数，确保光源的光电参数，有利于光源启动，不影响光源寿命，让光源发挥最大的效能。

（3）电气元件应符合有关的国家标准要求，能长期承受灯腔的工作温度，提供与光源相匹配的电参数，并能与防爆灯具各种特定防爆形式的要求相符合。

（4）接线腔结构尺寸的设计须符合特定防爆性能要求，还应便于接线，留有适合导线弯曲半径的空间，确保正确接线后电气间隙和爬电距离符合有关标准要求，接线腔内壁和正常工作可能产生火花的金属外壳内壁均须涂耐弧漆。

（5）连接件和绝缘套管、接线端子应具有足够的机械强度，以防止安装接线时损坏。接线应牢固可靠，不能因振动、发热、导体与绝缘件的热胀冷缩而松动。

（6）电源连接件应设计得当，多股绞合导线在接线后，若有线头从接线端子中脱出，也不会与周围金属部件相触及。

（7）接线柱应采取措施防止松动，以防接线柱根部的导线拧断。不允许用螺钉头直接压紧连接导线，否则容易损坏接线头。

（8）绝缘套管应采用吸湿性较小的材料制成。对电压高于127V的防爆灯具，不得采用酚醛塑料制品。

（9）灯具的外部导线应是绝缘层包覆的铜芯线，其标称截面积不得小于1mm^2。内部导线应采用标称截面积不小于0.5mm^{2}的绝缘铜芯线。

（10）导线穿过硬质材料时，入口应倒边，使其光滑，其最小半径为0.5mm，以防刮破导线绝缘层。

（11）导线的绝缘层应能承受正常使用中可能产生的高电压和最高温度，可以采用套管来保护受热点，以保证灯具在正确安装和连接电源后，不会由于损坏而影响灯具的安全。

（12）灯具载流部件须由铜、至少含铜50%的合金或至少具有相同性能的材料制成。

（13）光源腔内不同极性的带电部件之间电气间隙不小于3mm，爬电距离不小于3mm，带电部件和邻近导电部件之间的电气间隙不小于3mm，爬电距离不小于4mm。接线腔内不同极性的带电部件之间以及带电部件与邻近导电部件之间电气间隙和爬电距离须符合规定。

3）防爆灯具接地电气安全要求

（1）将可触及的金属件永久可靠地与接地端子连接，以防这些金属件在绝缘出问题时可能变为带电件，导致触电，产生电火花。

（2）防爆灯具的接线腔内和外壳上须分别设置内、外接地，接地端子须设有接地符号。携带式和可移式灯具可不设外接地，防触电保护为Ⅱ类和Ⅲ类的灯具可不设接地端子。

（3）内接地螺钉直径应与接线螺栓直径相同，外接地螺钉规格不小于M6—M8，接地螺钉应采用不锈金属或带不锈表面的材料制成，并且接触面为裸露金属面。螺钉拧紧后具有防松措施。

（4）接地连接应是低电阻的。从可触及的任何金属零件至接地端子之间，接地电阻不得超过0.5Ω。接地线须用黄绿双色绝缘层的导线。

4）防爆灯具绝缘材料电气安全要求

（1）绝缘。防爆灯具使用的绝缘材料应吸湿性小，绝缘性能好。

（2）耐热。绝缘材料须能承受耐热试验而不软化变形。耐热试验的温度比正常工作时测得的相关部件的工作温度高25℃，带电部件固定就位的部件绝缘材料，试验温度至少为125℃，其他部件绝缘材料的试验温度至少为75℃。

（3）耐燃烧、防明火。固定带电部件的绝缘材料应能承受针焰试验，试验火焰施加于样品上10s，移开试验火焰后，自持燃烧时间应不超过30s。不固定带电部件的绝缘材料应经受650℃的灼热丝试验，移开灼热丝后30s内熄灭。

（4）耐电痕。与带电部件接触的绝缘材料应采用耐电痕级别不低于d级的绝缘材料，以免电流沿绝缘材料表面泄漏，击穿。

2. 矿用防爆工具的电气安全技术

由钢铁材料制成的针、镐、锤、钳、扳手、吊具等工具和设备在其激烈动作或失手跌落时发生的摩擦、撞击火花是隐蔽的引爆火源，所以这些工具不能在爆炸危险场所使用。在爆炸危险场所使用的工具(设备)必须由不发生摩擦、撞击火花，甚至不能产生炽热高温表面的特种材料制成，这样的工具称为防爆工具。防爆工具国际统称安全工具和无火花工具，国内统称防爆工具。

国内生产、销售、流通的防爆工具以材质区分，可分为两大类：一是铝铜合金(俗称铝青铜)防爆工具，具体材质是以高纯度电解铜为基体加入适量铝、镍、锰、铁等金属，组成铜基合金；二是铍铜合金(俗称铍青铜)防爆工具，具体材质是以高纯度电解铜为基体加入适量铍、镍等金属，组成铜基合金。这两种材质的导热、导电性能都非常好。

防爆工具的材质是铜合金，由于铜的良好导热性能及几乎不含碳的特质，使工具和物体摩擦或撞击时，短时间内产生的热量被吸收及传导；另一个原因是铜本身相对较软，摩擦和撞击时有很好的退让性，不易产生微小金属颗粒，于是我们几乎看不到火花，因此防爆工具又称为无火花工具。防爆工具材质以铍青铜和铝青铜为原料，铍青铜合金、铝青铜合金在撞击或摩擦时不发生火花，适合在易燃易爆、强磁及腐蚀性场合下制造使用的安全工具。

1）防爆工具的使用

（1）防爆工具为在易燃易爆和易腐蚀的工作场所的工作人员带来了安全保障，铝铜合金较适用于常压设备及防爆条件要求不太严格的环境(如加油站、小型油库等)，而铍铜合金防爆工具性能的适用性广(如炼油厂、转气站、采气厂、钻井队等)。

（2）使用后要揩净表面污垢和积物，放置于干燥的安全地方保存。在敲砸类工具实际操作中，必须清除现场杂物和工作面腐蚀的氧化物，防止第三者撞击。

（3）敲击类工具产品，不可连续打击，超过十次应有适当间歇，同时要及时清除产品部位黏着的碎屑后再继续使用。

（4）扳手类工具不可超力使用，更不能用套管或绑缚其他金属棒料加长力臂，以及用锤敲击(敲击扳手除外)，以免引起因超载断裂和变形，影响正常使用。在使用工具时应根据需要合理选择其品种规格，不得以小代大，更不能把它当作钢制工具一样进行使用。应指出的是，在使用活扳手、管钳、呆扳手时，要注意受力方向要求，不得任意旋扭。在使用带刃的工具时，首先应测定工件本身的硬度，当其硬度低于工具硬度时，可以进行操作；当其硬度高于工具硬度时，则禁止使用。当工件是由机动旋紧的、半永久性固定或已腐蚀，而使用手动工具前又不采取其他措施的，应禁止使用，以免损坏工具。

（5）刃口类工具应放在水槽内轻轻接触砂轮进行刃磨，不可用力过猛和接触砂轮时间过长。

2）防爆工具的维护保养

（1）防爆工具在日常工作使用完毕后，应有一个妥当的维护阶段，对于工具的寿命具有关键作用，因为如果对防爆工具的维护不妥当，就有可能使工具不能长久地服务。首先要把工具放在干燥的地方保存，这是为了使工作的部分部件不受损。在日常工作中连续敲击 20 次后应对工具的表面附着物进行处理，揩净后再做使用，千万不要连续使用，以免因为长时间摩擦会使工具受热，这样有可能损坏工具产品。

（2）各种工具在使用前要清除表面油污，使用后要擦净表面油污和积物，放置在干燥处保存，与腐蚀性物质隔离存放，长时间不用应涂抹适量润滑油存放。

第八章　其他特殊环境

在工程及生产实践中，有些环境危险性很大，如易燃、易爆、易产生静电、易化学腐蚀；有些环境潮湿、高湿、高温、多粉尘；有些环境有高频电磁场、易辐射或是有蒸气，以及建筑工地、矿山井下等环境，与常规用电环境有着明显不同。

特殊环境用电在国民经济和人民生活中很普遍，但是往往不被人们重视，是用电事故的高发区。因此，对于这些特殊环境用电的电气工程，无论是从设计、安装、调试、运行、维护上，还是工程中设备、材料、元器件的选择上，都与常规用电环境有着很大不同。国家对此也有相关的标准、规范和规程。电气工作人员应掌握这些特殊环境中电气工程安装调试及运行维护的技术技能，正确选择设备、元器件和材料，依照标准、规范要求进行安装调试。在运行维护中，应按其特殊性进行巡视检查、维护保养、清扫检修、调整试验、监控记录。只有这样才能保证特殊环境电气设备的正常运行。

第一节　临 时 用 电

临时用电指建设工程项目在开发改建初期对供电需求的一种方式，而不是人们所指的那种临时敷衍了事的工作行为。临时用电设备在工程完工交验后均应拆除，工程项目则由该项目中的电气系统供电。如果建设单位和施工单位有协议，则应在工程项目开工前完成，并由建设单位正式出具设计图样中的供电、配电、线路中的各项工程，并经供电部门、质量监督部门验收合格后即可投入正式运行。而整个工程中的施工用电设施在整个工程项目交验合格后再拆除，这样拆除仅是一些施工用的小型临时线路，对整个电气工程无影响。因此，建设单位和施工单位要做好统筹兼顾的工作。

一、临时用电技术管理

（1）临时用电在安装前应按其总容量或设备的台数编制临时用电施工组织设计或施工技术措施，同时应有安装的图样。

① 电气设备在 5 台及以上或设备总容量在 50kW 及以上者，应编制施工组织设计。

② 电气设备在 5 台以下或设备总容量在 50kW 以下者，应制订安装技术措施、安全用电技术措施和电气防火措施。

③ 临时用电的安装图样应经现场勘测，确定电源进线、变配电所、总配电箱、分配电箱的安装位置、线路走向及架设方式，负荷计算，选择变压器容量、导线截面积、电气设备类型规格，绘制电气平面图、系统图、接线图等。

（2）电气工作人员的配备及要求。

① 临时用电应按其规模的大小、电压等级配备相应级别和数量的电气技术人员和技术工人，电气工作人员应具备电气工作人员的基本条件，并履行电气工作人员的职责，要持证上岗。

② 35kV 及以上电源进户的临时用电应由高级技术职称的技术人员负责，10kV 进户的应由中级技术职称的技术人员负责，380V/220V 进户的应由助理级技术职称的技术人员负责。

③ 电气工作人员必须学习和熟悉 GB 50194—2014《建设工程施工现场供用电安全规范》，且每年考试一次。因故间断工作连续 3 个月以上者，必须重新学习，并经考试合格后方可恢复电气工作。新参加工作的维修电工、临时工、实习人员在上岗前必须经过安全教育并学习上述规范，经考试合格后，才能在老师傅的带领下参加指定的作业。

④ 变配电所的值班人员必须满足相应的技术技能和职业道德的条件，同时应熟悉临时用电的变配电所的系统运行方式及电气设备性能，掌握运行操作技术，认真执行本单位制定的各种规章制度。变配电所值班人员独立工作时，不得从事检修工作及其他与值班无关的工作。

⑤ 变配电所值班负责人或单独值班的人员应由有实践经验的技工担任。

（3）建立相应的规章制度和责任制并实施执行，且由安全员进行监督。

① 临时用电投入运行的，用电单位应建立、健全用电管理机制，组织运行维护班组，明确管理机构与班组的职责。

② 临时用电单位应建立、健全电气设备运行及维护检修操作规程，运行、维修人员应学习并掌握这些操作规程。

③ 建立安全用电岗位责任制，明确各级用电安全负责人。

（4）配备足够的绝缘手套、绝缘拉杆、绝缘垫、绝缘台、安全带等安全工具及防护用品，这些常用安全工具、防护用品、绝缘工具必须定期进行电气性能试验，使用时应进行外观检查，不得外借或挪作他用。

（5）电气设备的定期巡视检查。

① 低压配电装置、低压电器、变压器，有人值班时，每班巡视检查一次；无人值班时，至少应每周巡视一次。

② 配电盘应每班巡检一次。

③ 架空线路每季至少巡检一次。

④ 车间、现场 1kV 以下的分配电盘、配电箱，每月进行一次停电检查及清扫。

⑤ 500V 以下的铁壳开关及其他不能直接看到其刀闸的开关，应每月检查一次。

⑥ 室外施工现场电气设备及线路除经常维护外，遇大风、暴雨、冰雹、雪、霜、雾等恶劣天气时，应加强巡视检查。恶劣天气时的巡视检查，必须穿绝缘靴且不得靠近避雷器和避雷针。

⑦ 新投入运行或大修后投入运行的电气设备，在 72h 内应加强巡视，无异常后方可投入运行使用并按正常的巡视周期进行巡检。

⑧ 电气设备及线路的清扫和检修，每年不少于两次，时间一般在雨季和冬季到来之前，如5月和10月。现场的每台电气设备均由指定的专人负责管理。

（6）电气设备及线路的停电检修应遵守的规定。

① 一次设备完全停电，并切断变压器和电压互感器二次侧的开关及熔断器。

② 设备或线路切断电源后并经验电确无电压（必要时要放电）后，方可装设临时接地线，然后才能进行作业。

③ 作业地点和送电柜上应悬挂相应的标志牌，必要时应有专人看护。

④ 带电作业或靠近带电部位作业时应有专人监护，并遵守安全距离的有关规定。

（7）用电管理的具体要求。

① 现场需要用电时，必须提前申请，经用电管理机构批准后，通知维修电工接引。

② 接引电源必须由维修电工进行，并有专人监护。

③ 施工临时用电用毕后，用电单位须撤回申请，并由电气负责人通知维修电工拆除。

④ 严禁非电工拆装电气设备，严禁乱拉乱接电源。

⑤ 配电室和现场的开关箱、开关柜应加锁，每台配电箱、开关箱均由专人负责。

⑥ 电气设备明显裸露金属部位应设“严禁靠近、以防触电”的标志。

⑦ 接地装置应定期检查。

⑧ 现场大型用电设备、大型机具等，应有专人进行维护和管理。

⑨ 施工现场临时用电应建立安全技术档案和用电设备档案，如临时用电的施工组织设计的全部资料，技术交底资料，临时用电工程检查验收单，电气设备试验、调试记录，接地电阻测试记录，巡检及定期检修记录，电工维修记录等。档案资料应由现场电气技术人员建立管理，并配合上级检查，提供资料。

⑩ 现场电气技术人员应记录现场临时用电线路、用电设备的重大事件，如启用、停电、事故、变压器及大容量电动机的运行状况等。

二、临时用电的电源及线路

1. 发电设备

（1）发电设备的安装位置应靠近负荷中心，交通运输及线路引出方便，远离污染源并位于污染源全年最小频率风向的下风侧，远离施工危险地段。

（2）发电设备厂区平面布置应力求紧凑，符合生产运行程序，发电机房应设在厂区内全年最小频率风向的上风侧，控制室和配电室应设在机房的下风侧，冷却水系统应设在机房和室外配电装置冬季最小频率风向的上风侧，厂区内地面排水坡度应不小于0.5%。

（3）储油设备宜用钢制油罐，至少应有两个；事故油池应设在发电机房外，与其外墙的距离应不小于5m，事故油池的储油量应不少于全部日用燃油的燃油量。

（4）柴油机组应有单独的排烟管道和消音器，机房内架空敷设的排烟管应设隔热层，地沟内的排烟管穿越油管路时应采取防护措施。发电机房外垂直敷设的排烟管至发电机房的距离不得小于1m，排烟管的管口应高出层檐不小于1m。

（5）移动式柴油发电机的停放地点应平坦且高出周围地面0.25~0.30m，柴油发电机的拖车前后轮应卡住且应有可靠接地，同时拖车上部应设防雨棚且应牢固可靠。拖车周围4m以内不得使用火炉、喷灯，不得存放易燃物。

（6）柴油发电机的总容量应满足最大负荷的需要和大容量电动机启动的要求，启动时母线电压应不低于额定电压的80%；并列运行的柴油发电机应装设同期装置；柴油发电机的出口侧应设置短路保护、过负荷保护、低电压保护等装置。

（7）发电设备厂区应设有可在带电场所使用的消防设施，并应设在便于取用的地方。

（8）发电机不得过负荷运行，运行温度不应超过铭牌的额定值，运行的发电机的三相电压和三相电流应近似平衡，滑动轴承温度不应超过80℃，滚动轴承不应超过95℃，电动机振动的双倍振幅值应不大于表8-1-1的规定。

表8-1-1　电动机振幅的双倍振幅值

同步转速/(r/min)	3000	1500	1000	≤750
双倍振幅值/mm	0. 05	0. 085	0. 10	0. 12

2. 变配电装置

（1）变配电所的选址应考虑靠近电源，交通运输方便，接近负荷中心，便于线路的引入和引出。变配电所应不受洪水冲浸、不积水，地面排水坡度不小于0.5%，变配电所应设在污染源全年最小频率风向的下风侧，并避开易燃易爆危险地段和有剧烈振动的场所。

（2）变压器室、控制室及配电室的建筑应防雨、防风沙，防火等级不低于三级，变压器室不低于二级，采用百叶窗或窗口装设金属网，网孔不大于10mm×10mm，邻街采光的高窗下檐与室外地坪高度应不小于1.8m，门一律向外开且高度、宽度应便于设备出入，室内的面积及高度应满足变配电装置的维修与操作所需要的安全距离且应符合国家现行标准的要求。

（3）容量在400kV·A及以下的变压器，可采用杆上安装，其底部距地面的高度应不小于2.5m；400kV·A以上的变压器应落地安装在高于地面0.5m的平台上(简称变台)，四周应装设高度不小于1.7m的围栏，围栏与变压器外廓的距离不得小于1m，并应在显著部位悬挂警告牌。

（4）室外安装的变压器应装设熔断器，高压侧熔断器与地面的垂直距离应不小于4.5m，低压侧熔断器应不小于3.5m。各相熔断器间的水平距离，高压应不小于0.5m，低压应不小于0.3m。

（5）位于人行道树木间的变台，最大风偏时，其带电部位与树梢间的最小距离，高压应不小于2m，低压应不小于1m。

（6）变压器的引线与电缆连接时，电缆头均不应与变压器外壳直接接触。

（7）采用箱式变电所(简称箱变)时，箱体外壳应有可靠的接地，且应符合产品的技术要求；装有仪表和继电器的箱门必须与壳体可靠连接。箱变安装或检修完毕后投入运行前，必须对其内部电气设备进行检查和电气性能试验，经验收合格后方可投入运行使用。

3. 架空线路

（1）电杆宜采用钢筋混凝土杆，钢筋混凝土杆不得露筋，不得有环向裂纹及扭曲等缺陷。若采用木杆和木横担，其材料必须坚硬结实，不得有腐朽、劈裂及其他损伤，总长不宜小于 8m，梢径不宜小于 140mm。

（2）电杆埋设时，不得有倾斜、下沉及杆基积水等现象，否则应有底盘和卡盘；回填土时应将土块打碎，每回填 0.5m 夯实一次，杆坑处应培土夯实，其高度应超出地面 0.3m；电杆埋设深度应符合表 8-1-2 的规定，木杆埋设土内部分应刷沥青防腐漆。在严寒地区应埋设于冻土之下；装设变压器的电杆，其埋设深度应不小于 2m。

表 8-1-2　临时线路电杆埋设深度

杆高/m	8.0	9.0	10	11	12	13
埋设深度/m	1.5	1.6	1.7	1.8	1.9	2.0

（3）拉线埋设时，坑深宜为 1.2～1.5m，拉线与电杆的夹角不宜小于 45°，当受地形限制时不得小于 30°；终端的拉线及耐张杆承力拉线应与线路的方向对正，分角拉线应与线路分角方向对正；防风拉线应与线路方向垂直。拉线从导线之间穿过时，拉线上应装设拉紧绝缘子。绝缘子距地面高度应不小于 2.5m。

（4）供电线路路径的选择要合理，应避开易碰、易撞、易受雨水冲刷和气体腐蚀地带，应避开热力管道、河道和施工中交通频繁地带等不易架设或有碍运行的场所。

（5）施工现场内的低压架空线路在人员频繁活动区域或大型机具集中作业区，应采用绝缘导线，架高应不小于 6m，绝缘导线不得成束架空敷设，并不得直接捆绑在电杆、树木、脚手架上，不得拖拉在地面上；必须埋地敷设时应穿钢管保护，且管内不得有接头，其管口应密封。

（6）导线截面积选择时必须满足导线中的负荷电流应不大于导线允许载流量，线路末端的电压降应不大于额定值的 5%；导线跨越铁路、公路或其他电力线路时，铜绞线截面积不得小于 $16mm^2$，钢芯铝绞线不得小于 $25mm^2$，铝绞线不得小于 $35mm^2$。

（7）线路相互交叉架设时，不同线路导线之间最小垂直距离应符合表 8-1-3 的规定。

表 8-1-3　线路交叉时导线之间最小垂直距离

线路电压/kV		<1	1～10
最小垂直距离/m	<1kV	1	2
	1～10kV	2	2

（8）线路导线与地面的最小距离、导线间最小距离，在最大弧垂时应符合表 8-1-4 至表 8-1-9 中的规定。

（9）施工现场内，不同电压等级的线路同杆架设时，高压线路必须位于低压线路上方；电力线路必须位于通信线路上方；同杆架设的线路，其横担最小垂直距离应符合表 8-1-9的规定。

表 8-1-4　架空线路与铁路、道路、管道及各种架空线路交叉或接近的基本要求

项目	铁路		道路	架空弱电线路	架空电力线路	特殊管道		一般管道		索道	
导线或避雷线在交叉档接头	不得有接头		不限制	不得有接头	35kV，不得有接头；10kV 及以下，不限制	不得有接头		不得有接头			
邻档断线情况的检验	35kV 线路检验（至车厢或货物外廓和至承力索或接触线均为 1m）		不检验	35kV 线路检验（至管道任何部位）	不检验	35kV 线路检验（至管道任何部位均为 1m）		不检验			
交叉档针式绝缘子或瓷横担支撑方式	双固定		不限制	双固定	10~35kV 线路跨越，6~10kV 线路为双固定	双固定		双固定			
	最小垂直距离/m										
线路电压/kV	至轨顶	至承力索或接触线	至路面	至被跨越线	至被跨越线	至管道任何部位		至管道任何部位		电力线路位置	
						管道上人	管道不上人	管道上人	管道不上人	上方	下方
35	7.5	3.0	7.0	3.0	3.0	4.0	4.0	4.0	4.0	3.0	3.0
6~10	7.5	3.0	7.0	2.0	2.0	3.0	3.0	3.0	3.0	2.0	2.0
<1	7.5	3.0	6.0	1.0	1.0	2.5	1.5	2.5	1.5	1.5	1.5
	最小水平距离/m										
线路电压/kV	杆塔外缘至轨道中心		杆塔外缘至路基边缘或明沟边缘	在最大风偏情况下与边导线间距	在最大风偏情况下与边导线间距	在最大风偏情况下边导线至管道任何部位		在最大风偏情况下边导线至管道任何部位		边导线主索道	
	交叉	平行									
35	杆高+3m	5.0	1.0	4.0	5.0	4.0		4.0		4.0	
6~10	3.0	3.0	0.5	2.0	2.5	2.0		2.0		2.0	
<1	3.0	3.0	0.5	1.0	2.5	1.5		1.5		1.5	

注：（1）邻档断线情况的计算条件计 15℃，无风。

（2）杆塔外缘不包括横担导级。

（3）电力线路与弱电线路接近时，最小水平距离值未考虑对弱电线路的危险和干扰影响，如要考虑时应另行验算。

（4）特殊管道指架设在地面上输送易燃、易爆物的管道。各种管道上的附属设施均应视为管道的一部分。

（5）架空线路与管道交叉时，交叉点不应选在管道的检查平台和阀门处。与管道交叉跨越或平行接近时，管道应接地。

（6）表中数值还应考虑当地气象（气温、覆冰、风力等）条件。

表 8-1-5 不同档距条件下架空线路导线架设的最小距离

导线排列方式	最小距离/m							
	≤40m	50m	60m	70m	80m	90m	100m	120m
用悬式绝缘子的 35kV 线路导线水平排列	—	—	—	1.5	1.5	1.75	1.75	2.0
用悬式绝缘子的 35kV 线路导线垂直排列，用针式绝缘子或瓷横担的 35kV 线路，不论导线排列形式	—	1.0	1.25	1.25	1.5	1.5	1.75	1.75
用针式绝缘子或瓷横担的 6~10kV 线路，不论导线排列形式	0.6	0.65	0.7	0.75	0.85	0.9	1.0	1.15
用针式绝缘子的 1kV 以下线路，不论导线排列形式	0.3	0.4	0.45	0.5	—	—	—	—

表 8-1-6 导线与地面的最小距离

线路经过地区线路电压/kV		<1	6~10	35~110	220
最小距离/m	居民区	6	6.5	7	7.5
	非居民区	5	5.5	6	6.5
	交通困难地区	4	4.5	5	5.5

表 8-1-7 导线与道路行道树间的最小距离

线路电压/kV	35	6~10	<1
最大计算弧垂情况的最小垂直距离/m	3.0	1.5	1.0
最大计算风偏情况的最小水平距离/m	3.5	2.0	1.0

表 8-1-8 导线与建筑物凸出部分之间的最小距离

线路电压/kV	<1	1~10	35	110	220
最小垂直距离/m	2.5	3.0	>5	>5	>5
边导线最小水平距离/m	1.0	1.5	3	4	5

表 8-1-9 同杆架设的线路横担最小垂直距离

同杆线路	最小垂直距离/m	
	直线杆	分支杆或转角杆
10kV 与 10kV	0.8	0.45/0.6①
10kV 与 0.4kV	1.2	1.0
0.4kV 与 0.4kV	0.6	0.3
0.4kV 与通信	1.2	-

注：转角或分支线为单回路时，其分支线横担距主干线横担 0.6m；为双回路时，其分支线横担距上排主干线横担 0.45m，距下排主干线横担 0.6m。

（10）线路同一档距内，一根导线的接头不得多于一个；同一条线路在同一档距内的接头总数不应超过两个。跨越铁路、公路或其他线路、道路时不应有接头。

（11）线路的弧垂应根据档距、导线截面、当地气候情况确定，最大风偏时不得有相间短路，同时应符合国家现行标准中安装曲线的规定。架空线路与拉线、电杆及构架间最小距离见表 8-1-10。

表 8-1-10　架空线路与拉线、电杆及构架间最小净空距高

电压等级/kV	净空距离/mm	电压等级/kV	净空距离/mm
35	600	<1	100
1～10	200		

4. 电缆线路

（1）电缆应沿路边或建筑物边缘埋设，并应沿直线敷设。转角处和直线段每隔 20m 处应设置电缆标志，标志的内容有电压、截面积、走向、用处等。

（2）电缆直埋时，其表面距地面的距离应不小于 0.2～0.7m，电缆上下应铺以软土或细砂，其厚度不得小于 100mm，然后上面盖砖保护。与铁路、道路、公路交叉时，应敷设在钢管内保护，钢管两端应伸出路基 2m。

（3）电缆直埋时，电缆之间，电缆与其他管道、道路、建筑物之间平行和交叉时的最小距离应符合表 8-1-11 的规定。严禁将电缆平行敷设于管道的上方或下方，遇有特殊情况可按以下规定进行：

① 电缆在交叉点前后 1m 范围内，当电缆穿入管中或用隔板隔开时，其交叉距离可减为 0.25m。

② 电缆与热力管道、管沟及热力设备平行、交叉时，应采取隔热措施，使电缆周围土壤的温升不超过 10℃。

③ 电缆与热力管道、油管道、可燃气体及易燃液体管道、热力设备或其他管道（包括管沟）之间，虽距离能满足要求，但检修管路有可能伤及电缆时，在交叉点前后 1m 范围内，应采取保护措施；当交叉距离不能满足要求时，应将电缆穿入管中，其距离可减为 0.25m。

表 8-1-11　电缆之间，电缆与管道、道路、建筑物之间平行和交叉时的最小净距

项目		最小净距/m	
		平行	交叉
电力电缆间及其与控制电缆间	≤10kV	0.10	0.50
	>10kV	0.25	0.50
控制电缆间		—	0.50
不同使用部门的电缆间（包括通信电缆）		0.50	0.50
热管道（管沟）及热力设备		2.00	0.50
油管道（管沟）		1.00	0.50

续表

项目		最小净距/m	
		平行	交叉
可燃气体及易燃液体管道(沟)		1.00	0.50
其他管道(管沟)		0.50	0.50
铁路路轨		3.00	1.00
电气化铁路路轨	交流	3.00	1.00
	直流	10.00	1.00
公路		1.50	1.00
城市街道路面		1.00	0.70
杆基础(边线)		1.00	—
建筑物基础(边线)		0.60	—
排水沟		1.00	0.50
乔木		1.50	—
灌木丛		0.50	—
水管、压缩空气管		1.00	0.50

注：(1) 电缆与公路平行的净距，当情况特殊时可酌减。

(2) 当电缆穿管或其他管道有保温层等防护设施时，表中净距应从管壁或防护设施的外壁算起。

(4) 低压电缆(不包括油浸电缆)需架空敷设时，应沿建筑物、构筑物架设，架设高度不应低于2m，其接头处应有良好绝缘并有防水措施，其中架设高度指电缆架设后，电缆最低点与地面的距离。

(5) 进入变配电所的电缆沟或保护管，在电缆敷设完后应将其沟口、管口处封堵严实。

(6) 临时用电的电缆，其电缆头的制作必须按正规工艺要求进行，制作好的电缆头必须经过绝缘电阻的遥测和耐压试验合格后才能投入使用。

发电设备、变配电装置、架空线路、电缆线路等临时电源装置，在安装完毕后必须按国家标准GB 50150—2016的要求进行试验，并由现场电气技术负责人验收合格方能投入运行使用。试验条件不具备时至少应进行绝缘电阻的测试，使用的绝缘电阻测试仪或摇表的电压等级应符合电源装置电压等级的要求。高压部分必须进行耐压试验。

三、临时用电的常用电气设备

临时用电的电气设备与正式用电的要求一样，应符合现行国家标准的规定，并应有合格证、使用说明书及铭牌；使用中的电气设备应保持完好的工作状态，固定电气设备应标志齐全。临时用电的设备及线路严禁带故障运行，不得超铭牌所示参数运行，不得将次品、废品或伪劣产品用于临时用电线路上。对于旧有的或使用过的电气设备及导线、电缆、电杆等器材，在临时线路上使用时，必须进行必要的检查和试验，并由现场电气技术负责人认可。任何单位、个人及电气工作人员都不应认为临时用电可敷衍了事，而是应与正式用电的电气设备、导线、电缆、器材有相同的要求。低压临时用电应使用三相五线制。

1. 配电箱、开关箱的具体要求

(1) 配电箱、开关箱应安装牢固，便于操作和维修；落地安装于平坦地点且应高出地面150~200mm，周围不得堆放杂物或杂草丛生；室外安装的配电箱、开关箱应有防雪防雨措施。配电箱、开关箱必须加锁，钥匙由维修电工保管。

(2) 配电箱、开关箱一般由优质钢板或优质绝缘材料制成，钢板厚度应大于1.5mm，有防雨措施；其进出线口应在箱体下面或侧面并有绝缘护口；由管路引出引入的导线，其管口处应设防水弯头。

(3) 箱内的导线应绝缘良好、排列整齐、固定牢固，导线端头应用螺栓连接或压接；导线及开关的容量应与铭牌数据相符。箱内的接触器、刀闸、开关等电气设备应动作灵活，接触良好可靠，触头不得有严重烧蚀现象。

(4) 具有三个回路以上的配电箱应设总刀闸及分路刀闸；每一分路刀闸不应接两台及两台以上电气设备，不应供两个或两个以上作业班组使用；动力、照明合一的箱内应分别装设刀闸或开关。

(5) 配电箱、开关箱内应设置漏电保护装置，总箱和分箱或总开关与分路开关的两级漏电保护装置应有分级保护功能。一般的漏电保护器额定漏电动作电流应不大于30mA，额定漏电动作时间应小于0.15s；用于潮湿、腐蚀介质场所的漏电保护器应使用防溅型产品，额定动作电流不大于15mA，额定动作时间小于0.1s。

(6) 手动开关电器只允许直接控制照明电路和容量不大于5.5kW的动力电路，大于5.5kW的动力电路应采用自动开关，13kW以上的电动机应采用间接启动装置。

2. 熔断器、插座的具体要求

(1) 熔断器的规格应满足被保护线路和设备的要求，其熔体不得削细或合股使用，严禁用金属丝代替熔丝；熔体应有保护罩，管型熔断器不得无管使用，有填料的熔断器不得改装使用；熔丝熔断后，必须查明原因并排除故障后才能更换，装好保护罩或盖后才能送电；更换熔体时严禁使用不合格的熔体；更换熔丝时必须把紧固熔丝的螺钉拧紧，同时应检查箱内各接点有无松动、烧坏等现象。

(2) 插头与插座必须配套使用，Ⅰ类电气设备应选用可接保护线的三孔单相、四孔三相插座，其保护端子应与保护地线或保护零线连接。连接插头的导线一般应用橡套多芯电缆(防水线)，插座的接线必须正确可靠。有条件时推荐使用带漏电保护功能的插座。

3. 移动式电动工具和手持式电动工具

(1) 手持式电动工具的管理使用、检查维修，应符合现行国家标准的规定。

(2) 长期停用或新领用的移动式、手持式电动工具在使用前应进行检查，并测试绝缘电阻；通电前必须做好保护接地或保护接零。移动式、手持式电动工具必须装设高灵敏动作的漏电保护装置。

（3）移动式、手持式电动工具应有单独的电源开关和保护装置，严禁一台开关接两台及两台以上的电动工具；其电源开关应采用双刀开关，并安装在便于操作的地方；当采用插座插头接通时，使用的插头、插座应无损伤、无裂纹、绝缘良好。

（4）电源线必须采用铜芯多股橡套软电缆或聚氯乙烯绝缘聚氯乙烯护套软电缆。电缆应避开热源，且不得拖拉于地面上。当不能满足上述要求时，应采用防护措施。

（5）电动工具使用完毕或使用中因故暂停作业或突然停电，均应将电源开关断开；使用中需要移动时，不得手提电源线或转动部分；使用电动工具作业时应戴绝缘手套或站在绝缘物上。

（6）电动工具的使用应严格遵守操作规程。

4. 电焊机的具体要求

（1）电焊机的摆放位置，应按施工的需要分区域或标高层集中设置，电焊机的编号应与开关箱内开关的编号一致；室外摆放的电焊机应设置在干燥场所，并应有防雨雪的棚遮蔽。电焊机的一次侧电源线必须绝缘良好，不得随地拖拉，其长度一般不大于5m；二次侧焊把线应用橡胶绝缘铜芯软线，其长度不大于30m。

（2）电焊机的外壳应可靠接地，多台并列放置时应分别接地，不得多台串联接地；各线卷对外壳的热态绝缘电阻值不得小于0.4MΩ；电焊机裸露的导电部分(如接线柱)和转动部分(如直流焊机)应装安全保护罩，直流焊机的调节器被拆下后，机壳上露出的孔洞应加设保护罩。

（3）电焊机的电源开关应单独设置，即一机一闸；直流电焊机的电源应采用启动器控制；电焊把钳绝缘必须良好；电焊工作业时，必须穿绝缘鞋；电焊作业完毕或中间休息时，应将电源开关拉掉，有条件的地方，电焊机应加装空负荷自动断电装置。每台电焊机均应由专职的电焊工负责管理。

5. 电动起重装置的具体要求

（1）起重机电气设备的安装，应符合国家标准GB 50256—2014《电气装置安装工程起重机电气装置施工及验收规范》的规定，并按此验收；机械部分的安装，应符合国家标准GB 50231—2009《机械设备安装工程施工及验收通用规范》的规定，并按此验收。

（2）起重机上的电气设备，应符合现行国家标准GB 5144—2006《塔式起重机安全规程》中的要求；电源电缆长度应符合起重机产品技术要求；电源电缆收放通道附近应清洁平整，不得堆放其他设备材料和杂物；自动卷缆装置必须灵活可靠，电缆不得在通道上被拖拉移动。

（3）起重机上或起重装置附近，应设置能断开起重装置电源的开关；起重机的电源电缆或滑触母线应经常检查，一般应有专人维护；未经电气技术人员和现场机械技术人员的共同批准，起重机上的电气设备和接线方式不得改动；电气设备应定期检查，发现缺陷应及时处理。在工作状态时不得进行电气及机械检修工作，起重机电气设备的检修和试运行，必须取得各专业人员的配合。

（4）起重机的防雷接地，应符合现行国家标准GB 5144—2006《塔式起重机安全规程》

的规定及产品技术要求，接地应可靠，接地电阻符合要求，利用自然接地体时，应保证有良好的电气通路。起重机导轨两端应各设一组接地装置，当导轨较长时，应每隔20m加装一组接地装置，接地装置的接地电阻应不大于4Ω，且每年应测试两次。

（5）起重机的司机应持操作证上岗作业，并应掌握基本电气知识及装置的控制原理；起重机的电气部分应有专职维修电工负责检修和保养；司机离开驾驶室时或作业完毕后应将电源关掉，并将舱门锁好。驾驶室内不准存放与操作无关的物品。起重作业应遵守起重作业的安全操作规程及电动起重机的产品技术要求。雷雨、风雪天气禁止作业。

6. 建筑施工用室外电梯的具体要求

1）作业条件

（1）地基应浇制混凝土基础，承载能力大于15tf/m^2，基础找平后其表面平面度不大于10mm，并有排水设施；基础四周5m以内不得开挖沟槽井坑，30m范围内不得进行对基础座有较大振动的机械施工。

（2）电梯导轨架的纵向中心线至建筑物外墙面的距离应选用较小的安装尺寸；导轨架的垂直度不得超过其高度的0.05%，安装时应用经纬仪对电梯在纵横两个方向上进行测量，直到合格；导轨架顶端自由高度、与附壁距离、两附壁连接点间距离和最低附壁点高度均不得超过制造厂的规定。

（3）电梯底笼周围2.5m范围内必须设置稳固的防护栏，各层站过桥和运输通道应平整坚实，出口、入口的栏杆应安全可靠，全行程四周不得有危害安全运行的障碍物，并应支设搭架必要的保护屏障。

（4）电梯安装在工程结构内部井道中间使用时，必须将全行程范围井壁四周封闭，并装设足够的照明和层站标志灯；装设在其他阴暗处或夜班作业的电梯，必须在全行程上装设足够的照明和层站标志灯。

（5）电梯的电源控制箱应单独设在底架近旁，便于操作且安全可靠有防护罩，馈电容量应满足电梯满负荷时直接启动的要求，电梯上的电动机、电器及电气材料必须符合电梯的要求，并均应为优质产品。

（6）电梯轿厢内外均应设置紧急停止开关；轿厢与各楼层间应设置双向步话机；每个经过的楼层应设置联锁的防护门或栅栏；上下极限位置应安装限位开关。所有的保护装置均应灵活可靠。电梯应单独安装保护接地和避雷装置，并应处于良好状态。

（7）电梯的安装和拆卸必须在专业人员统一指导下按规定程序进行。安装好的电梯必须由单位的技术负责人、电气技术人员、机械技术人员对基础座、附壁支座、机架、电气系统、安全系统的质量精度进行全面检查和验收，限速制动器必须按制造厂规定进行调整试验。电梯必须按国家相关标准进行试运转，合格签证后方可投入使用。

（8）电梯须由有经验的电工、机械工专人管理和维修，可调部分和电气接线任何人不得随意变动。

2）运行启动前的检查

（1）必须仔细检查各种结构的表面状态有无机械变形，连接螺钉有无松动，节点有无开焊；钢丝绳完好且固定牢靠，部件装配正位，附壁牢固，站台平整，运行范围无障碍。

（2）地线、电缆完整无损，控制器在零位，电压正常，机件无须电；检查试验各限位装置、梯笼门、围护门、行程开关、紧急停止开关、驱动机构、制动器、电动机、电气联锁装置均应正常良好可靠；各类仪表灵敏示值正常，信号系统正确无误等。

（3）上述机械、电气均正常时，便可进行空负荷升降试验，升降时还应进行急停、超位等试验，并观测传动机构、制动器、电动机及信号装置等运行是否正常等。

3）操作规程及安全注意事项

（1）每班首次载重运行前，必须从最低层上行至 1～2m 时停止并试验制动器的可靠性，如不正常应立即修复，然后从下至上反复运行两次，观测有无异常。正常后便可载重行驶。

（2）梯笼内乘人或载物时，要使载荷均匀分布，防止偏重，严禁超载运行。运行中如有异常情况应立即停止检查，故障排除后方可继续运行。

（3）操作司机在操作前必须响铃示意，并根据指挥人员的信号操作；电梯运行到最上层和最下层时，严禁以行程限位开关自动停车来代替正常操作按钮使用。

（4）大雨、大雾和六级及以上大风时，应停止作业，并将梯笼降到底层，切断电源。暴风雨后，应对电梯各部位及安全装置进行检查，发现异常及时解决。

（5）作业完毕或下班时，应将电梯笼降到底层。各操纵器应转到零位，切断电源、锁好电源箱，锁闭梯笼门和围护门。在电梯切断总电源开关前，司机不得离开操作位置；作业中途如必须离开时，应将电梯降至底层，将笼门和电源箱锁好。

7. 其他施工机械的具体要求

（1）潜水式钻孔机的电动机密封性能应符合防护等级 IP68 的规定；潜水电动机的负荷线应采用 YHS 型潜水电动机用的防水橡皮护套电缆，长度不小于 2m，不得承受外力；必须装设防溅型漏电保护器。

（2）夯土机械必须装设防溅型漏电保护器，动作电流不大于 15mA，动作时间不大于 0.1s；负荷线应采用耐气候型的橡皮护套铜芯软电缆，电缆长度不大于 50m，使用时应由专人调整，禁止缠绕、扭结或被机械跨越，操作人员应穿绝缘鞋且扶手应绝缘。多台机械并列作业时，应有 5～10m 的间距，以免干扰。

（3）平面振动器、地面抹光机、水磨石机、水泵等设备必须配备合格的漏电保护装置，一般为防溅型，除水泵的负荷线必须采用 YHS 型防水橡皮护套电缆外，其他必须采用耐气候型橡皮护套铜芯软电缆，电缆均不得承受外力。

（4）其他大型工程机械的电气部分均应满足设备的技术条件，司机或操作人员应持证上岗，设备应设置漏电保护装置并做好防雷和接地措施。大型机械的作业现场应满足设备要求，大型工程机械应由专职的维修人员进行维修，并应做好日常的巡视检查和维护检修工作。

8. 照明设备的具体要求

（1）照明灯具和器材必须绝缘良好，符合现行国家有关标准的规定。

（2）照明线路应布线整齐，相对固定在绝缘物上。室内安装的灯具悬挂高度不得小于2.5m，室外不得小于3m，安装在露天作业现场的灯具应选用防水型灯头。现场办公室、宿舍、工棚内的照明线，除橡套软电缆和塑料护套线可单独挂设外，均应固定在瓷绝缘子上，并应分相敷设，穿过障碍物时应套绝缘管。线路不得接触潮湿地面，不得接近热源和直接绑挂在金属构件上。在脚手架上的临时照明灯具，竹木架子应设绝缘子，金属架子应设木横担和绝缘子。

（3）照明负荷应尽量三相平衡，距离较远时应加大干线的截面积，作业照明应采用集中控制，露天安装的开关必须有防雨雪措施。

（4）单极的照明开关必须控制火线，从动触头上接出的控制火线，应接在螺口灯头的中心触片上，照明灯具的金属壳罩应作保护接零，单相照明回路的控制箱必须装设漏电保护器。

（5）照明灯具及其发热元件与易燃物之间应保持一定的安全距离，普通灯具不得小于300mm；聚光灯、碘钨灯、卤化物灯不宜小于500mm，且不得直接照射易燃物。当安全距离无法达到时，应采取隔热措施。路灯应为每个灯具装设单独的熔断器，大型灯具的安装高度应大于5m。

（6）使用行灯时，电压不得大于36V，行灯应有护罩，手柄应绝缘、耐热、防潮，使用橡套软电缆。行灯变压器必须采用双绕组型，其一次、二次侧均应装设熔断器，金属外壳应保护接零或保护接地。严禁将行灯变压器带进金属容器或金属管道内使用，在金属容器和金属管道内使用的行灯，其电压不得超过12V。

（7）变配电所内的盘柜及母线正上方，不得安装灯具。

（8）对于夜间影响飞机飞行或车辆通行的大型机械设备、高层建筑物的脚手架或建筑物本体的顶端、沟坑井渠等处，应设置红色信号灯，其电源应设在现场总电源开关的上闸口。

四、临时用电的接地、防雷

1. 接地保护的具体要求

（1）当施工现场设有专供施工用的10kV/0.4kV变压器时，中性点应直接接地，低压侧可采用三相五线制（TN-S系统），系统采用保护接零，应将设备的接地保护端子接在专用的保护线上；系统也可采用三相四线制（TT系统），系统采用保护接地，应将设备的接地保护端子接在各自单独的接地体上。但上述两种保护方式不得混用。

（2）当施工现场没有专用的变压器时，临时用电设备及线路必须按原供电系统的要求进行保护接零或保护接地，同样不得混用。

（3）无论上述哪种情况，施工现场设置的接地装置的接地电阻必须符合系统要求，一般不大于4Ω。

（4）接零保护时，架空线路终端、总配电柜盘、分配电箱与变压器的距离不大于50m以上时，保护零线应重复接地，接地电阻不大于100Ω；引至电气设备的工作零线与保护零线必须严格分开，且保护零线上严禁设置开关或熔断器；保护零线和相线的材质应相同，其最小截面积应符合表 8-1-12 的规定；接至移动式、手持式电动工具的保护零线必须采用铜芯软线，其截面积不宜小于相线截面积的 1/3，且最小不得小于 1.5mm^2。

表 8-1-12 保护零线最小截面积

相线截面积(S)/mm^2	保护零线最小截面积/mm^2
$S \leq 16$	S
$16 < S < 35$	16
$S > 35$	$S/2$

（5）保护地线或保护零线应采用焊接、压接、螺栓连接等可靠连接方法，禁止缠绕或钩挂等不正当连接；用电设备的保护接地或保护接零线应并联接地，严禁串联接地或接零。

（6）低压用电设备的保护地线可利用金属构件、钢筋混凝土构件的钢筋等自然接地体，但禁止利用输送可燃液体、气体或爆炸性气体的金属管道作为保护地线。当利用自然接地体时，应保证其全长为完好的电气通路，当利用金属构件作为保护地线时，其串接部位应焊接截面积不小于 100mm^2 的跨接线。

2. 防雷保护的具体要求

（1）位于山区或多雷区的变配电所应设立独立避雷针；高压架空线路及变压器应设置避雷器或放电间隙。

（2）施工现场和临时生活区 20m 及以上的井子架、脚手架、正在施工的建筑物以及塔式起重机、机具、烟囱、水塔等设施，均应装设防雷保护，防雷保护的接地电阻应不大于 10Ω。

（3）高度在 20m 以上的大型钢模板，就位后应及时与建筑物的接地线连接。

（4）临时设置的防雷装置应在正式的防雷装置安装后拆除；雷雨天气施工现场应停止室外作业。

五、特殊环境临时用电技术要求

（1）施工现场易燃易爆环境的临时用电技术要求。

① 临时用电及其设备线路的选择应符合现行国家标准 GB 50058—2014《爆炸危险环境电力装置设计规范》的规定，详见前述章节相关内容。

② 在易燃易爆环境中，严禁产生火花，当不能满足要求时，必须采取相应的安全措施；照明灯具应选用防爆型，导线应采用防爆橡胶绝缘线，接线禁止铰接，应采用压接和螺钉连接；手持式、移动式电器应采取防爆措施；禁止带电作业；更换灯泡时，必须断开电源。

③ 电气设备正常不带电的外露导电部分必须接地或接零，保护零线不得随意断开。当保护零线因作业需要而必须断开时，应采取安全措施，作业完毕应立即恢复。

（2）施工现场的腐蚀环境临时用电技术要求。

① 变配电所宜设在全年最小频率风向的下风侧，不应设在有腐蚀性物质装置的下风侧；变配电所与重腐蚀场所的最小距离应符合表 8-1-13 的规定。

表 8-1-13　变配电所与重腐蚀场所的最小距离

项目	最小距离/m	
	Ⅰ类腐蚀环境	Ⅱ类腐蚀环境
露天变配电所	50	80
室内变配电所	30	50

注：Ⅰ类、Ⅱ类腐蚀环境的确定应按国家现行标准区分。

② 6~10kV 配电装置设在户外时，应选用户外防腐型电气设备；设在户内时，应选用户内防腐型电气设备。户内配电装置的户外部分，可选用高 1~2 级电压等级的电气设备。

③ 腐蚀环境 10kV 及以下的架空线路，应采用水泥杆、镀锌角钢横担及金具、耐污绝缘子。绝缘子和穿墙套管的额定电压应高 1~2 级电压等级。1kV 以下应选用塑料绝缘导线或防腐型铝绞线，1kV 以上应选用防腐型钢芯铝绞线。

④ 低压配电线路宜采用全塑线缆明设，不宜采用绝缘导线穿管的敷设方式或电缆沟敷设方式，电缆不宜有接头，电缆与设备及线路应用线鼻子连接。密封式配电箱、控制箱等电缆的进出口，应采用密封防腐措施。重腐蚀环境中的架空线应用铜导线，灯具采用防腐密闭式。

（3）施工现场的特别潮湿环境临时用电技术要求。

① 电气设备、电缆、导线及其他器材应选用封闭型或防潮型。

② 电气设备、金属构架、金属管道均应接地良好；移动式、手持式电器必须装漏电保护装置或选用双重绝缘设备，且使用前应测绝缘电阻；行灯电压不得高于 12V；禁止带电作业，一般低压电气作业必须穿绝缘鞋或站在绝缘物上。

（4）易燃易爆环境、腐蚀环境、特别潮湿环境禁止夜间作业和多工种交叉作业，否则必须有周密严格的施工方案和防护措施。

第二节　金属容器内用电

金属容器内用电因为场所潮湿、狭窄、易导电，一旦触电无法逃脱，抢救也很困难，因此必须有完备的预防触电的措施。

（1）应根据环境的特点选用相应的电气设备，地沟、隧道、防空洞也可参考本章中关于潮湿场所的用电安全要求。

（2）作业人员应遵守安全用电要求，并具有基本安全技术的素质。

（3）作业应使用Ⅲ类手持电动工具，如使用Ⅱ类工具，必须装设额定动作电流不大于 15mA、动作时间不大于 0.1s 的漏电保护器。使用 42V 的Ⅲ类工具必须由安全隔离变压器供电。

(4) 行灯及照明装置不得使用大于36V的电源装置，金属容器内不得大于12V。

(5) 安全隔离变压器、漏电保护器、控制箱、电源箱、开关元件，必须放在作业场所的外面(如井口的外面)，并有人在此进行监护，作业面较大时，内外人员应配备步话机，以便联系。

(6) 地沟、隧道防空洞的正式照明宜用36V电压，其内的电气线路应采用防潮绝缘导线，一般应采用瓷绝缘子敷设，不得将导线挂在铁件上或与他物捆扎，所有的开关应用绝缘箱盖好，并使用防潮电器。电线接头不宜采用包扎绝缘的方法，应采用接线盒并且应用密封胶泥密封接线盒。电缆敷设应用卡子或支架并距地面2.5m以上，电缆头应使用热缩电缆头。

(7) 这类场所的电气作业、电焊作业、使用电动工具的作业，应有专职的电工在现场巡视督查，及时纠正违章作业和违章操作，经常检查线路和电器的使用情况，如有绝缘损坏、漏电、打火现象应及时修复。

(8) 这类场所的电工、电焊工、使用电动工具作业的人员必须穿绝缘鞋作业，必要时应穿绝缘服，戴绝缘手套。

(9) 这类场所应有通风、送风装置，尽量保持干燥，降低湿度。

(10) 这类场所使用的导线、电缆，无论是临时线路，还是正式线路都不得在地上拖拉放置；临时线路必须使用防水橡套电缆；临时线路的敷设在经过金属入孔、井口时应有防护措施，以免磨坏漏电。

(11) 这类场所作业完毕后，要及时清理现场，清点工具，收回余料，打扫弃物垃圾，经两人检查无误后，才能离开现场，最后关掉电源并点名签到。

第三节　静电和静电场所

一般认为，在干燥条件下，高电阻率且容易得到或失去电子的物质由于摩擦、受热、受压或撞击，便会产生静电。常见的物质如乙烯、丙烷、丁烯、丁烷、原油、轻油、苯、甲苯、二甲苯、硫黄、橡胶、赛璐珞、塑料、电木、纸、玻璃、油漆、毛织品、纺织品等，它们易产生或积聚电荷而带静电。

一、生产过程中易产生静电举例

(1) 纸张印刷时或纸张与辊轴的摩擦、橡胶或塑料的研磨、输送带与输送带轮或辊轴的摩擦。

(2) 塑料的压制、上光、挤出，赛璐珞的过滤。

(3) 高电阻率液体在管路中流动且流速超过1m/s时，或液体高速喷出管口，液体注入容器发生的撞击、冲刷或飞溅等。

(4) 液化气体或压缩气体在管道中流动或由管口喷出，气瓶放出压缩气体或用喷油枪喷漆。

(5) 上述固体物质的粉碎、研磨，悬浮粉尘的高速运动。

（6）混合器中搅拌高阻物质、纺织品的涂胶过程等。

生活当中易产生静电的现象，如用干燥的木质、塑料梳子梳头，毛衣从的确良衬衣上脱下，尼龙类纺织衣物快速脱下，家用吸尘器吸地毯，塑料壳排风扇的运转，用干燥布擦拭塑料制品或木制家具等。

电气工作者必须掌握常见的静电现象，杜绝因静电而发生的事故。前面提到，固体能起静电，粉尘能起静电，液体能起静电，蒸气和气体也能起静电，这就要求在工程中警惕静电，特别是在爆炸和火灾危险环境中或有可能发生易燃易爆物质泄漏的环境中更要注意静电。

二、静电的特点

静电从整体上来讲，其特点是电压高、能量小，而危害大。具体讲有以下六大特点。

（1）静电的电量小，而静电电压高。一般情况下产生的静电电量只有微库或毫库级，但是带电体的电容变化则神秘莫测，有时变得很小，由于带电体的电压与带电量成正比，而与电容成反比，这样导致了在电量不变的情况下，电压则很高。例如，橡胶行业的静电电压有时达到几万伏，甚至十几万伏。

由于电压高，则易引起放电，并产生火花，在危险场所有可能引起爆炸或火灾，这是极其危险的。

（2）静电的能量不大或者说放电后的电流不大。静电产生后便有一个静电场，这个电场的能量为 $QU/2$，因为电量 Q 很小，因此能量不大，一般不大于毫焦级。

（3）绝缘体上的静电消失或泄漏得很慢。绝缘体的介电常数 ε 和电阻率 ρ 都很大，对电荷的束缚力很强，不经过放电，其聚集的电荷消失得很慢。当产生静电过程停止后，在较长的一段时间仍然存在着静电的危险，这在工程中要特别注意，必须设置消除静电的装置。

（4）静电会发生放电。静电产生后，在一定的条件下会发生放电。电晕放电时伴有嘶嘶声和淡紫色光；刷形放电时伴有声光；火花放电有短促的炸裂声和明亮的闪光。人体是一个活动的良导体，很容易由静电感应而导致火花放电。金属导体的尖端电荷集中，很容易发生电晕放电。人体或金属导体尖端放电都有极大的危险性，特别是在爆炸和火灾危险场所。

（5）静电会发生静电感应。静电感应就是在静电场中的导体表面感应出电荷而使导体带电，这是静电一个特有的性质。在工艺现场易发生静电的地方，由于静电感应，可能会在导体或人身上产生电荷且电压很高，从而导致火花放电。这是一个极其危险的而又极易被人们忽略的危险因素。

（6）静电屏蔽也是静电的一个特有的性质。通常桶形或空腔的导体，其内部有电荷时，必定在外壳感应出电荷，但当外表面接地时，则外部的电荷为零，且不影响内部的电荷，如图 8-3-1 所示。

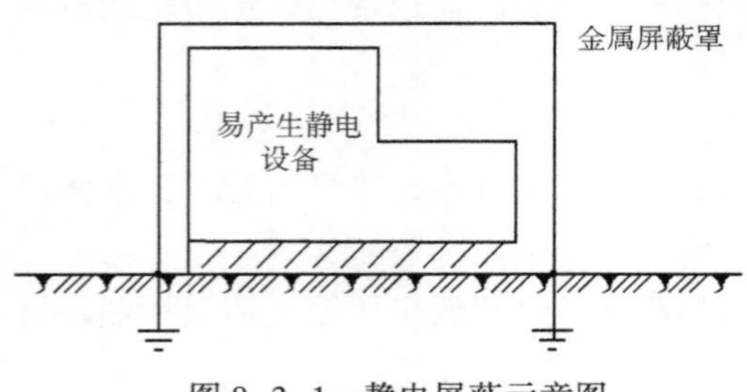

图 8-3-1　静电屏蔽示意图

三、静电的危害

（1）静电能引起爆炸和火灾，特别是在爆炸和火灾危险环境，则具有很大的危害性。静电的电量虽然不大，但电压高则易放电而出现电火花，这个火花在有爆炸性气体、爆炸性粉尘或可燃物质且其浓度达到或超出爆炸或燃烧的极限时，则可能发生爆炸或火灾。在易产生氢气、乙炔气、高速喷射的蒸气、汽油、煤油、酒精、苯、油料、化学溶剂、金属粉末、药品粉末、树脂粉末、燃料粉末、面粉等，以及炼油、化工、橡胶、造纸、印刷、粉末加工等行业更容易发生静电火花而引起的爆炸或火灾。资料表明，一个工人在脱下的确良工作服时，由于产生电火花引起了化工车间爆炸。放电的发生是由于带电体附近的电场强度达到了一定的数值。常见物质的击穿强度见表 8-3-1。

表 8-3-1　一些物质的击穿强度

物质	击穿强度/(kV/cm)	物质	击穿强度/(kV/cm)	物质	击穿强度/(kV/cm)
空气	35.5	乙醇	700~800	云母	50~150
氢	15.5	四氯化碳	1600	铅玻璃	5~20
氧	29.1	二硫化碳	1400	瓷	30~35
氮	38	丙酮	640	电缆纸	6
二氧化碳	26.2	苯	1500	纤维	1~10
一氧化碳	45.5	硝基苯	1300	石蜡	7~12
氨	56.7	甲苯	1300	橡胶	20~25
甲烷	22.3	二甲苯	1500	聚乙烯	18~24
丙烷	37.2	氯仿	1000	聚氯乙烯	12~16
乙炔	75.2	变压器油	1000	电木	8~30

（2）静电能造成电击伤害。当人体接近静电体或带静电的人体接近接地体时，可能会遭到电击。由于静电能量很小，电击本身对人不致造成重大伤害，但可能因静电电击引起坠落、摔倒等二次伤害事故，同时能引起工作人员的精神紧张或恐惧，影响工作或造成其他心理上的伤害，见表 8-3-2。

表 8-3-2　静电电击人体的反应

电压/kV	电击程度
1	没有感觉
3	有微弱针刺痛感
5	手掌至手臂前半部有电击痛感
7	手指、手掌强烈痛感，有麻痹感
9	手腕有强烈痛感，手有很强麻痹感
11	手指强烈麻痹，整只手有强烈电击感

(3) 有些生产工艺过程，静电会妨碍生产或降低产品的质量，如纺织、粉状物加工、橡胶、塑料、印刷、胶片等行业以及电子控制元件、自动化仪表由于静电而误动，使其控制的生产线程序混乱，导致产品不合格。静电会干扰无线通信，导致通信混乱，出现故障。综上所述，静电的危害很多，有些灾害是否与静电有关还有待研究证实，因为静电技术到目前为止还不够完善。至于雷电静电对人类的伤害和电容器上的静电伤害，是人人皆知的，不再举例。静电危害实例见表 8-3-3。

表 8-3-3　静电危害实例

危害原因	危害种类	危害形式	危害事例
放电作用	爆炸及火灾	引起可燃、易燃性液体起火或爆炸	输送汽油的设备不接地可能引起着火
		引起某些粉尘爆炸、起火	硫黄粉、铝粉、面粉等均有可能发生
		引起易燃性气体爆炸或起火	高速气流(如氢气)喷出时，可能引起爆炸
	人身伤害	使人遭电击	橡胶厂压延机静电电量很大，容易发生电击
		因电击引起二次伤害	意外电击可能引起跌倒或空中坠落
	妨碍生产	引起元件损坏或电子装置误动作	MOS 型 IC 元件损坏或使用该元件的装置失灵
		静电火花使胶片感光	使感光胶片报废
力学作用	妨碍生产	纤维发生缠结、吸附尘埃等	影响产品质量
		使粉尘吸附于设备上	影响粉体的过滤和输送
		印刷时纸张不齐，不能分开	影响工作效率和质量

四、防止及消除静电的方法

尽管静电有如此厉害的威力及危害，但是人类还是掌握了战胜及降伏它的方法：对于雷电静电，用避雷针将其引入大地；对于电容器静电，用放电的方法将其放掉；对于生产工艺过程中产生的静电，则利用泄漏法、中和法和工艺控制法进行防止及控制。

1. *泄漏法*

泄漏就是把静电泄掉，泄漏法包括接地、增湿、加抗静电剂、涂导电涂料等方法。

1）接地

接地技术是一种最古老的传统的保险方法，在防止静电技术上也得到了应用。但是，直接接地主要是用来消除金属体上的静电，如果只消除金属体上的静电，其接地电阻为 1kΩ 即可。为了使绝缘体上的静电消除得较快，绝缘体宜经过 106~108Ω 的电阻接地。

2）增湿

增湿是导致静电泄漏的措施，适用于绝缘体上静电的消除。但是增湿主要是增加静电沿绝缘体表面的泄漏，而不是增加通过空气的泄漏。因此，增湿对于表面易形成水膜或易被水润湿的绝缘体，如醋酸纤维素、硝酸纤维素、纸张、橡胶等消除静电是有效的，而对表面不能形成水膜或不易被水润湿的绝缘体，如纯涤纶、聚四氟乙烯、聚氯乙烯等，增湿消除静电是无效的。

这里要注意，对于表面水分易蒸发或蒸发快的绝缘体、孤立的绝缘体且没有泄漏渠道的增湿是无效的。一旦放电，火花较为强烈，这在危险环境是不允许的。

在产生静电的场所，一般可装设空调设备并设喷雾器或挂湿布片，提高空气的湿度；也可用温度略高于绝缘体表面温度的高湿度空气吹向绝缘体，结成水膜，进而泄漏静电。

至于能否采用增湿以及湿度的大小完全是由生产工艺要求决定的。但从消除静电危害的角度讲，一般应保持相对湿度在70%以上为宜。

3）抗静电添加剂

抗静电添加剂是化学药剂，它具有良好的导电性或较强的吸湿性。因此，在易产生静电的高绝缘材料中加入少量的抗静电添加剂，能降低材料的电阻，加速静电泄漏。例如，橡胶中一般加入导电炭黑，药粉中一般加入石墨，聚氯乙烯塑料一般加入十八烷基二甲基羟乙基季铵硝酸盐（SN 抗静电添加剂），化纤一般加入季铵盐，石油一般加入环烷酸盐或合成脂肪酸盐等。

至于添加剂加入的多少则由生产工艺及产品要求决定，这个量一般很小，通常在 $10^{-6}\sim10^{-3}$数量级之间。

这里要注意，悬浮状粉尘和蒸气的静电，采用抗静电添加剂是不起作用的，因为这些微粒之间都是相互绝缘的。

4）导电涂料

在易产生静电的绝缘材料表面涂一层导电涂料，也可将静电泄掉。

2. 中和法

中和就是正电荷与负电荷的中和，而静电中和是借助电子和离子来进行的。静电中和是由静电中和器完成的，与抗静电添加剂相比，静电中和器不影响产品质量，使用上也很简便。中和法有感应式中和器法、高压静电中和器法、放射线中和器法和离子流中和器法。其中，感应式中和器法无须电源。

3. 工艺控制法

工艺控制法就是在设计产品生产工艺时，应选择不易产生静电的材料及设备、控制工艺过程并使之不产生静电等或使产生的静电不超过危险程度。

（1）材料及设备的选择。

① 带轮及输送带或皮带应选用导电性好的材料制作。

② 用齿轮传动代替带轮传动。

③ 使物料与不同材料制成的设备或装置进行摩擦而产生不同极性的电荷，互相中和。

④ 搅拌工艺应适当安排加料顺序。

⑤ 选用导电性的工具，增加泄漏渠道等。

（2）降低摩擦速度或流速。

① 烃类燃油在管道中的流速应不大于表 8-3-4 的规定。

② 管径 12mm 的乙醚管道、管径 24mm 的二硫化碳管道，其流速应不大于 1~1.5m/s。脂类、酮类、醇类液体，在管道内的流速应不大于 9~10m/s。

表 8-3-4　烃类燃油最大管流速与管径的关系

管径/mm	1	2.5	5	10	20	40	60
流速/(m/s)	8	4.9	3.5	2.5	1.8	1.3	1.0

(3) 改变注油方式或改变鹤管的形状。

① 往油箱、油罐注油时应从底部压入，防止冲击和飞溅，可减少静电产生。

② 从顶部往油箱、油罐注油时，可改变鹤管的形式或将注管插到底部，以减小飞溅，进而消除静电。

(4) 消除油罐或管道内的杂质或积水，以利于消除静电。

(5) 合理选用防爆设备等。

五、静电的测量方法

工程中一般要测量静电的电压、测量泄漏电流和静电放电电量，主要是为了监督生产工艺过程中起静电的情况及消除静电的效果。静电测量的方法很多，这里仅介绍常用的几种。

1. 静电电压的测量

图 8-3-2 是一种带直流差动放大器的直接感应式静电电压表原理图。

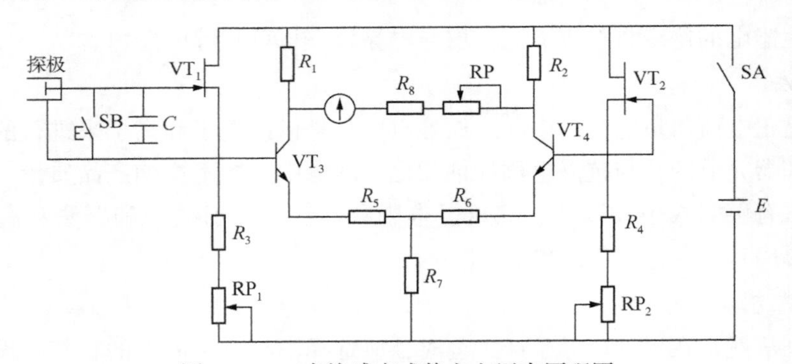

图 8-3-2　直接感应式静电电压表原理图

R—电阻；VT—电压互感器；RP—电位器；*C*—电容；SA，SB—按钮开关；*E*—电压

测量时，探极上产生感应电压，检流计指针偏转，指示静电体对地电压的大小和极性。探极一般做成板形、球形或针形，其中板形适用于平面带电体的测量，球形适用于立体带电体的测量，针形适用于带电体局部的测量。探极在测量时与带电体的距离要适中，使用时探头应缓慢接近带电体，同时应注意观察表头，当示值最大时即为所测值。距离太小或过大都会影响测量并带来误差。有时为了避免其他电场的干扰，探极应装设接地的屏蔽，屏蔽与探极间应有良好的绝缘，否则会影响测量的精度。

2. 静电泄漏电流的测量

静电泄漏电流通常用直流微安表进行测量，但使用时应有一定的保护措施，以防止测量过程中的火花放电而损坏仪表，常用的保护方法如图 8-3-3 所示。

电容器作为仪表的分路时，是利用电容器充电过程来限制火花放电时没有大电流通过仪表，测量时按下按钮，不测量时松开，这样也能保护仪表；二极管作为仪表的分路时，正常测量时二极管截止，火花放电时二极管导通，可分流并限制大电流通过表头，串联的电阻可进一步限制放电时通过表头的电流；稳压管作为仪表分路时，正常时稳压管截止，火花放电时稳压管反向击穿，可流过较大的电流，加之串联电阻的作用，可保护表头无大电流通过。

3. 放电电量的测量

放电电量一般可用示波器测量，接线如图 8-3-4 所示，图中 R_1 和 R_2 为放电电阻，从 R_2 上取出电压信号送入示波器，放电时即可在示波器上读出 R_2 上的电压最大值 U_2，同时可近似读取电压 U_2 降至 $U_2/2$ 的时间 t，即可用下式计算出放电电量 Q：

$$Q=\frac{U_2t}{0.7R_2}$$

这里说明一点，这里的计算值只是一个近似值，可用于判断放电火花的危险性。

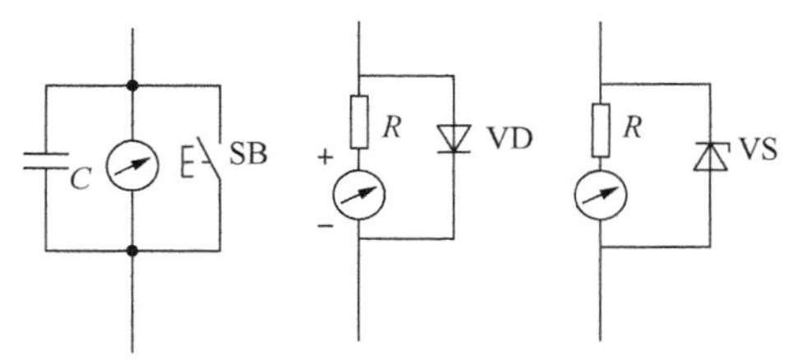

（a）电容保护（b）二极管保护（c）稳压管保护

图 8-3-3 微安表保护方法

R—电阻；VD—整流二极管；

SB—按钮开关；VS—电压传感器

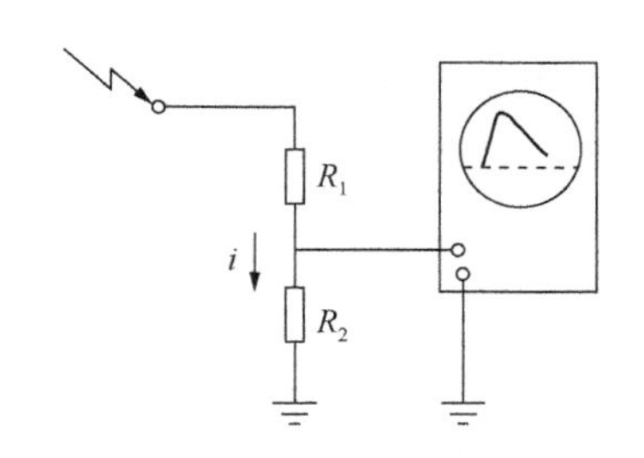

图 8-3-4 示波器测量放电量的接线示意图

第四节 潮湿、电化学腐蚀、高温、多尘场所

一、潮湿场所

潮湿场所主要有水汽较多的铸造车间、水泵间、制冷站、人防工地、洗车场、锅炉间等，并有以下特殊要求：

（1）电气设备应选用密闭式或防护等级为 IP11、IP12、IP13、IP14、IP15 等不同类型产品。电工产品使用的环境条件见表 8-4-1。

（2）导线应选用有保护层的绝缘导线，布线一般采用管路暗设方式且管口应有密封措施，如用密封胶泥密封。

（3）移动式电器和手持电动工具的导线应有加强保护，并有接地(零)线且可靠接地(零)。

表 8-4-1　电工产品使用的环境条件

使用环境条件 电工产品形式		普通型	热带型		冶金型	化工 防腐型	煤矿 防爆型	工厂 防爆型
			湿热	干热				
海拔高度/m		≤1000	≤1000	≤1000	—	≤1000	—	—
空气温度/℃	年最高	40	40	45	(60)	40	35	40
	年最低	55、-10、-25、-40	0	-5	(-25、-40)	-40	—	—
	年平均	(20)	25	30	—	—	—	—
	月平均最高	(35)	35	43	—	—	—	—
	日平均	(30)	35	40	—	—	—	—
	最大日温差	(30)		30	—	—	—	—
气压/MPa	最低	(656)	(656)	(656)		(656)		
	平均	(675)	(675)	(675)		(675)		
空气相对湿度/%		90 (25℃)	95 (25℃)	10 (40℃)	90 (25℃)	90 (25℃)	90~97 (25℃)	90 (25℃)
冷却水最高温度/℃		(30)	33	35	—	—	—	—
1m 深地下最高温度/℃		(25)	32	32	—	—	—	—
太阳辐射最大强度/ [J/(cm^2·min)]		(5.9)	(5.9)	6.7	—	(5.9)	—	—
最大降雨强度/(mm/10min)		(30)	50		—	50	—	—
最大风速/(m/s)		(30)	35	40	—	—	—	—
露、雪、霜、冰		△	△	△	—	△	—	△
盐雾		△	△	△	—	—	—	-△
灰尘与沙尘		△	—	○(户外) △(户内)	○	△	○	△
霉菌		—	○	—	—	—	○	△
有害动物		△	○	○	—	—	—	
腐蚀性气体		—	—	—	—	—	—	△
腐蚀性粉尘		—	—	—	—	△	—	△
酸雾、碱雾		—	—	—	—	○	—	—
爆炸性混合物		—	—	—	—	—	○	○
冲击		—	—	—	△	—	○	—
振动		—	—	—	○	—	—	—

注：(1) 括号中的数据是参考值。

(2) 符号“○”表示由制造厂考虑；符号“△”表示如用户提出具体要求，制造厂可考虑。

（4）移动式手持照明灯具，必须使用安全电压。

（5）在该类场所进行电气作业或操作电器的人员应穿绝缘鞋。

（6）必须装设漏电保护装置并有值班电工现场巡视值班，并做好维护检修工作。

二、电化学腐蚀场所

电化学腐蚀场所主要包括电解、电镀、热处理、充电车间以及酸、碱或腐蚀性气体的化工车间等，该类环境有以下特殊要求：

（1）电气设备应选用防腐型，腐蚀较重的地方可选用密闭型，导线应选防腐电缆或防腐导线，腐蚀较轻的地方可用塑料电缆或塑料导线。

（2）配电线路应躲开直接腐蚀或熏染场所，明设导线必须穿优质硬塑管，暗设可选用金属管，但管内必须刷防腐漆。所有管口应用密封胶泥密封。

（3）应有单独的接地装置，零(地)线的干线应用镀锌扁钢沿室外的墙敷设；电镀、电解、充电设备的保护零(地)线应用镀锌扁钢与零(地)干线焊接，所有的焊口应进行防腐处理。接地装置及其引线的规格应比正常环境大一个规格。

（4）严禁使用临时线路，禁止使用落地扇，移动电器和手持电动工具的电源线应为防腐型或塑料护套电缆。

（5）变配电间、电源总柜、电气控制装置、仪器仪表、自动化装置等应与生产车间隔离，并有防止污染的措施及严格的检修制度。

（6）这类场所如有火灾或爆炸危险，应遵守有关火灾和爆炸危险环境电气设备及线路的要求，详见前述章节相关内容。

三、高温场所

高温场所主要包括冶金熔炼车间、锅炉房、烘干等场所，该类环境有以下特殊要求：

（1）电动机等电气设备应选用F级或H级绝缘等级的(表8-4-2)，导线及开关元件应选择比正常环境大一个规格的，必要时应选耐热型的。

（2）线路应穿管暗设，一般应避开热源上方或远离热源，不得在热源上方装设电器，怕受辐射热的电器应有隔热措施或尽量避开热源。

（3）配电箱、开关柜、闸箱等设备应用钢板制造外壳并刷耐火漆；照明灯具一律选用防溅安全型；移动电器及手持电动工具的橡套电缆应穿金属软管保护；所有的排风扇、空调制冷装置必须安装牢固，并用金属网外罩保护，不得使用移动式排风扇。

（4）电气设备的外壳、金属构架、辅助装置、金属管道、各种机械设备等必须有良好的接地(零)，电炉变压器低压侧不接零，应保护接地。

（5）裸母线应在正常选择条件下加大一个规格，同时应用金属网罩保护。

（6）这类场所应尽量采用降温措施，在不影响工艺要求的条件下，可采取各种措施。

表 8-4-2 电动机各部分最高允许温度(t)与温升(Θ) 单位:℃

项目		绝缘等级										测定方法
		A级		E级		B级		F级		H级		
		t	Θ	t	Θ	t	Θ	t	Θ	t	Θ	
定子绕组		105	70	120	85	130	95	140	105	165	130	电阻法①
转子绕组		105	70	120	85	130	95	140	105	165	130	
定子铁芯		105	70	120	85	130	95	140	105	165	130	温度计法②
滑环		$t=105$					$\Theta=70$					温度计法②
轴承	滚动	$t=100$					$\Theta=65$					温度计法②
	滑动	$t=80$					$\Theta=45$					温度计法②

注:周围额定空气温度 $t_e=35$℃。

①绕组温度用电阻法测量。利用金属导体的电阻随金属导体的温度而增加的特性,可从电动机温度的变化得知电阻数值相应的变化,从而导出电动机的温度。

② 铁芯温度用酒精温度计测量,在有磁场的地方,不能用水银温度计测量,以免水银中产生涡流损耗而发热。温度计应紧贴在铁芯上,并用油灰覆盖,以防止发热。

四、多尘场所

多尘场所不同于爆炸性粉尘场所,其主要危害是堵塞电气线路的管路,当粉尘覆在电气设备及线路上时将影响散热,给维修带来不便。该类场所有以下要求:

(1) 电气系统的变配电间、电源总柜、控制装置、启动柜、仪器仪表等装置应与生产车间隔离,并有防止污染的密封措施及严格的检修制度。

(2) 电气设备、灯具应选用密封型的,电气管路应密封。

(3) 这类环境应有治理粉尘的环保措施,有条件的应装设电除尘器及其他除尘装置,电除尘器有以下安全要求:

① 测量整流变压器及直流电抗器铁芯穿心螺栓的绝缘电阻,一般在器身检查时进行。

② 在器身检查时测量整流变压器高压绕组及直流电抗器绕组的绝缘电阻值和直流电阻值,其中绝缘电阻值按电力变压器的要求,直流电阻值与产品规定或同型号产品的值基本相同。

③ 测量整流变压器低压绕组的绝缘电阻值和直流电阻值,要求同②。

④ 油箱绝缘油应进行试验,应符合表 8-4-3 和表 8-4-4 中的规定。

⑤ 进行绝缘子及瓷套管的绝缘电阻和交流耐压试验,一般应采用 2500V 绝缘电阻表进行,阻值应大于 250MΩ,交流耐压试验的要求见表 8-4-5。

表 8-4-3 绝缘油的试验项目及标准

序号	项目	标准	说明
1	外观	透明,无沉淀及悬浮物	5℃时的透明度
2	苛性钠抽出	≤2 级	

续表

<table>
<tr><th>序号</th><th colspan="2">项目</th><th colspan="3">标准</th><th>说明</th></tr>
<tr><td rowspan="2">3</td><td rowspan="2">安定性</td><td>氧化后酸值</td><td colspan="3">≤0.2mg KOH/g 油</td><td></td></tr>
<tr><td>氧化后沉淀物</td><td colspan="3">≤0.05%</td><td></td></tr>
<tr><td>4</td><td colspan="2">凝点</td><td colspan="3">(1) DB-10，凝点≤-10℃；
(2) DB-25，凝点≤-25℃；
(3) DB-45，凝点≤-45℃</td><td>(1) 户外断路器、油浸电容式套管、互感器用油：
气温不低于-5℃的地区，凝点≤-10℃；
气温不低于-20℃的地区，凝点≤-25℃；
气温低于-20℃的地区，凝点≤-45℃。
(2) 变压器用油：
气温≥-10℃的地区，凝点≤-10℃；
气温<-10℃的地区，凝点≤-25℃或-45℃</td></tr>
<tr><td>5</td><td colspan="2">界面张力</td><td colspan="3">≥35mN/m</td><td>(1) GB/T 6541—1986；
(2) 测试时温度为25℃</td></tr>
<tr><td>6</td><td colspan="2">酸值</td><td colspan="3">≤0.03mg KOH/g 油</td><td></td></tr>
<tr><td>7</td><td colspan="2">水溶性酸(pH 值)</td><td colspan="3">≥5.4</td><td>GB/T 7598—2008</td></tr>
<tr><td>8</td><td colspan="2">机械杂质</td><td colspan="3">无</td><td></td></tr>
<tr><td>9</td><td colspan="2">闪点</td><td>DB-10
≥140℃</td><td>DB-25
≥140℃</td><td>DB-45
≥135℃</td><td>闭口法</td></tr>
<tr><td>10</td><td colspan="2">电气强度试验</td><td colspan="3">(1) 使用于15kV及以下者，≥25kV；
(2) 使用于20~35kV者，≥35kV；
(3) 使用于60~220kV者，≥40kV；
(4) 使用于300kV者，≥50kV；
(5) 使用于500kV者，≥60kV</td><td>(1) 油样应取自被拭设备；
(2) 试验油杯采用平板电极；
(3) 注入设备的新油均不应低于本标准</td></tr>
<tr><td>11</td><td colspan="2">介质损耗正切值 tanδ</td><td colspan="3">90℃时不大于0.5%</td><td></td></tr>
</table>

注：第11项为新油标准，注入电气后的 tanδ 标准为90℃时应不大于0.7%。

表 8-4-4 电气设备绝缘油试验分类

试验类别	适用范围
电气强度试验	(1) 1.6kV以上电气设备内的绝缘油或新注入上述设备前、后的绝缘油。 (2) 对下列情况之一者，可不进行电气强度试验： ① 35kV以下互感器，其主绝缘试验已合格的； ② 15kV以下油断路器，其注入新油的电气强度已在35kV及以上的； ③ 按本标准有关规定无须取油的

续表

试验类别	适用范围
简化分析	（1）准备注入变压器、电抗器、互感器、套管的新油，应按表 8-4-3 中的第 5~11 项规定进行。 （2）准备注入油断路器的新油，应按表 8-4-3 中的第 7~10 项规定进行
全分析	对油的性能有怀疑时，应按表 8-4-3 中的全部项目进行

表 8-4-5　高压电气设备绝缘的工频耐压试验电压标准

额定电压/kV	最高工作电压/kV	1min 工频耐受电压有效值/kV									
		油浸电力变压器		并联电抗器		电压互感器		断路器、电流互感器		干式电抗器	
		出厂	交接	出厂	交接	出厂	交接	出厂	交接	出厂	交接
3	3.5	18	15	18	15	18	16	18	16	18	18
6	6.9	25	21	25	21	23	21	23	21	23	23
10	11.5	35	30	35	30	30	37	30	37	30	30
15	17.5	45	38	45	38	40	36	40	36	40	40
20	23	55	47	55	47	50	45	50	45	50	50
35	40.5	85	72	85	72	80	72	80	72	80	80
63	69	140	120	140	120	140	126	140	126	140	140
110	126	200	170	200	170	200	180	185	180	185	185
220	252	395	335	395	335	395	356	395	356	395	395
330	363	510	433	510	433	510	459	510	459	510	510
500	550	680	578	680	578	680	612	680	612	680	680

额定电压/kV	最高工作电压/kV	1min 工频耐受电压有效值/kV							
		穿墙套管				支柱绝缘子、隔离开关		干式电力变压器	
		纯瓷充油绝缘		固体有机绝缘					
		出厂	交接	出厂	交接	出厂	交接	出厂	交接
3	3.5	18	18	18	16	25	25	10	8.5
6	6.9	23	23	23	21	32	32	20	17
10	11.5	30	30	30	27	42	42	28	24
15	17.5	40	40	40	36	57	57	38	32
20	23	50	50	50	45	68	68	50	43
35	40.5	80	80	80	72	100	100	70	60
63	69	140	140	140	126	165	165		
110	126	185	185	185	180	265	265		

续表

额定电压/kV	最高工作电压/kV	1min 工频耐受电压有效值/kV							
		穿墙套管				支柱绝缘子、隔离开关		干式电力变压器	
		纯瓷充油绝缘		固体有机绝缘					
		出厂	交接	出厂	交接	出厂	交接	出厂	交接
220	252	360	360	360	356	450	450		
330	363	460	460	460	459				
500	550	630	630	630	612				

注：(1) 除干式变压器外，其余电气设备出厂试验电压根据现行国家标准《高压输变电设备的绝缘配合》确定。

(2) 干式变压器出厂试验电压根据现行国家标准 GB/T 1094.11—2022《电力变压器　第 11 部分：干式变压器》确定。

(3) 额定电压为 1kV 及以下的油浸电力变压器交接试验电压为 4kV，干式电力变压器为 2.6kV。

(4) 油浸电抗器和消弧线圈采用油浸电力变压器试验标准。

⑥ 测量电缆线芯对地的绝缘电阻，应符合相关要求。

⑦ 电力电缆直流耐压试验和泄漏电流的测量，应符合产品技术条件的规定，直流 75kV 的电缆应用试验电压 150kV 进行，10min 无击穿现象。

⑧ 进行空负荷升压试验且达到产品技术条件规定的要求，无击穿、放电现象。

⑨ 进行电除尘器振打装置电气设备的试验，应符合产品技术条件的要求。

⑩ 电除尘器本体的接地电阻不应大于 1Ω。

⑪ 除尘器的安装应按安装说明书进行，直流部分应符合 GB 50255—2014《电气装置安装工程　电力变流设备施工及验收规范》的有关要求。

参 考 文 献

[1] 王晋生．新标准电气识图(电气信息结构文件阅读)[M]. 2002 年版．北京：中国电力出版社，2002.
[2] 电工之友工作室．电工安全口诀 300 例[M]．上海：上海科学技术出版社，2010.
[3] 王柳．电力生产安全技术及管理[M]. 2 版．北京：中国水利水电出版社，2014.
[4] 白玉岷．电气工程安全技术及实施[M]．北京：机械工业出版社，2011.
[5] 吴文辉．电气工程基础[M]．武汉：华中科技大学出版社，2010.
[6] 白公．电气工程及自动化专业技术技能入门与精通[M]．北京：机械工业出版社，2010.
[7]《电气工程师(供配电)实务手册》编写组．电气工程师(供配电)实务手册[M]．北京：机械工业出版社，2006.
[8] 王邦林．电气工程一次部分[M]．北京：中国水利水电出版社，2010.
[9] 曹孟州．电气安全 36 讲[M]．北京：中国电力出版社，2017.
[10] 中安华邦(北京)安全生产技术研究院．电气火灾风险防控和隐患排查治理完全手册[M]．北京：团结出版社，2018.
[11] 吴大中．电气技术教程[M]．北京：清华大学出版社，2017.
[12] 张永革．电气控制与 PLC[M]．天津：天津大学出版社，2013.
[13] 易善菊．电气系统安装与调试[M]．重庆：重庆大学出版社，2015.
[14] 杨宗强，李杰．电气线路安装、调试与检修[M]．北京：化学工业出版社，2014.
[15] 王彦忠，周巧俏，汤云岩，等．电气运行技术问答[M]. 2 版．北京：中国电力出版社，2012.
[16] 杨有启．防爆电气作业[M]．北京：中国劳动社会保障出版社，2014.
[17] 上海市安全生产科学研究所．防爆电气作业人员安全技术[M]．上海：上海科学技术出版社，2013.
[18] 高培．工厂常用电气设备控制线路识图[M]．北京：中国电力出版社，2011.
[19] 张晓媚．工厂电气控制设备[M]. 2 版．北京：电子工业出版社，2012.
[20] 杨林建．机床电气控制技术[M]. 3 版．北京：北京理工大学出版社，2016.
[21] 李军，崔兴艳．机床电气设备及升级改造[M]．天津：天津大学出版社，2011.
[22] 范家柱．机电设备控制基础与技能训练[M]．北京：清华大学出版社，2014.
[23] 祖国建．矿山电气安全[M]．北京：化学工业出版社，2011.
[24] 中国煤炭教育协会职业教育教材编审委员会．矿山电气控制与安装[M]．北京：煤炭工业出版社，2010.
[25] 孙余凯．轻松看懂电气控制线路图[M]．北京：中国电力出版社，2011.
[26] 黄北刚．实用电工电路 300 例[M]．北京：中国电力出版社，2014.
[27] 崔兆华．数控机床电气控制与检修[M]．北京：中国劳动社会保障出版社，2010.
[28] 白玉岷．特殊环境电气工程的安装调试及运行维护[M]．北京：机械工业出版社，2011.
[29]《现代电气工程师实用手册》编写组．现代电气工程师实用手册：上册[M]．北京：中国水利水电出版社，2014.
[30] 钱家庆．怎样防止与控制电气误操作[M]．北京：中国电力出版社，2011.